■ 监理人员学习丛书

U0160076

施工阶段
项目管理实务

中国建设监理协会　组织编写

中国建筑工业出版社

图书在版编目（CIP）数据

施工阶段项目管理实务 / 中国建设监理协会组织编写. —北京：中国建筑工业出版社，2022.12
（监理人员学习丛书）
ISBN 978-7-112-28075-9

Ⅰ.①施… Ⅱ.①中… Ⅲ.①建筑施工—项目管理 Ⅳ.①TU712.1

中国版本图书馆 CIP 数据核字（2022）第 200974 号

本书作为“监理人员学习丛书”之一，注重理论与实践相结合，系统地介绍了施工阶段项目管理服务的理论知识和实操案例。紧扣实务案例，层层分析全方位讲解，共分为6章，分别是：施工项目管理服务概述；施工项目管理服务组织模式及人员职责；施工项目管理服务策划；施工准备项目管理服务；施工过程项目管理服务；施工收尾项目管理服务。

本书可作为工程监理单位、建设单位、勘察设计单位、施工单位、项目管理主管部门及有关人员的参考用书。

责任编辑：边　琨　范业庶　张　磊　杨　杰
责任校对：赵　菲

监理人员学习丛书
施工阶段项目管理实务
中国建设监理协会　组织编写

*

中国建筑工业出版社出版、发行（北京海淀三里河路 9 号）
各地新华书店、建筑书店经销
华之逸品书装设计制版
天津翔远印刷有限公司印刷

*

开本：787 毫米×1092 毫米　1/16　印张：25½　字数：464 千字
2023 年 2 月第一版　2023 年 2 月第一次印刷
定价：**79.00** 元
ISBN 978-7-112-28075-9
（40184）

监理人员学习丛书

审定委员会

主　　　任：王早生

副　主　任：王学军　刘伊生　修　璐

审 定 人 员：温　健　雷开贵　杨国华　杨卫东　陈　文

编写委员会

主　　　编：杨卫东　敖永杰

副　主　编：王早生　王学军　温　健　沈　翔　王大伟

其他编写人员：曹晓虹　吕晓磊　胡柳超　王宇飞　倪劲松
熊志杰　刘　华　曲慧磊　鲍家兴　刘志鹏
杨　欢　崔莹莹　张沛良　覃海懂　左　希
胡哲茜　李国庆　杨冠雄　张大鹏　李　蒙
宋雪文　王　婷

工程衛士
建設管家

王早生

二〇二二年八月十六日

序

——

为更好地开展建设工程监理工作，提高建设工程监理服务水平，推动建设工程监理行业高质量发展，中国建设监理协会组织业内专家，结合监理工程师工作实际，编写了《建筑施工安全生产管理 监理工作》《施工阶段项目管理实务》《装配式建筑工程监理实务》《全过程工程咨询服务》《建设监理警示录》等监理人员学习系列丛书。

本套丛书以现有的法律法规及标准为主要依据，遵循定位准确、理念新颖、内容全面、操作性强的要求进行编著。以工程监理实际操作为核心，系统介绍了建设工程监理相关服务的内容及方法，贴近监理实际，体现了监理工作的专业性、实用性和规范性。

本套丛书可供各级住房和城乡建设主管部门及工程建设相关单位参考，也可作为相关从业人员做好工程监理工作的参考用书。

中国建设监理协会

2022年3月31日

前言

面对新时代我国项目管理发展的实践，如何奉献一本既能把握项目管理的时代脉搏，又能贴近我国项目管理服务实际的培训教材，以期满足行业培养高层次项目管理人才的需要，进一步提高从业单位项目管理服务水平，已成为行业必须思考并解决的当务之急。

适逢其时，作为由中国建设监理协会研究的《施工阶段项目管理服务标准》的配套教材，“监理人员学习丛书”之《施工阶段项目管理实务》在标准基础上，更加强调施工阶段项目管理服务的实用性和操作性。

本书在编写时注重理论与实践相结合，系统地介绍了施工阶段项目管理服务的理论知识和实操案例。全书共分为六章。第一章，施工项目管理服务概述，包含施工项目管理服务和项目管理新理念两方面内容，介绍施工项目管理服务的目标、任务和内容，以及最新国际理念；第二章，施工项目管理服务组织模式及人员职责，从施工项目管理服务组织结构模式、职责分工的理论知识，并结合实际案例，详细介绍了施工项目管理服务中常见的组织结构模式和人员职责；第三章，施工项目管理服务策划，从业主组织策划、工程发包及采购策划、工程建设风险管理策划等三个方面，将实际案例融入章节中，进行了详细的阐述；第四章，施工准备项目管理服务，从施工项目管理服务规划、施工图设计优化及管理、工程报建（施工许可）手续办理、工程实施计划、工程发包及采购管理、工程项目启动实施前主要工作，以及案例分析等方面内容，进行了全面且深入的叙述；第五章，施工过程项目管理服务，从工程项目投资管理、工程项目进度管理、工程项目质量管理、工程项目合同管理、工程项目安全与环境管理、工程项目风险管理、工程项目信息和档案管理及组织协调等方面内容，各部分结合案例分析逐一展开，详细介绍了施工过程项目管理服务所涉及的相关内容；第六章，施工收尾项目管理服务，从工程联动调试管理、工程竣工验收管理、工程竣工结算管理、项目移交管理、工程决算管理、工程保修期管理、项目管理服务工作总结，并结合案例分析，全方位介绍了施工收尾项目管理服务。

本书由上海同济工程咨询有限公司组织编写，由杨卫东主编。具体分工：敖永杰、胡柳超、崔莹莹编写第一章、第二章，张沛良、覃海懂、王大伟编写第三章，刘志鹏、左希、胡哲茜、李国庆编写第四章，沈翔、王宇飞、熊志杰、杨欢、倪劲松、刘华、吕晓磊编写第五章，张沛良、覃海懂、王大伟编写第六章。本书在编写过程中引用了大量案例，也参阅了大量文献，引用了部分著作及文献资料，在此一并表示感谢。最后还要感谢出版社领导和编辑等工作人员为本书出版付出的辛勤劳动。

由于编者水平有限，编著过程时间仓促，书中难免有不妥和疏漏之处，敬请读者批评指正。

目 录

CONTENTS

第一章

施工项目管理服务概述

第一节　施工项目管理服务

建设工程项目的全寿命周期包括项目的决策阶段、实施阶段和使用阶段（或称运营阶段、运行阶段），施工项目管理服务是工程监理单位或项目管理单位依据委托服务合同，为建设单位（或称业主/业主方）提供的建设项目施工阶段的项目管理服务，主要包括施工项目管理策划、施工准备管理服务、施工过程管理服务，以及施工收尾管理服务。

一、施工项目管理服务的目标和任务

（一）施工项目管理服务的目标

施工项目管理服务立足于业主的利益，其项目管理的目标包括项目的投资目标、进度目标和质量目标。其中投资目标指的是项目的总投资目标；进度目标指的是项目动用的时间目标，也即项目交付使用的时间目标，如工厂建成可以投入生产、道路建成可以通车、办公楼可以启用、旅馆可以开业的时间目标等；质量目标不仅涉及施工质量，还包括设计质量、材料质量、设备质量和影响项目运行或运营的环境质量等，质量目标不但要满足相应的技术规范和技术标准的规定，还要满足业主方相应的质量要求。

项目的投资目标、进度目标和质量目标之间既有矛盾的一面，也有统一的一面，它们之间的关系是对立统一的关系。要加快进度往往需要增加投资，欲提高质量往往也需要增加投资，过度地加快进度会影响质量目标的实现，这都表现了目标之间关系矛盾的一面。但通过有效的管理，在不增加投资的前提下，也可缩短工期和提高工程质量，这反映了目标之间关系统一的一面。

（二）施工项目管理服务的任务

施工项目管理服务工作涉及施工准备阶段、施工阶段、竣工收尾阶段，主要工作内容包含如下：

（1）安全管理。

（2）投资控制。

（3）进度控制。

（4）质量控制。

（5）合同管理。

（6）信息管理。

（7）组织与协调。

在施工项目管理服务的目标和任务中，安全管理是最重要的任务，因为安全管理关系到人身的健康与生命安全，而投资控制、进度控制、质量控制、合同管理、信息管理和组织与协调则主要涉及物质的利益。

二、施工项目管理服务的内容

（一）施工项目管理策划

建设工程施工阶段项目管理服务的内容主要包括施工项目管理策划、施工准备管理服务、施工过程管理服务、施工收尾管理服务四个方面。其中施工项目管理策划指的是工程监理单位或项目管理单位为达到建设项目施工阶段的项目管理目标，在调查、分析有关信息的基础上，遵循一定的程序，对未来（某项）工作进行全面的构思和安排，制定和选择合理可行的执行方案，并根据目标要求和环境变化对方案进行修改、调整的活动。施工项目管理策划一般包含的工作内容如下：

（1）策划项目管理目标。

（2）策划项目管理组织结构。

（3）策划项目管理模式。

（4）策划项目管理制度。

（5）策划项目信息管理。

（6）策划项目合同总体架构。

（7）策划项目管理实施方案。

（8）策划项目团队内部管理。

（二）施工准备管理服务

施工准备管理服务不仅涉及发包与采购管理，还包括施工前各项计划管理、施工前准备阶段建设配套管理，施工前期准备阶段建设报批手续办理以及开工条件审查。

发包与采购管理主要包含的工作内容有策划发包和采购工作、选择工程招标代理单位（如需）、组织发包和采购工作、参与组织开标及评标活动、参与合同的谈判及签订工作。

施工前各项计划管理主要包含的工作内容有制定建设单位施工阶段工程管理制度和工作计划、策划现场用地计划、督促施工单位编制施工总进度计划并审核、督促造价咨询顾问制定施工阶段资金使用计划并审核。

施工前准备阶段建设配套管理主要包含的工作内容有办理工程配套建设申请、组织现场施工配套工作、组织场地（坐标、高程、临电、临水）移交、组织策划验线等。

施工前期准备阶段建设报批手续主要包含的工作内容有办理建设项目专项报审及相关规费的支付管理、申办施工图审查、申报质量监督及安全监督、协助办理施工许可证。

开工条件审查主要包含的工作内容有审核施工组织设计、审核和批准监理规划、组织召开第一次工地会议、组织设计交底和编制交底纪要、检查监理机构组织准备情况、督促核查现场施工机械及材料的准备情况、检查现场人员的准备情况及质量和安全保证体系、核签开工报告等。

（三）施工过程管理服务

施工过程管理服务主要包括施工过程的进度控制、施工过程的质量控制、施工过程的投资控制、施工过程的招采控制、施工过程的合同管理、施工过程的设计与技术管理、施工过程的安全文明管理、施工过程的组织与协调管理以及施工过程的信息与文档管理。

1.进度控制

其中施工过程的进度控制主要包含工作内容如下：

（1）完善或建立进度控制体系，明确进度编制标准和要求。

（2）完善、细化和调整项目总控进度计划，明确各级控制节点，严格实施。

（3）审核施工总进度计划及各专项计划，并跟踪、督促其执行。

（4）编制、调整建设单位的专项控制计划，审核各专项实施计划，督促各单位实施。

（5）审核监理单位、总承包单位编制的进度控制方案并跟踪其执行。

（6）督促监理、承包单位定期比较施工进度计划执行情况并根据需要采取措施。

（7）编制进度分析报告，专项评估分析对项目进度可能产生重大影响的事宜。

（8）协调各参建单位的进度矛盾。

（9）审批、处理工程停工、复工及工期变更事宜。

2. 质量控制

施工过程的质量控制主要包含工作内容如下：

（1）组织编制工程施工质量管理规划，贯彻落实。

（2）组织建立项目质量控制系统，督促各单位建立质控体系，并跟踪执行。

（3）编制质量分析报告，专项评估分析可能对项目质量产生重大影响的事宜。

（4）督促和检查监理单位、承包单位的工程质量控制工作。

（5）督促监理单位、承包单位做好质量控制应急预案及实施。

（6）组织处理工程质量问题及事故。

3. 投资控制

施工过程的投资控制主要包含工作内容如下：

（1）分解、调整和优化施工过程的投资目标，编制、完善合约规划。

（2）组织编制资金使用计划，并动态调整。

（3）动态监控项目成本，组织编制分析报告。

（4）专项评估分析对项目成本可能产生重大影响的事宜。

（5）审核、处理工程变更、签证中的相关造价。

（6）管控甲供、甲控材料设备的造价。

（7）审核工程款支付申请，跟踪支付情况。

（8）审核及处理施工过程各项费用索赔。

（9）组织施工过程工程结算。

（10）配合施工过程的外部审计。

4. 招采控制

施工过程的招采控制主要包含工作内容如下：

（1）编制合同招采清单，明确招采形式。

（2）编制、调整招采计划，组织实施。

（3）采购变更管控。

（4）管控甲供材料设备进场计划。

（5）管控甲控乙供项目的招采过程。

5. 合同管理

施工过程的合同管理主要包含工作内容如下：

（1）细化、完善和调整合同架构、合同界面，动态调整合约规划。

（2）组织、参与合同或补充协议的谈判、签订。

（3）建立、维护合同管理台账。

（4）督促各方履约，跟踪、监管合同履约情况，提供合同履约报告。

（5）处理合同变更。

（6）指导、督促相关人员做好现场记录。

（7）处理施工过程合同争议与索赔。

（8）管控履约保函、担保和保证金。

6. 设计与技术管理

施工过程的设计与技术管理主要包含工作内容如下：

（1）设计图纸与技术文件管理。

（2）审核、协调与管理施工图深化设计。

（3）组织编制相关的技术管理标准、导则。

（4）组织召开、参与专家评审/论证会。

（5）工程材料设备选型与技术管理。

（6）组织编制工程样品、样板规划，并监控实施。

（7）审核、处理工程变更的相关技术问题。

（8）科技创新与研究管理。

7. 安全文明管理

施工过程的安全文明管理主要包含工作内容如下：

（1）组织编制安全生产、文明施工管理规划。

（2）督促各单位建立健全安全生产文明施工控制体系，并跟踪执行。

（3）督促监理履行安全生产法定及合同约定的监理职责。

（4）定期组织进行项目安全文明施工情况的检查、评比。

（5）审核、监管安全文明措施费专款专用。

（6）组织或参与处理安全事故。

（7）督促有关安全文明、绿色环保的评比、认证和创优的工作。

8. 组织与协调管理

施工过程的组织与协调管理主要包含工作内容如下：

（1）策划、完善工程建设管理模式。

（2）组织协调与政府有关部门的关系。

（3）协调施工现场周边群体的关系。

（4）办理施工过程相关手续。

（5）组织协调施工总平面管理。

（6）组织建立项目沟通机制。

（7）协调处理现场矛盾与争议。

（8）主持、参与工程管理相关会议。

9.信息与文档管理

施工过程的信息与文档管理主要包含工作内容如下：

（1）建立、完善信息编码体系、传递标准和信息管理制度。

（2）督促、检查各单位做好信息管理工作。

（3）编制、撰写各类工程项目管理报表、报告及相关文本。

（4）进行项目各类文件、信息与档案的收集、整理、流转、归档、汇编和台账管理。

（5）组织、督促各参建单位做好工程竣工资料与档案管理。

（四）施工收尾管理服务

施工收尾管理服务主要包括项目联合调试、项目竣工验收准备、项目竣工验收管理、项目竣工结算和审价以及项目移交管理。

项目联合调试主要包含的工作内容有组织编制及审核联动调试方案、组织参编各方进行联动调试并形成书面记录、组织相关参建单位对调试结果进行评估。

项目竣工验收准备主要包含的工作内容有组织编制项目竣工压缩计划和方案、组织编制竣工验收档案资料、督促监理单位和施工单位对预验收后发现问题的整改落实情况、审核施工单位提交的竣工验收申请。

项目竣工验收管理主要包含的工作内容有组织各参建单位出具相关验收报告、配合政府相关职能部门进行工程专项验收、组织成立验收小组并召开竣工验收会议进行工程正式验收、签署工程竣工验收报告、办理建设工程竣工验收备案。

项目竣工结算和审价主要包含的工作内容有施工单位编制竣工结算文件、收集和接收项目竣工相关结算资料及图纸、审核相应阶段各类付款及工程结算付款、组织审核及处理施工综合索赔事宜、协调解决结算过程中出现的疑难分歧、督促工程审价单位出具竣工结算审核报告。

项目移交管理主要包含的工作内容有组织签订工程质量保修书、督促施工单位做好场地清理工作、审核施工单位编写的使用维护手册、组织运行单位人员的培训工作、组织工程档案资料移交并获得移交证书、组织编写固定资产明细表、组织工程实物移交并获得移交证书、督促相关参建单位做好人员及设备的撤离、配合开工、配合搬迁、申办土地核验、调查房地产权属并获得产权证书。

第二节 项目管理新理念

一、项目管理知识体系的内容

项目管理知识体系（Project Management Body of Knowledge，简称PMBOK）的概念首先由美国项目管理协会（以下简称PMI）提出。1983年，PMI发布了ESA的研究报告，在这份报告中范围管理被正式提出来；1984年，PMI推出严格的、以考试为依据的专家资质认证制度PMP；1987年，PMI在ESA研究报告基础上公布了PMBOK指南（第1版）草稿；1996年，PMI发布PMBOK指南（第1版），2000年、2004年、2008年、2012年、2017年相继发布PMBOK指南（第2版）、PMBOK指南（第3版）、PMBOK指南（第4版）、PMBOK指南（第5版）、PMBOK指南（第6版）。2020年1月15日，PMBOK指南（第7版）的征求意见稿发布，并于2020年1月14日结束意见征集，于2021年7月出版英文版，国内中文版尚未出版，国内PMP考试教材仍然使用PMBOK指南（第6版）。

（一）PMBOK指南（第6版）的核心内容

项目管理知识体系PMBOK指南（第6版），围绕项目生命周期，从开始项目、组织与准备、执行项目工作到结束项目5个阶段，采用五大过程组和十大知识领域的整体框架。五大过程组分别是启动过程、规划过程、执行过程、监控过程和收尾过程，如图1-1所示。

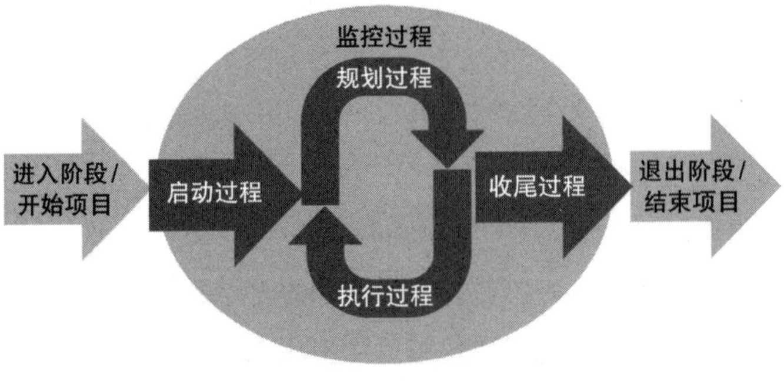

图1-1 五大过程组

十大知识领域分别是项目整合管理、项目范围管理、项目进度管理、项目成本管理、项目质量管理、项目资源管理、项目沟通管理、项目风险管理、项目采购管理和项目相关方管理，如图1-2所示。

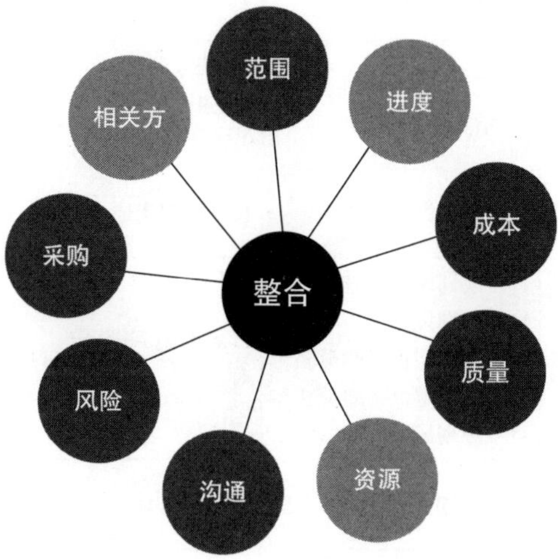

图1-2　十大知识领域

五大过程和十大知识领域，一共包含49个过程，见表1-1。

项目管理过程组和知识领域　　**表1-1**

知识领域	项目管理过程组				
	启动过程组	规划过程组	执行过程组	监控过程组	收尾过程组
4.项目整合管理	4.1制定项目章程	4.2制定项目管理计划	4.3指导与管理项目工作 4.4管理项目知识	4.5监控项目工作 4.6实施整体变更控制	4.7结束项目或阶段
5.项目范围管理		5.1规划范围管理 5.2收集需求 5.3定义范围 5.4创建WBS		5.5确认范围 5.6控制范围	
6.项目进度管理		6.1规划进度管理 6.2定义活动 6.3排列活动顺序 6.4估算活动持续时间 6.5制定进度计划		6.6控制进度	
7.项目成本管理		7.1规划成本管理 7.2估算成本 7.3制定预算		7.4控制成本	

续表

知识领域	项目管理过程组				
	启动过程组	规划过程组	执行过程组	监控过程组	收尾过程组
8.项目质量管理		8.1规划质量管理	8.2管理质量	8.3控制质量	
9.项目资源管理		9.1规划资源管理 9.2估算活动资源	9.3获取资源 9.4建设团队 9.5管理团队	9.6控制资源	
10.项目沟通管理		10.1规划沟通管理	10.2管理沟通	10.3监督沟通	
11.项目风险管理		11.1规划风险管理 11.2识别风险 11.3实施定性风险分析 11.4实施定量风险分析 11.5规划风险应对	11.6实施风险应对	11.7监督风险	
12.项目采购管理		12.1规划采购管理	12.2实施采购	12.3控制采购	
13.项目相关方管理	13.1识别相关方	13.2规划相关方参与	13.3管理相关方参与	13.4监督相关方参与	

注：4～13指十大知识领域，4.1～4.7指项目整合管理的7个过程，5.1～5.6指项目范围管理的6个过程，6.1～6.6指项目进度管理的6个过程，7.1～7.4指项目成本管理的4个过程，8.1～8.3指项目质量管理的3个过程，9.1～9.6指项目资源管理的6个过程，10.1～10.3指项目沟通管理的3个过程，11.1～11.7指项目风险管理的7个过程，12.1～12.3指项目采购管理的3个过程，13.1～13.4指项目相关方管理的4个过程。

五大过程组中，启动过程组包含2个过程，分别是制定项目章程、识别相关方。规划过程组包含24个过程，分别是制定项目管理计划、规划范围管理、收集需求、定义范围、创建WBS、规划进度管理、定义活动、排列活动顺序、估算活动持续时间、制定进度计划、规划成本管理、估算成本、制定预算、规划质量管理、规划资源管理、估算活动资源、规划沟通管理、规划风险管理、识别风险、实施定性风险分析、实施定量风险分析、规划风险应对、规划采购管理、规划相关方参与。执行过程组包含10个过程，分别是指导与管理项目工作、管理项目知识（新增）、管理质量、获取资源、建设团队、管理团队、管理沟通、实施风险应对（新增）、实施采购、管理相关方参与。监控过程组包含12个过程，分别是监控项目工作、实施整体变更控制、确认范围、控制范围、控制进度、控制成本、控制质量、控制资源（新增）、监督沟通、监督风险、控制采购、监督相关方参与。收尾过程组包含1个过程，即结束项目或阶段。

十大知识领域中，项目整合管理包含7个过程，分别是制定项目章程、制定项目管理计划、指导与管理项目工作、管理项目知识（新增）、监控项目工作、实施整体变更控制、结束项目或阶段。项目范围管理包含6个过程，分别是规划范围管理、收集需求、定义范围、创建WBS、确认范围、控制范围。项目进度管理包含6个过程，分别是规划进度管理、定义活动、排列活动顺序、估算活动持续时间、制定进度计划、控制进度。项目成本管理包含4个过程，分别是规划成本管理、估算成本、制定预算、控制成本。项目质量管理包含3个过程，分别是规划质量管理、管理质量、控制质量。项目资源管理包含6个过程，分别是规划资源管理、估算活动资源、获取资源、建设团队、管理团队、控制资源（新增）。项目沟通管理包含3个过程，分别是规划沟通管理、管理沟通、监督沟通。项目风险管理包含7个过程，分别是规划风险管理、识别风险、实施定性风险分析、实施定量风险分析、规划风险应对、实施风险应对（新增）、监督风险。项目采购管理包含3个过程，分别是规划采购管理、实施采购、控制采购。项目相关方管理包含4个过程，分别是识别相关方、规划相关方参与、管理相关方参与、监督相关方参与。

（二）PMBOK指南（第7版）的总体变化

2019年10月，PMI全球项目管理大会暨PMI成立50周年庆典在美国费城举办，同时召开了PMBOK指南（第7版）专题研讨会。在该研讨会上，PMI第一次面向与会者展示了PMBOK指南（第7版）的基本框架结构与部分最初草案文本。可以说，最新版本的变化是颠覆性的，从传统的五大过程组与十大知识领域转向了全新的十二大原则与八大绩效域，如图1-3所示。这几乎是彻底与过去40年传统做了决裂，完全进入一个全新的视角。2020年，PMI官网正式公布了PMBOK指南（第6版）与PMBOK指南（第7版）的对比，见表1-2。

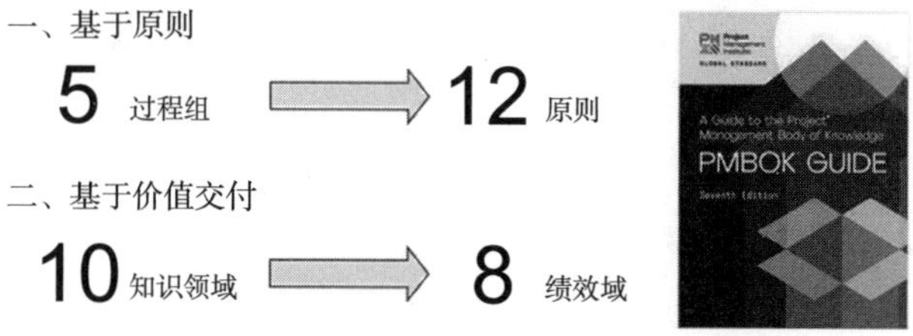

图1-3 PMBOK指南（第7版）内容结构转变

（三）PMBOK指南（第7版）的核心内容

PMBOK指南（第7版）的内容主要包括：序言、第一部分：项目管理标准，第二部分：项目管理知识体系指南、附录和术语表。其中，第一部分：项目管理

PMBOK指南（第6版）与PMBOK指南（第7版）的对比　　表1-2

比较内容	PMBOK指南（第6版）	PMBOK指南（第7版）
总体方法	• 规定性的，而非描述性的 • 强调如何做，而非做什么或为什么做	• 用来指导思维、行动和行为的原则，体现在项目交付、敏捷、精益和以用户为中心的设计等内容中
设计依据	• 使用工具和技术、通过特定的过程将输入转化为输出 • 以过程为中心，以依从性驱动为导向	• 具有绩效成果的彼此相互作用和依赖的活动域，以及对常用的工具、技术、工件和框架的概述 • 除了可交付成果外，还聚焦于项目成果
项目环境	• 项目环境：内部和外部	• 项目环境：内部和外部
项目应用	• 大多数项目，大多数时间	• 任何项目
目标受众	• 主要是项目经理	• 参与到项目中，对团队成员、团队角色有特定关注的任何人，包括项目领导者、发起人和产品负责人
变更程度	• 基于以往的版本，进行增量修订	• 基于原则，反映全价值交付情景
裁剪指导	• 参考裁剪，但无特定的指导	• 提供特定的裁剪指导

标准包括引论，价值交付系统，以及项目管理原则。第二部分：项目管理知识体系指南包括引论，项目绩效域，裁剪，以及模型、方法和工件。

1.第一部分：项目管理标准

项目管理标准部分主要描述了价值交付系统与项目管理原则，其中价值交付系统主要可以通过价值环图和价值交付系统图来展示，如图1-4和图1-5所示。

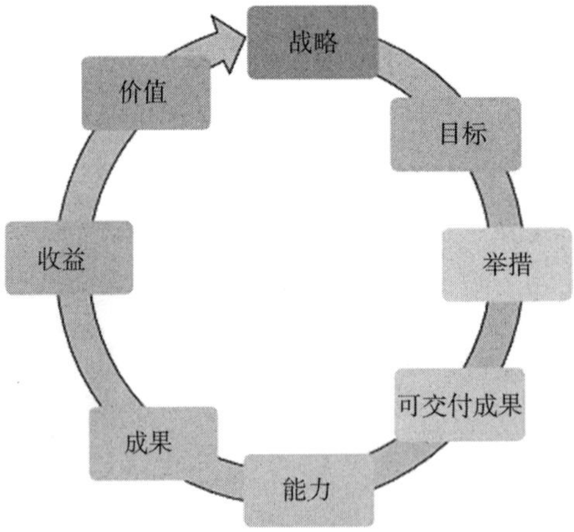

图1-4　价值环

图1-4源自《效益实现管理实践指南》，将组织战略与收益实现管理相连接，描述了战略→目标→举措→可交付成果→能力→成果→收益→价值→战略的完整循环，阐明了战略需要通过项目加以落地并获得成果和产生收益，最终实现价值

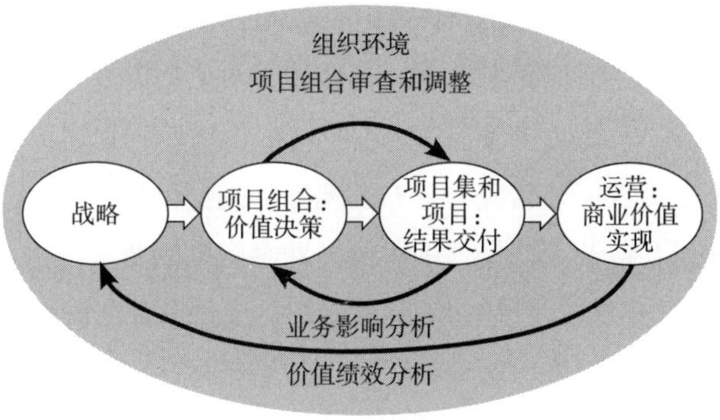

图1-5　价值交付系统

从而达成战略目标的理念。图1-5依旧沿用了PMBOK指南（第6版）中对项目管理整体环境的描述。在组织环境中，组织的战略通过项目组合做出价值决策，进一步通过项目集或项目来交付其结果，最后通过运营来实现商业价值。但在具体如何做好项目并实现价值这个问题上，PMBOK指南（第7版）做了颠覆式创新，不再强调五大过程组，而是通过制定原则的方式来加以阐述。从能查阅的资料来看，PMBOK指南（第7版）的12个原则包括：成为勤勉、尊重和关心他人的管家；创建协作的项目团队环境；有效的干系人参与；聚焦于价值；识别、评估和响应系统交互；驾驭复杂性；展现领导力行为；优化风险应对；根据环境进行裁剪；拥抱适应性和韧性；将质量融入过程和可交付成果中；为实现预期的未来状态而驱动变革。项目管理原则的作用主要是用来指导具体的项目管理行为，而具体的项目管理行为体现在第二部分——项目管理知识体系指南的每一个绩效域中。

2.第二部分：项目管理知识体系指南

（1）绩效域内容概要

绩效领域是一组对有效地交付项目成果至关重要的相关活动，PMBOK指南（第7版）将项目管理相关活动分为8组，构成八大绩效域。每个绩效域就其内容结构而言，有其固定的三段式框架格式：首先是该绩效域的定义与成果的概要描述，其次是该绩效域的核心活动内容描述，最后是该绩效域与其他绩效域之间的相互作用，以及对于绩效域成果的检查。

1）干系人绩效域。项目由人来做且为人而做，人是项目管理中的核心要素，而干系人在人这个要素中扮演了关键的角色。干系人绩效域主要描述了干系人在项目管理中的重要作用，以及如何识别、理解、分析、优先级排序、参与及监督干系人等一系列重要工作。其内容主要是PMBOK指南传统版本中干系人管理相关内容的拓展。

2）团队绩效域。团队绩效域大致对应了PMBOK指南（第6版）第3章项目经理相关内容与第9章人力资源管理相关内容，涵盖了团队管理与领导力提升。该绩效域探讨了集中式团队管理与分布式团队管理的区别，强调了建立团队文化与情商的重要作用，以及团队管理中决策与冲突解决的要求等内容。

3）生命周期与开发方法绩效域。生命周期与开发方法绩效域主要内容是关于项目生命周期选择与开发方法评估。该绩效域描述了从预测型到混合型再到适应型生命周期的频谱，以及开发、节奏和生命周期之间的关系，选择开发方法时所需考虑的变量等内容。

4）规划绩效域。规划绩效域大致对应了PMBOK指南（第6版）规划过程组的一系列相关工作。为了交付最终的可交付成果和项目成果，需要对项目的范围、进度、成本、质量、资源、沟通、采购等方面做相应的规划与估算工作。规划时需要考虑不同项目生命周期的特点，以采用不同的开发方法。

5）项目工作绩效域。项目工作绩效域大致对应了传统的执行过程组中的一系列相关工作。该绩效域涉及平衡各种制约因素，建立合理的过程与过程优化，获取资源，招标采购，以及知识管理等内容。

6）交付绩效域。交付绩效域大致对应了传统的项目需求、范围、质量管理、收尾过程组，以及收益实现与价值交付等一系列相关工作。其中也包含了敏捷的交付方式。

7）测量绩效域。测量绩效域大致对应了传统的项目监控过程组的一系列相关工作，其中挣值管理依然扮演了非常重要的角色，但同时也采用了不少敏捷方法。除了项目过程中的绩效测量外，也兼顾了与项目收益和价值相关的测量。

8）不确定性绩效域。不确定性绩效域主要由VUCA环境因素与风险管理两部分内容组成。对于VUCA对应的4个单词，PMBOK指南（第7版）分别进行了深化阐述，针对不确定性（Volatility）强调了韧性，针对模糊性（Uncertainty）强调了渐进明晰，针对复杂性（Complexity）强调了系统解耦与迭代，针对易变性（Ambiguity）强调了备选方案与储备。对于风险管理则基本沿用了传统所描述的方法，强调机会的把握与威胁的应对。

总体来看，PMBOK指南（第7版）中八大绩效域的内容除了大幅增加了VUCA与敏捷相关内容外，并没有摒弃以前版本的传统内容，基本上是对传统版本中五大过程组和十大知识领域众多知识点加以解构与重构，从而构建出全新的以交付价值为导向的管理理念。但第7版中并没有特别说明这八大绩效域彼此之间的逻辑关系，而是更多地强调它们之间的相互作用关系。

（2）裁剪

PMBOK指南内容本身博大精深，从学习的角度需要系统化掌握，但从使用的角度却需要因项目的独特性而有的放矢、因地制宜加以裁剪。具体的裁剪需要根据背景环境、组织文化、项目特色等因素加以实施。第7版为此提出了一套面向组织、项目与绩效域的裁剪思路与方法。

（3）模型、方法与工件

模型、方法与工件基本上是对传统的ITTO[输入（Input），工具与技术（Tools & Technique），输出（Output）]内容的重构，但也有进一步的扩展。

模型部分除了传统的情境领导力、沟通、激励、团队发展等模型之外，比较重要的是增加了变革和复杂性相关的模型，如关于变革的Satir模型和关于复杂性的Cynefin模型等。

方法部分主要对应了传统ITTO中的工具与技术部分内容，大致分为数据收集与分析、估算、会议等内容，但更加丰富了与商业价值相关的方法，如净推荐值（Net Promoter Score，NPS）等内容。工件部分则主要对应了传统的项目管理计划与项目文件等内容，但更加丰富了与组织战略相关的工件，如商业模式画布、战略路线图等内容。

（4）数字化平台“PMIStandard+”

根据PMI战略计划，PMI近年在大力推动数字化转型。数字化转型反映在PMBOK指南（第7版）上就是很多具体的知识，尤其是模型、方法与工件方面的知识，除了书本中的定义描述外，更进一步的具体内容描述或展示将呈现在该数字化平台上。

二、工程项目管理国际新理念

（一）工程项目管理国际新理念

1.项目经济（新型管理理论体系）新理念

1995年，出现使用“项目经济”一词。

2011年，新兴“项目经济”中的工作方式有关论文发表。

2017年，原PMI董事会主席演讲“项目经济是新型管理理论体系（新型管理范式）”，提出“过去的管理实践和管理理论都聚焦于如何运营业务并提高运营效率，项目只是附加品，很少被优先考虑”，以及“现在和以后，项目将是价值创造和社会变革的基本手段。如没有项目，创意就只是一厢情愿，并预计到2025年高管人员将至少用60%的时间去选择和监管项目。2027年有8800万人从事项目管理工作，以项目为导向的经济活动价值为20万亿美元……”

2.项目价值交付体系新理念

科兹纳博士2015年在他的面向未来项目管理的重要著作《项目管理2.0》中对项目与项目成功作了新定义。项目的定义是指计划实现的一组可持续的商业价值，项目成功的定义是指在竞争性约束条件下实现预期的商业价值。这从根本上颠覆了传统意义上的项目定义与三重制约下的项目成功定义。

（1）价值驱动型的项目管理

“传统项目管理的核心任务是以投资、进度、质量作为目标控制，而这样的目标已经不符合社会发展的规律。”丁士昭教授说，如果一个项目在投资、进度、质量都达标的情况下，使用后效益很差，这就不是一个成功的项目。项目成功与否并不在于成果是否交付、是否得到相关方验收，而在于项目交付时相关方对可交付成果的价值感知与价值认同，以及项目投入运营后可交付成果为组织和社会创造的价值。

《项目管理2.0》是价值驱动型的项目管理，而不是目标控制型的项目管理，它将是否创造价值作为项目成功的唯一标准，这将对国家的经济建设、对建筑业的改革产生深远影响。以某大型建筑举例说，该项目前期投资较大，尽管在建设过程中没有发生质量安全事故，且按时交付工程，各项指标均达标，但在投入使用若干年后便搁置。投了巨资，却长久不用，难免让人产生疑惑：项目建设之前，是否做了足够的可行性论证？对于闲置资源，又该如何整改利用？一个项目在建设前应该要进行周密论证、科学研判，有没有足够的市场需求、配套资金如何落实、能否可持续发展经营等，这些都是建设项目前需要全面考虑的。而这正是《项目管理2.0》理念的精髓所在。

（2）实现可持续性价值

《项目管理2.0》提出了一套以交付价值为导向的观念，即项目是计划实现的一组可持续的商业价值的载体，项目成功是在竞争性制约因素下实现预期的商业价值。过去重点考量的在既定范围、按时、在计划成本内高质量交付等指标只是价值的内在特征。价值度量指标应该在商业论证或项目立项时被建立，在项目交付过程中被阶段达成，在产品或服务运营中被持续体现。《项目管理2.0》通过多样化的度量指标来具体体现价值是否达成，包括实现价值的时间、关键假设条件变化的比例、关键制约因素的数量和净营业利润等。因此，在任何情况下，最终的目标都是实现可持续性价值。

（3）突破传统思维

几十年来，项目管理的传统观点是如果完成了项目，并遵循了时间、成本和范围的三重制约，项目就算成功。而《项目管理2.0》中则要求，项目经理要更加面向业务。项目经理作为项目工程建设的总指挥，是项目成功的关键。在工程建设过程中，项目经理不仅要管好人、财、物，管好工程协调和工程进度，更重要的是项目建成后要创造一定的经济效益和社会效益。

项目经理的角色要从“组织专家做事的人”向更为广义的“统筹相关方价值共创活动的人”转变，如何在不同相关方间建立共识，使相关方真正融入项目的价值共创活动中是项目经理面临的挑战。项目管理是业务过程，而不仅仅是项目管理过程。项目经理不仅要生产和管理可交付成果，还应在业务管理方面承担更大责任。

3.效益实现管理新理念

《效益实现管理实践指南》（BRM Benefits Realization Management A Practice）由美国项目管理协会（PMI）于2019年出版发行，该实践指南和PMI其他标准保持一致[如：PMBOK指南（第6版）、《项目集管理标准》《项目组合管理标准》]。实践指南提出效益实现管理（BRM）是管理效益实现的框架和指南，分别在项目、项目集、项目组合，以及组织级项目管理等各个层面上实现效益。并提出效益实现管理的生命周期包括3个阶段，分别是识别阶段（定义计划实现的效益）、执行阶段（完成项目组合、项目集、项目的工作，创造预期的成果和效益）、维持阶段（效益负责人和受益人实现计划效益/调整效益）。

第二章

施工项目管理服务组织模式及人员职责

第一节　施工项目管理服务组织结构模式

一、施工项目管理服务组织结构设计的依据

施工项目管理服务组织结构是指工程监理单位或项目管理单位为进行施工项目管理服务而进行组织结构的设计与建立、组织运行、组织调整等方面工作。影响施工项目管理服务组织结构设置的因素很多，在选择和确定工程项目施工项目管理服务组织结构时，主要依据包含以下几个方面：

（一）项目自身的特点

包括项目规模、工作内容、完成时间、工作性质、已有资源状况等。每个项目都有其各自的特性，不同的项目规模、工作内容、完成时间、工作性质等决定项目的不同组织结构形式。例如，对于工作量小、时间紧的项目可能采取职能式的组织结构。

（二）公司的管理水平和对项目管理要求

公司的管理水平和对项目管理的要求直接影响了施工项目管理服务组织结构的选择。

（三）业主方的要求

施工项目管理服务是工程监理单位或项目管理单位依据委托服务合同，为建设单位提供的建设项目施工阶段的项目管理服务。为完成建设项目施工阶段的项目管理服务，需要满足业主方提出的具体要求，例如指定采取何种方式，要与哪些公司合作，希望有哪些人员参加等。业主方的要求，在一定程度上为组织结构形式的确定增加了约束。

（四）项目的资源情况

项目资源包括项目的信息资源、人力资源、时间资源及资金资源等。对于一

个已拥有较多信息资源、人力资源、时间资源，而资金资源相对缺乏的项目来说，采取职能式、矩阵式项目组织结构形式即可。而对于信息资源与人力资源相对不足而资金资源与时间资源较为充分的项目来说，借用外部力量，采用职能式组织结构形式可能更为适宜。

（五）国家有关法规

除上述各方面因素外，国家对施工项目管理服务的有关规定有时对项目的组织结构形式也会产生影响。例如，要求新建工程项目的组织结构必须符合国家有关法人治理结构的要求。

二、施工项目管理服务组织结构设计的原则

（一）目标性原则

要使一个组织有效地运行，各参加者必须有明确的、统一的目标。组织结构的设计必须有利于这一目标的实现。为了这一目标的实现，组织结构会根据需要设立各个部门，形成一个有机整体，为总目标实现提供保证。

（二）统一性原则

组织结构设置要保证行政命令和生产指挥的集中统一，应当做到从上到下垂直领导，一级管一级，不越级指挥，避免多头领导现象出现，要处理好集权与分权的关系。

（三）效率性原则

项目组织结构的人员设置，以能实现施工项目管理服务所要求的工作任务为原则，尽量简化结构、人员精干、工作高效，不设多余的部门、职务和岗位，人员配置要从严控制二、三线人员，提倡一专多能。同时还要增加项目管理班子人员的知识含量，着眼于使用和学习锻炼相结合，以提高人员素质。

（四）协作性原则

为确保组织目标的实现，在组织内的各部门之间以及各部门的内部，都必须相互配合、相互协调地开展工作，这样才能保证整个组织活动的步调一致，否则组织的职能将受到严重影响，目标就难以保证完成。

（五）层次与跨度统一性原则

按照组织效率原则，应建立一个规模适度、组织结构层次较少，结构简单、能高效率运作的项目组织。组织结构的层次与跨度应根据领导者的能力和施工项目的大小进行权衡。在组建组织结构时，必须认真设计切实可行的层次和跨度，画出结构系统图，以便讨论、修正，按设计组建。

三、施工项目管理服务的设置步骤

施工项目管理服务的设置步骤具体如下：

（1）分析组织结构的影响因素，选择最佳的组织结构模式。

（2）根据所选的组织结构模式，将项目管理机构划分为不同的、相对独立的部门。

（3）为各个部门选择合适的部门结构，进行组织结构设置。

（4）将各个部门组合起来，形成特定的组织结构。

（5）根据环境的变化不断调整组织结构。

四、施工项目管理服务组织结构的形式

（一）直线式

直线式组织结构（linear structure）是工业发展初期的一种简单的组织结构形式。直线式是小型项目现场组织结构的常见形式。其特点是组织中的一切管理工作均由领导者直接指挥和管理，不设专门的职能机构。在这种组织中，上下级的权责关系是直线型，上级在其职权范围内具有直接指挥权和决策权，下属必须服从，如图2-1所示。

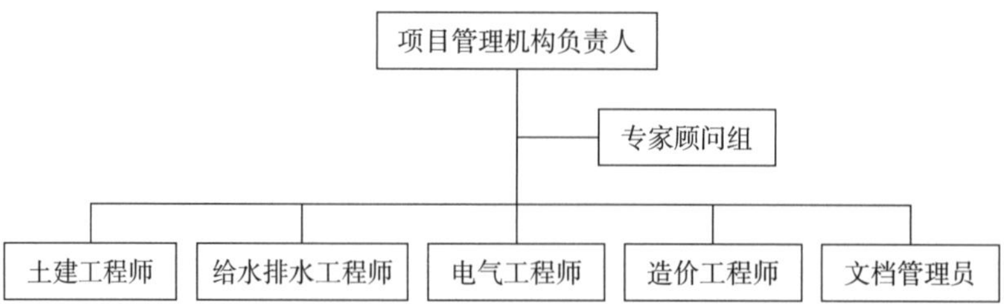

图2-1　直线式组织结构示意图

1.直线式组织结构的优点

权力集中，职权和职责分明、命令统一，信息沟通简捷方便，便于统一指挥，集中管理。

2.直线式组织结构的缺点

（1）在组织规模较大的情况下所有管理职能都集中由一个人承担，是比较困难的。

（2）部门间协调差。

（二）职能式

职能式组织结构亦称U型组织，是国内咨询公司在咨询项目中应用较为广泛的一种模式。职能式是大中型项目现场组织结构的常见形式之一，如图2-2所示。

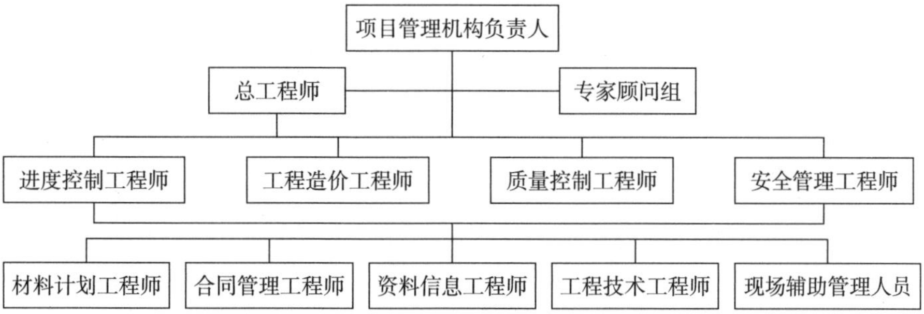

图2-2　职能式组织结构示意图

1.职能式组织结构的优点

（1）项目团队中各成员无后顾之忧。

（2）各职能部门可以在本部门工作与项目工作任务的平衡中去安排力量，当项目团队中的某一成员因故不能参加时，其所在的职能部门可以重新安排人员予以补充。

（3）当项目全部由某一职能部门负责时，在项目的人员管理与使用上变得更为简单，使之具有更大的灵活性。

（4）项目团队的成员由同一部门的专业人员作技术支撑，有利于提高项目专业技术问题的解决水平。

（5）有利于公司项目发展与管理的连续性。

2.职能式组织结构的缺点

（1）项目管理没有正式的权威性。

（2）项目团队的成员不易产生事业感与成就感。

（3）对于参与多个项目的职能部门，特别是具体到个人来说，不易于安排好各项目之间力量投入的比例。

（4）不利于不同职能部门的团队成员之间的交流。

（5）项目发展空间容易受到限制。

（三）矩阵式

矩阵式组织结构形式是在直线职能式垂直形态组织系统的基础上，再增加一种横向的领导系统，它由职能部门系列和完成某一临时任务而组建的项目小组系列组成，从而同时实现了事业部式与职能式组织结构特征的组织结构形式。矩阵式组织结构一般适用于较为复杂的大中型工程项目，如图2-3所示。

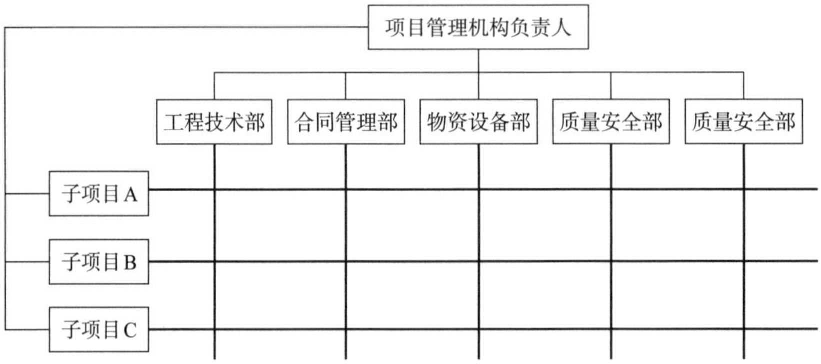

图2-3　平衡矩阵式组织结构示意图

根据项目团队中的情况，矩阵式项目组织结构又可分为弱矩阵式结构、强矩阵式结构和平衡矩阵式结构3种形式。

1.弱矩阵式项目管理组织结构

一般是指在项目团队中没有一个明确的项目经理，只有一个协调员负责协调工作。团队各成员之间按照各自职能部门所对应的任务，相互协调进行工作。实际上在这种模式下，相当多的项目经理的职能由部门负责人分担。

2.强矩阵式项目管理组织结构

这种模式下的主要特点是，有一个专职的项目经理负责项目的管理与运行工作，项目经理来自于公司的专门项目管理部门。项目经理与上级沟通往往是通过其所在的项目管理部门负责人进行的。

3.平衡矩阵式项目管理组织结构

这种组织结构形式是介于强矩阵式项目管理组织结构与弱矩阵式项目管理组

织结构二者之间的一种形式。主要特点是项目经理是由一职能部门中的团队成员担任，其工作除项目的管理工作外，还可能负责本部门承担的相应的项目中的任务。此时项目经理与上级沟通不得不在其职能部门的负责人与公司领导之间做出平衡与调整。

4.矩阵式组织结构的优点

（1）团队的工作目标与任务较明确，有专人负责项目工作。

（2）团队成员无后顾之忧。

（3）各职能部门可根据自己部门的资源与任务情况来调整、安排资源力量提高资源利用率。

（4）提高了工作效率与反应速度，相对职能式结构来说，减少了工作层次与决策环节。

（5）相对于项目式组织结构来说，可在一定程度上避免资源的囤积与浪费。

（6）在强矩阵式模式中，由于项目经理来自于公司的项目经理部门，可使项目运行符合公司的有关规定，不易出现矛盾。

5.矩阵式组织结构的缺点

（1）项目管理权力平衡困难。

（2）信息回路比较复杂。

（3）项目成员处于多头领导状态。

第二节　施工项目管理服务职责分工

一、项目管理机构职责分工

（一）项目管理机构

项目管理机构是指工程监理单位或项目管理单位依据施工项目管理服务合同约定，结合建设单位服务需求派驻的施工项目管理组织。

（二）项目管理机构应履行以下职责

（1）根据项目管理服务合同，编制项目管理服务策划文件。

（2）协助办理设计、监理、施工、设备材料采购等招标工作。

（3）协助办理项目开工建设审批手续。

（4）编制并组织实施经建设单位批准的项目总体及年度投资计划与工程进度计划。

（5）负责对项目质量、进度、投资、安全等项目管理目标进行检查并督促落实。

（6）负责对项目的技术方案、重要设备、施工工艺进行把关和审核。

（7）协助建设单位审批工程变更和费用索赔，审核重大工程变更申请。

（8）负责处理项目实施中得重大紧急事件。

（9）进行项目风险评估及风险管理。

（10）协调参建各方及外部事务的关系。

（11）定期组织项目管理例会，参加委托合同约定的各类相关会议。

（12）定期向建设单位报送项目建设信息及管理目标实施情况。

（13）协助建设单位审批项目的计量支付及竣工结算。

（14）协助建设单位组织项目竣工验收及办理移交。

（15）督促项目竣工资料的建档、保管及移交。

（16）其他相关工作。

二、施工项目管理负责人职责分工

（一）施工项目管理负责人

施工项目管理负责人是指由工程监理单位或项目管理单位法定代表人书面任命负责履行施工项目管理服务合同，主持项目管理机构工作的专业人员。

施工项目管理负责人应履行以下职责：

（1）项目管理机构人员及岗位职责，并管理其工作。

（2）识别管理目标，并进行管理目标分解，确认责任部门及责任人。

（3）编制项目管理规划、管理制度、工作流程、工作总结等项目管理文件。

（4）核、签发项目管理机构对外发放的项目管理文件。

（5）组织、主持和参加召开项目管理例会及其他相关会议。

（6）组织推进项目管理机构工作，定期与建设单位沟通。

（7）组织开展检查、考核、验收等相关活动，实施动态管理。

（8）根据合同约定对项目有关事项做出决策或为建设单位提供决策依据和建议。

（9）组织开展管理项目文化与团队建设工作。

（10）其他相关工作。

三、专业负责人职责分工

专业负责人应履行以下职责：

（1）编制项目管理规划、实施方案、管理制度、周/月报、工作总结等项目管理文件中与本专业相关的内容。

（2）审核参建各方报送的本专业工程文件，提出处理意见和建议。

（3）组织参建各方召开本专业的项目管理专题会议，参加项目调度会、项目管理周例会、月例会及其他相关会议。

（4）实施推进本专业相关的项目管理目标工作。

（5）负责编制专业工程师函，针对出现的问题提出解决方案。

（6）跟踪检查专业问题整改情况，实时动态管理。

（7）协助施工项目管理负责人组织开展项目管理目标检查、考核、验收等相关活动。

（8）协助施工项目管理负责人组织并参加项目文化与团队建设活动。

四、专业工程师职责分工

专业工程师应履行以下职责：

（1）执行施工项目管理负责人的决定和指令，对施工项目管理负责人负责。

（2）负责本专业工作，配合专业负责人确定本专业方案。

（3）熟悉图纸、组织参与本专业图纸会审，及时解决图纸问题。

（4）参与工程中本专业主要材料招标、评标、开标工作；复核主要材料、成品、半成品的进场检验、验收，整理存档相关文件。

（5）参加工程中的隐蔽工程验收，定期进行现场检查，发现安全、质量隐患，及时上报，并配合解决问题。

（6）负责设计变更、洽商的现场签证工作。

（7）参加部分工程验收和竣工验收。

（8）工程资料的日常整理。

第三节　案例分析

一、某流域山水林田湖草生态保护修复试点工程项目组织结构实例

（一）项目概况

某流域山水林田湖草生态保护修复试点工程包含沙漠综合治理工程、矿山地质环境综合整治工程、水土保持与植被修复工程、河湖连通与生物多样性保护工程、农田面源及城镇点源污染治理工程、生态环境物联网建设与管理支撑等七大类，覆盖面积1.47万km^2，实施期限3年，总投资180亿元。

该流域山水林田湖草生态保护修复试点工程属流域综合治理项目，是大型复杂工程项目群，是一个复杂的巨系统，具有战略意义大、地域跨度广、项目参与方多、项目类型复杂、技术难度大等特点。

（二）项目组织结构实例

组织结构作为项目的载体和支撑，需要有明确的分工，责、权、利清晰，流程顺畅，而且各部门之间能高效协作地配合。如何调整与完善好组织结构是项目实现目标的重要环节。根据试点工程地域跨度广、项目区分散、涉及专业多等特点，结合当地实际情况，采取“矩阵式”的组织架构。通过矩阵式组织架构使项目节点信息变得丰富、均衡，让资源整合更具有操作性，弥补项目单一管理带来的不足，通过跨职能部门的横向和纵向管理，加强部门之间彼此间信息的流通，有效协调各项子项目的发展，从而提高了项目的运营效率，从而降低了运营成本。具体组织结构如图2-4所示。

二、某汽车公司天津工厂项目组织结构实例

（一）项目概况及特点

1.工程建筑与汽车生产工艺息息相关

该工程为汽车总装生产线，属于制造类工业厂房，由生产部门、仓储部门、公用动力部门及生活辅助部门等组成。生产工艺复杂，车身制造四大核心工艺，

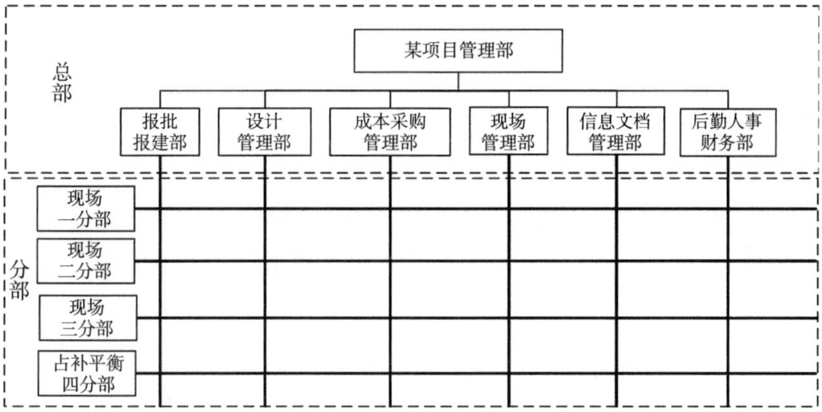

图 2-4　某流域工程项目矩阵式组织结构图

即：冲压、焊装、涂装、总装，其中尤以涂装工艺最为复杂，一般在交总装前需经历至少五六十道工序。

涂装车间因为复杂的工艺流程，需要给后续工艺设备安装及准备工作提供充裕的时间，因此对涂装车间建筑工程的施工工期一般也都有较为严苛的要求，并且一般需分阶段进行工作面的移交。在车间内，往往既有建筑工程施工也有工艺设备安装同步进行，形成相互影响、相互制约的局面，这都对工程建设的施工组织、安全管理等方面形成了巨大压力。

冲压车间特构种类多、布局复杂，包含冲压线基础、调试压力机基础、开卷线基础，以及冲压地沟和废料地沟等，基础埋深较大，基坑往往需采取爆破开挖，施工危险性较大，而且这些特构基础往往需在建筑主体结构施工前先行施工。由于地质条件和场地条件的制约，施工难度往往也比较大，这些都要求施工单位具有较强的施工组织能力、施工协调能力和技术管理能力。

而且，四大工艺的配套工艺也比较复杂，往往需要先期达到投用标准。如像联合动力站房、污水站等都有特殊要求。

厂区道路、管网的施工需要密切配合和绝对服从主体建筑施工进度安排，尤其在四大工艺车间区域及外围施工管道、道路时，要求施工单位加强总体施工部署、有序推进，防止无序作业、遍地开发，打乱主体建筑的施工节奏。涉及四大工艺车间区域开挖要系统协调、统筹排期、给出时间窗口，严格要求施工单位制定分区、分段流水作业计划并监督执行。

2. 建筑体量巨大、占地面积广

作为一个大型的汽车生产厂，建（构）筑物众多，主要包括冲压、焊装、涂装、总装等四大生产车间以及附属功能建筑、厂区内配套等工程建筑，总建筑面积约48万m^2。

汽车生产厂基于汽车生产工艺的需要，建筑物一般层数不多，最高的涂装车间也只有两层（局部三层），如此大体量的建筑物以扁平的方式在厂区内分布，厂区覆盖范围广、占地面积大。

3.工厂分期建设、分期报建，平行发包的承包商数量众多

该项目作为汽车生产厂，汽车的生产工艺是逐步明确、逐步确定的，这也造成工厂建筑的设计也是逐步明确和确定的，工程也是分期分批开工建设，每新开工一个子项目，可能就作为一个单独的报建批次申请报建。报建中往往一个大的建（构）筑物就是一个报建批次。其中总装车间作为生产工艺的最后一个环节将是最后一个设计、施工、报建，而该建筑体量很大，因此总装车间的施工工期紧张。

由于工程分批次报建，每一个报建批次就作为一个独立的发包单元，有土建总包、机电总包、弱电总包等平行发包的施工单位，把所有的报建批次加在一起，承包商数量异乎寻常地多，有几十家平行发包的承包商出现在该项目中。

4.工艺变动多，工程建筑的变更也随之增多

该工程建筑是为汽车生产工艺服务的，而生产工艺是逐步明晰、确定的，因此前期已经确定的工艺在后期可能再次进行细化和变更。鉴于工程建筑与生产工艺之间的密切关系，生产工艺的变化给工厂建筑带来较多的设计变更，给建筑工程管理带来挑战，影响到工程建筑的施工进度。

5.工程建设任务重、施工工期紧张

工程建筑物众多，又是分期报建、分期施工，但最后各建筑物基本是要同时投入使用，从而导致施工工期紧张。这一点在工程建设中有明显的感受，施工强度大，平行作业很多，工程协调量大，工期显得尤为紧张。

6.项目建设地点位于天津，地质情况比较特殊

地质情况往往是在工程技术中不确定性最大的一个部分。常见的地质情况有黏土地质情况（如东北平原）、河流下游冲积平原地质情况（如江南地区）、丘陵地质情况（如山东地区）等，但天津地区是另外一种比较特殊的地质情况，它是结合了河流下游冲积平原以及沿海退海两种地质情况的复杂地质构造。比较粗颗粒的砂型沉积层，透水性好，但黏性差，不易放坡；退海形成的比较细腻的黏土夹层，透水性差，降水效果差，不利于开挖。这种粗颗粒的砂性土与细颗粒的黏性土相掺杂的地质构造会给地基基础的设计和施工带来一定困难。

7.项目建设单位对安全生产很重视，安全隐患主要来自钢结构吊装

项目的建设单位是大型国有骨干企业，建设单位对安全生产管理工作非常重视，从企业层面就成立了专门的安全管理部，一直将企业的安全管理要求落实到项目施工现场的承包施工层面，整体来讲有自己的安全管理体系，安全管理要求都比较健全和明确，对建筑施工的安全生产管理工作比较重视。

工程主要是钢结构体系，由于工程体量巨大，因为存在大量的钢结构吊装、安装作业，是该工程安全施工隐患的主要来源。

建设单位要注重建筑设备、建筑材料、建筑物料等方面的甲购工作，配合施工进度合理安排甲购进度，确保满足施工要求，同时优化存储成本等。统一制定甲供材料计划、甲供设备计划，确定整个工程各阶段所需的甲供材料和甲供设备数量和需要时间，保证不因甲供材料、甲供设备影响整个工程进度。

（二）项目组织结构实例

该项目的特点决定了其项目管理组织的结构，项目管理机构组建时考虑了项目建设任务的特点：

1.场地规模

项目场地大、施工区域分散；施工单位、供货单位众多，管理链长、任务重、协调量大，机构设置时按场区分区划片管理以提高管理效率，即：以涂装车间为主的片区1，以冲压车间为主的片区2，以整个场区室外工程为片区3，每片区配备一名片区主管，其他各专业按施工内容和时序搭配。

2.安全监管

安全任务重，安全监管很重要，机构设置时则将安全管理独立成组设置安全组，接受建设单位方公司安全保障科直线管理和建设单位、咨询项目管理公司的多重管理。

3.手续办理

厂区分区分段开工，政府手续办理工作量大，在机构设置上手续办理由专人负责，并接受建设单位和咨询项目管理公司项目经理双重领导。

4.管理制度

完善项目管理制度工作任务繁重，在机构设置上临时设置建章立制专组，制度建设框架完成后解散，后续制度的完善和维护则交由项目管理公司相关人员进行。

该项目监理服务内容除了传统的“三控三管一协调”以外，还要负责工程BIM的管理和验收。工程范围是超过4km长的狭长区域，1年的工期相对于25亿的投资，时间非常紧张。全线按“大平行、小流水”组织施工，快速推进。

工程大体分为土方开挖及基坑支护、主体施工、土方回填、机电安装等几个步骤。其中机电安装部分专业性比较强。

项目监理组织结构设计中需要解决的主要问题是：工程范围大，同时开工，任务繁重，存在机电安装、BIM管理等专业性强的工作。

因此项目采用了直线式组织形式，总监理工程师和总监理工程师代表领导整个项目部，下面根据现场区域，分成3个工区，以及BIM组、安全组、机电安装组，各组分管负责的区域或专业工作。具体组织结构如图2-5所示。

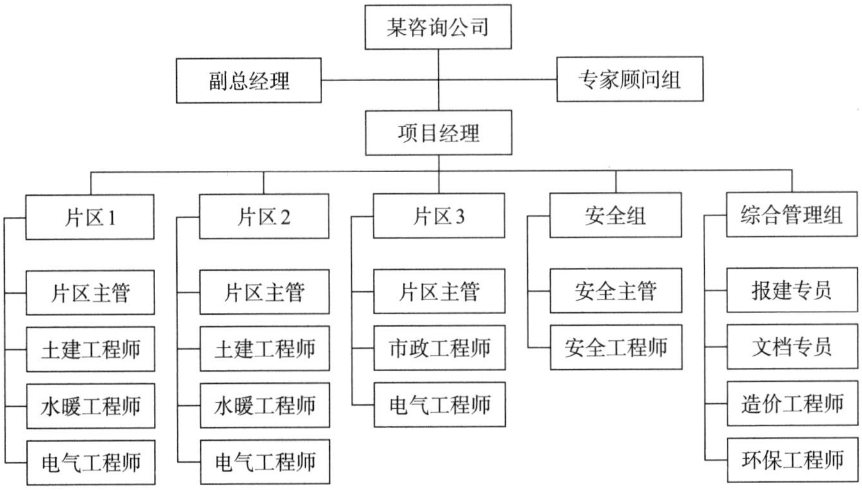

图2-5　某汽车公司天津工厂项目组织结构图

第三章

施工项目管理服务策划

施工项目管理服务策划是咨询服务单位合同签订后，为把项目决策付诸实施而形成的具有可行性、可操作性和指导性的项目管理服务策划方案，即项目实施策划方案。

项目管理服务策划方案涉及整个实施阶段的工作，其范围和深度在理论上和工程实践中没有统一的规定，应视项目特点而定，一般包括项目目标的分析和再论证、项目组织策划、项目发包策划等，同时应针对项目全过程进行风险管理策划，编制风险管理规划，识别项目风险，制定风险应对措施。

第一节　目标分析与再论证

施工项目管理服务策划的第一步是对项目目标进行分析和再论证。

与项目决策策划类似，策划前应进行项目实施期的环境调查与分析，包括业主现有组织情况、建筑市场情况、当地材料设备供应情况和政策情况等。

根据工程项目实施期的环境调查结果，应结合实施情况对工程项目的建设性质和建设目标进行调整和修订，分析该建设性质和目标与原来的项目定义相比较有哪些差别，为实现该建设目标的具体建设内容有哪些差别，哪些已经具备，哪些应该增减。在原来项目定义的基础上进行修改，对所建项目重新进行项目定义，并与工程项目的建设内容相比较，考察其是否相匹配。如果不能完全满足工程项目的建设目标，应该再进行新一轮的比较，直至项目定义完全符合项目建设内外部条件的要求、满足项目自身的经济效益定位和社会效益定位为止。

下一步，应从业主方的角度统筹全局，把握整个工程项目管理的目标和方向，并编制三大目标规划：

（1）投资目标规划，在项目的总投资估算基础上编制。

（2）进度目标规划，在项目的总进度纲要基础上编制。

（3）质量目标规划，在项目的项目定义和功能分析基础上编制。

一、投资目标分析与再论证

投资控制的关键，是要保证项目投资目标尽可能好地实现。当工程项目进入实质性启动阶段以后，项目的实施就开始进入预定的计划轨道，这时，投资控制的中心活动就变为投资目标的控制。在具体建设项目的实施中，将投资目标分为总目标和分目标进行分别的管控。

（一）投资控制总目标

投资估算一旦批准，即为工程项目投资的最高限额，不得随意突破，并作为项目建设过程中投资控制的总目标。为合理确定项目总投资，需要建立上报投资审核制度，投资监理作为投资控制第一责任人认真审核各阶段上报投资，防止缺项漏项，上报投资应符合项目实际需求。

（二）投资控制分目标

为确保项目实际执行情况，需要将整个投资费用分配到各个工作单元中去，各个工作单元中的投资费用就成为工程项目的分目标控制值，并根据实际情况，进行必要调整。在项目实施过程中，投资监理不断地将实际投资值与投资控制的目标值进行比较，并做出分析及预测，加强对各种投资风险因素的控制，及时采取有效投资控制措施，确保项目投资控制目标的实现，如图3-1所示。

二、进度目标分析与再论证

建设项目总进度目标指的是整个项目的进度目标，它是在项目决策阶段确定的，项目管理的主要任务是在项目的实施阶段对项目的目标进行控制。建设项目总进度目标的控制是业主方项目管理的任务（若采用建设项目总承包的模式，协助业主进行项目总进度目标的控制也是总承包方项目管理的任务）。在进行建设项目总进度目标控制前，首先应分析和论证目标实现的可能性。若项目总进度目标不可能实现，则项目管理方应提出调整项目总进度目标的建议，提请项目决策者审议。

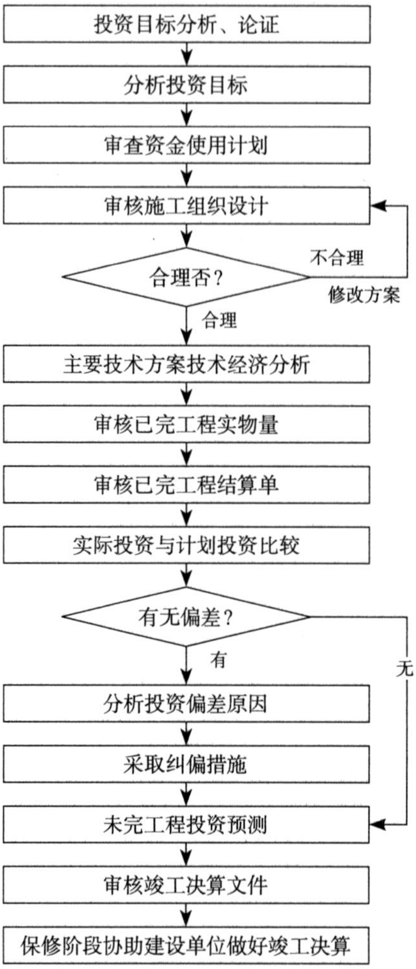

图3-1　投资控制（工程量计量）程序

（一）项目总进度

在项目实施阶段，项目总进度包括：

（1）设计前准备阶段的工作进度。

（2）设计工作进度。

（3）招标工作进度。

（4）施工前准备工作进度。

（5）工程施工和设备安装进度。

（6）项目动工前的准备工作进度等。

建设项目总进度目标论证应分析和论证上述各项工作的进度，及上述各项工作进展的相互关系。

在建设项目总进度目标论证时，往往还不掌握比较详细的设计资料，也缺乏比较全面的有关工程发包的组织、施工组织和施工技术方面的资料，以及其他有关项目实施条件的资料。因此，总进度目标论证并不是单纯的总进度规划编制工作，它涉及许多项目实施的条件分析和实施策划方面的问题。

（二）项目工作步骤

既然已经明确进度分析与论证的工作内容，那么其具体工作步骤如下：

（1）调查研究和收集资料。

（2）项目结构分析。

（3）进度计划系统的结构分析。

（4）项目工作编码。

（5）编制各层进度计划。

（6）协调各层进度计划的关系，编制总进度计划。

（7）若所编制的总进度计划不符合项目进度目标，则设法调整。

（8）若经过多次调整，进度目标无法实现，则报告项目决策者。

（三）项目调研

调查研究和收集资料包括如下工作：

（1）了解和收集项目决策阶段有关项目进度目标确定的情况和资料。

（2）收集与进度有关的该项目组织、管理、经济和技术资料。

（3）收集类似项目的进度资料。

（4）了解和调查该项目的总体部署。

（5）了解和调查该项目实施的主客观条件等。

（四）项目工作结构分析

建设工程项目的工作结构分析是根据编制总进度规划需要，将整个项目进行逐层分解，并确立相应的工作目录，如：

（1）一级工作任务目录，将整个项目划分成若干个子系统。

（2）二级工作任务目录，将每一个子系统分解为若干个子项目。

（3）三级工作任务目录，将每一个子项目分解为若干个工作项。

大型建设项目的计划系统一般由多层计划构成，如：

（1）第一层进度计划，将整个项目划分成若干个进度计划子系统。

(2) 第二层进度计划，将每一个进度计划子系统分解为若干个子项目进度计划。

(3) 第三层进度计划，将每一个子项目进度计划分解为若干个工作项。

整个项目划分为多少计划层，应根据项目的规模和特点而定。

（五）项目工作编码

项目的工作编码指的是每一个工作项的编码，编码有各种方式，编码时应考虑下述因素：

(1) 对不同计划层的标识。

(2) 对不同计划对象的标识（如不同子项目）。

(3) 对不同工作的标识（如设计工作、招标工作和施工工作等）。

工作编码系统的示例如图3-2所示：

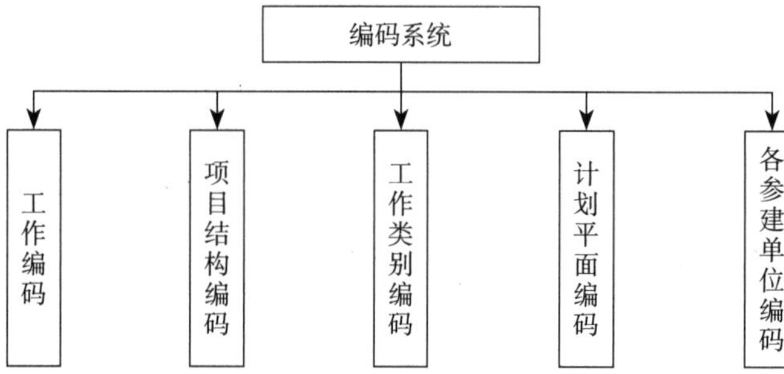

图3-2　工作编码系统

建设项目总进度目标分析与论证的核心工作是通过编制项目总进度规划论证总进度目标实现的可能性，项目总进度规划的编制是一项非常复杂的工作，在编制过程中需遵循一定的工作逻辑和流程，在编制的过程中应特别注意各个工作之间的紧前及紧后工作关系的搭接，其关系的确定需立足于整体项目的角度来考量，需贯穿项目实施的全过程。

同时在编制总体进度规划时应当对建设各个过程的界面进行控制，在具体编制中，应当优先确定各子系统的内在逻辑和关系，后确定各系统之间的工作关系，切莫遗漏过程中涉及的重要系统间的关系。其界面控制如图3-3所示。

三、质量目标分析与再论证

质量目标分析与再论证的核心是通过编制项目质量规划，论证项目原定质量目标的可行性和经济性。很多项目设定的质量目标与项目的定位和功能不匹配，

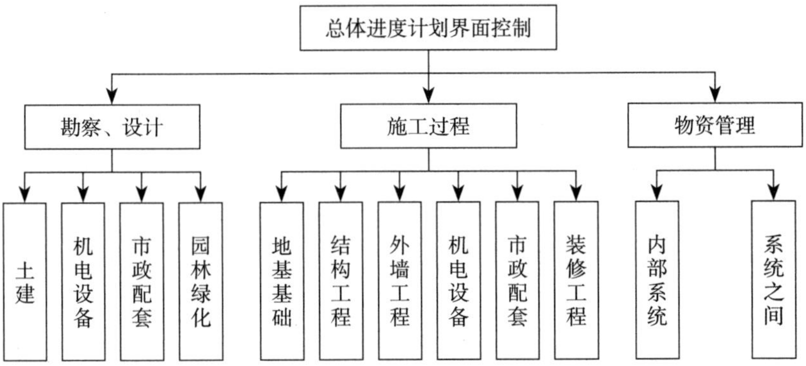

图3-3　总体进度规划界面控制

例如对项目整体质量以获奖为目标，但对于必要的功能部位目标设定不清晰，对于非必要的功能部位目标设定过高等。

项目质量规划的编制，首先就是项目质量目标的确定。项目质量目标的确定，必须在项目定义和功能分析的基础上进行。因此工程项目的质量总目标，是业主建设意图通过项目策划，包括项目的定义及建设规模、系列构成、使用功能和价值、规格档次标准等的定位策划和目标决策。

项目质量目标体系一般通过两种方式建立：项目质量指标和项目功能区位。

(一) 通过项目质量指标建立项目质量目标体系

工程项目的质量由一系列质量子指标构成，包括适用性、可靠性、经济性、协调性和业主要求的其他特殊功能，每项子目标下设一系列分目标，如图3-4质量目标体系所示。

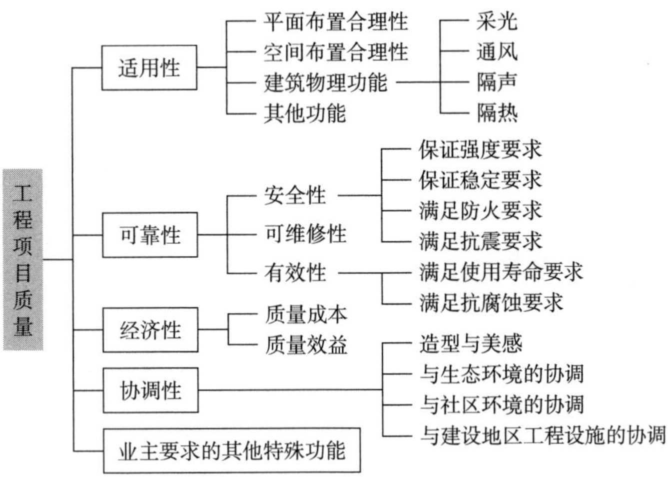

图3-4　基于质量目标体系建立的项目质量体系

（二）通过项目功能区位建立项目质量目标体系

工程项目各阶段，包括勘察设计、招标投标、施工安装，竣工验收等，均应围绕着致力于满足业主的质量总目标而展开，按照建设标准和工程质量总体目标，分解到各个责任主体，明示于合同条件，由各责任主体制订质量计划，确定控制措施和方法如图3-5所示。

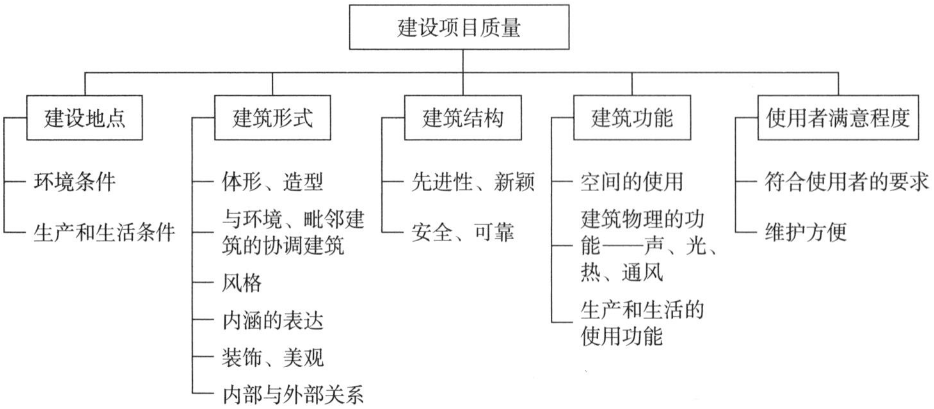

图3-5　基于功能区位建立的项目质量目标体系

第二节　业主组织策划

项目目标决定了项目的组织，组织是目标能否实现的决定性因素。国际和国内许多大型工程项目的经验和教训表明，只有在理顺项目参与各方之间、建设单位和代表建设单位利益的工程项目管理单位之间、建设单位自身项目管理机构各职能部门之间的组织结构、任务分工和管理职能分工的基础上，整个工程项目管理系统才能高效运转，项目目标才有可能被最优化实现，如图3-6所示。

一、组织结构策划

对于项目建设组织来说，应根据项目建设的规模和复杂程度等各种因素，在分析现有组织结构形式的基础上，设置与具体项目相适应的组织层次。针对具体项目，项目实施组织结构的确定与以下3个因素息息相关：

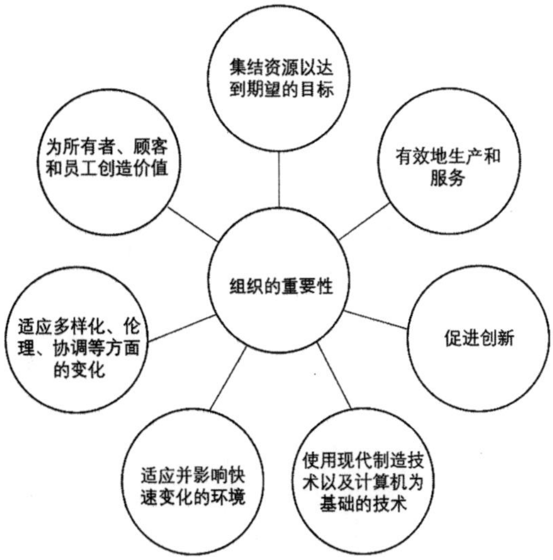

图3-6　组织重要性

（一）项目建设单位管理能力及管理方式

如果项目建设单位管理能力强，人员构成合理，可能会以建设单位自身的工程项目管理为主，将少量的工作交给专业工程咨询公司完成，此时建设单位组织结构较为庞大。反之，由于建设单位自身管理能力较弱，将大量的工作交给专业工程咨询公司去完成，则建设单位组织结构较简单。

（二）项目规模和项目组成结构内容

如果项目规模较小，项目组成结构也不复杂，那么，项目实施采用较为简单的线性组织结构，即可达到目的。反之，如果规模较大，项目组成复杂，则建设单位组织上也应采取相应的对策加以保证，如采用矩阵组织结构。

（三）项目实施进度规划

现实工作中，由于工程项目的特点，既可以同时进行、全面展开，也可以根据投资规划而确定分期建设的进度规划，因此项目建设单位组织结构也应与之相适应。如果项目同时实施，则需要组织结构强有力的保证，因而组织结构扩大。如果分期开发，则相当于将大的工程项目划分为几个小的项目团逐个进行，因而组织结构可以减少。

（四）案例

大型生态恢复工程项目业主方组织结构

以某大型生态保护修复试点工程项目为例，为保障项目的投资目标、进度目标、质量目标等得以实现，对组织结构模式进行了搭建和选择。

该大型生态保护修复试点工程项目采用的是“专项基金+DBFOT+补充耕地指标交易收益为主”的模式（DBFOT是指设计、建设、投资、运营、移交）。

首先由市政府授权政府平台公司——××开源实业有限公司作为试点工程的实施机构，代表市政府履行业主职能。其后，在项目决策策划阶段，考虑到国家生态保护政策并结合该市实际的财政情况，除部分国家资金补贴外，由××开源实业有限公司通过公开招标的形式选取合适的投资人参与项目的投资建设，最终选定了××资产管理有限公司、××资本管理有限公司、中建某局、中交某局、中交××设计院、中建××市政设计院等7家公司。××开源公司根据政府授权，与中标的7家单位组成联合体，共同设立了项目专项基金，并成立了SPV公司——××投资建设有限公司具体负责试点工程的实施工作。整体组织结构如图3-7所示。

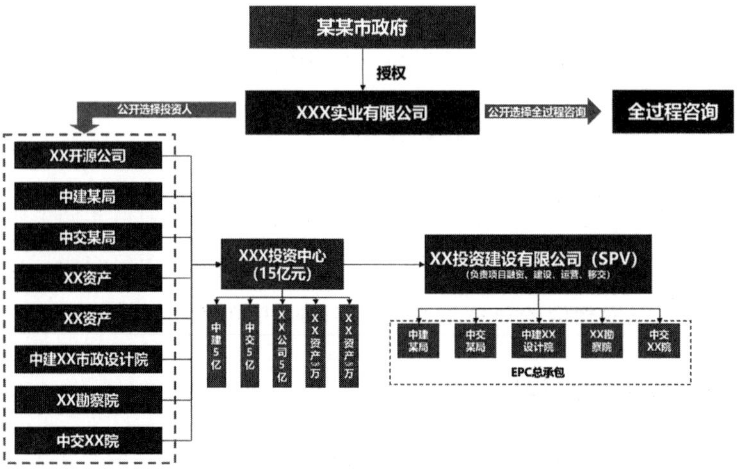

图3-7　大型生态修复项目组织结构

选用矩阵组织结构后，通过建立不同的职能部门，使得各阶段的工作资源得以集中，不同职能人才聚集在一起可以激发活力，共同解决复杂的高难度问题。同时根据项目实际情况搭建多个项目部门，克服了该试点工程项目地域跨度大、子项目众多的问题，从总体上提高了管理效率。试点工程选择全过程工程咨询模式，符合国家政策鼓励方向，全过程工程咨询高度整合的服务内容以其集成化的优势，在节约投资成本的同时也有助于缩短工期和提高品质，同时也有效地规避了部分风险。

二、任务分工策划

在组织策划完成后，应对各单位部门或个人的主要职责进行分工。项目管理任务分工是对项目组织结构的说明和补充，将组织结构中各单位部门或个人的职责进行细化扩展，它也是项目管理组织策划的重要内容。项目管理任务分工体现组织结构中各单位部门或个人的职责任务范围，从而为各单位部门或个人指出工作方向，将多方向参与力量整合到同一个有利于项目开展的合力方向。

三、管理职能分工策划

管理职能分工与任务分工一样也是组织结构的补充和说明，体现在对于一项工作任务，组织中各任务承担者管理职能上的分工，与任务分工一起统称为组织分工，是组织结构策划的又一项重要内容。

组织结构图、任务分工表、管理职能分工表是组织结构策划的3个形象工具。其中组织结构图从总体上规定了组织结构框架，体现了部门划分；任务分工表和管理职能分工表为组织结构图的说明补充，详细描绘了各部门成员的组织分工。

四、工作流程策划

项目管理涉及众多工作，其中就必然产生数量庞大的工作流程，依据工程项目管理的任务，项目管理工作流程可以分为投资控制、进度控制、质量控制、合同与招标投标管理工作流程等，每一流程又可随工程实际情况细化成众多子流程。

例如投资控制工作流程包括：投资控制整体流程；投资计划、分析、控制流程；工程合同进度款付款流程；变更投资控制流程；建筑安装工程结算流程等。

五、管理制度策划

为更好地实现项目目标，统一项目各参与单位的职责、权力和义务，项目组织策划还需根据项目的具体情况制定有针对性的项目管理制度。项目管理制度需根据项目实施的不同阶段和项目管理的不同任务，结合各项工作流程制定，一般包括：《工程项目廉政建设制度》《工程项目进度管理办法》《工程项目质量管理办法》《工程技术核定单和现场签证管理办法》《工程用款（月进度款）申请管理办法》《工程审价、工程结算管理办法》等。

第三节　工程发包及采购策划

为保证项目的顺利开展，需要将一些采购外包，从而出现了甲供、甲定乙供、乙供等不同采购主体的采购行为。同时因材料设备的价值、可获得性、质量等不同，又可以分为招标采购、议标（比价）采购和直接采购等采购方式。因此应在项目前期对整个项目的工程发包和招标采购做整体性的规划。工程发包及招标采购对控制建设投资、工程质量、施工进度、运行费用等方面起着决定性作用。工程发包及采购策划主要包括以下环节：

（1）投资分解。

（2）合同策划。

（3）发包策划。

（4）发包计划。

一、投资分解

工程发包策划与工程投资密切相关，是工程投资控制的实现路径，因此项目投资分解是工程发包策划的初始性工作。项目投资分解结构的基础性工作是项目分解结构和费用分解结构，三者关系如图3-8所示。

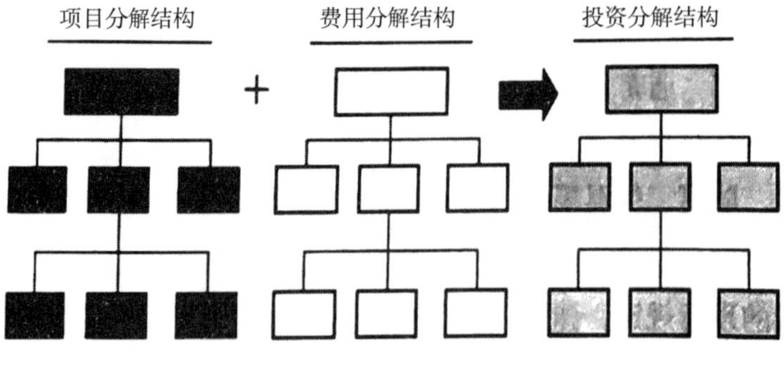

图3-8　投资分解结构关系图

（一）项目分解结构

项目分解结构就是以工程系统范围和项目的总任务为依据，将项目分解为不同层次的项目单元。项目分解结构是一个树形结构，以实现项目最终成果所需进行的工作为分解对象，依次逐级分解，形成愈来愈详细的若干级别（层次）、类别，并以编码标识的若干大小不同的项目单元。

常见的项目分解结构包括如下两大类：

1.按技术系统进行结构分解

对技术系统的结构分解，是指假设对已经建成的工程进行分解。

（1）按功能区间分解。

功能是工程建成后应具有的作用，不同的区位有不同的作用，项目的运行是工程所属的各个功能的综合作用的结果。以产品结构进行分解：新建一个汽车制造厂，则可将整个项目分解成发动机、轮胎、壳体、底盘、组装、油漆、办公区、库房（或停车场）等几个大区或分厂；按平面或空间位置进行分解，又如一栋办公楼，可分为办公室、展览厅、会议厅、停车场、交通空间、公用区间等。

（2）按要素进行分解。

要素是指功能上面有专业特征的组成部分。要素一般不能独立存在，它们必须通过有机组合构成功能。例如：一个办公区的功能面上可能有建筑、结构、给水排水、供暖、通风、电气设施、器具、交通设备、办公设备等。有些要素还可以进一步分解为子要素。例如：结构可分解为基础、柱、墙体、屋顶及饰面等；而电气设施又可分为供电系统和照明系统等。

2.按实施过程进行结构分解

整个工程、每一个功能作为一个相对独立的部分，必然经过项目的实施全过程。只有按实施过程进行分解才能得到项目的实施活动。

例如常见的建设工程项目分为如下实施过程：

（1）设计和计划（初步设计、技术设计、施工图设计，实施计划等）。

（2）招标投标。

（3）实施准备（现场准备、技术准备、采购订货、供应等）。

（4）施工（土建、机械和电气安装、装饰工程）。

（5）试生产/验收。

（6）投产/保修。

（7）运行等。

项目分解并非选择一种分解方式进行分解，而是可以联合运用多种方式对项目进行分解，最终目的是实现项目的所有工作和组成部分能够分解成为可实际管控和控制的单元，实现项目质量、进度和投资等计划的管理和控制。

（二）费用分解结构

项目投资费用分解结构一般分为固定资产投资和流动资产投资，其中固定资产投资又分为建设投资和建设期利息。建设投资又可分解为工程费用、工程建设其他费和预备费。费用分解结构如图3-9所示。

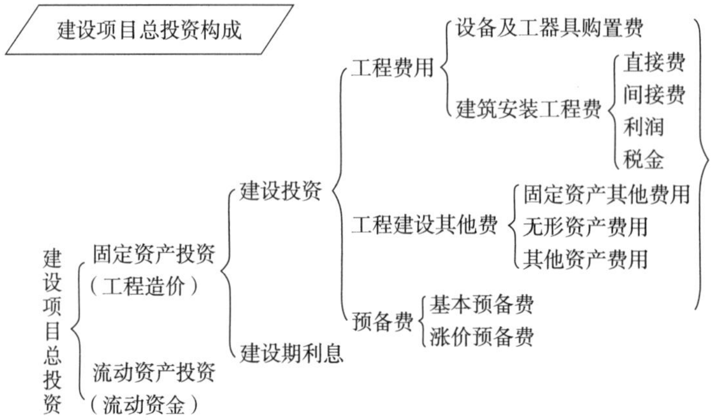

图3-9 费用分解结构

（三）投资分解结构

项目分解和费用分解完成后，就可以实现项目的投资分解，将整个项目的投资概算目标分解为分项工程的材料设备概算指标，并明确材料设备费和工程安装费，形成投资分解表，作为投资控制和工程招标策划的依据。图3-10为某工程的投资分解结构示例。

二、合同策划

在将项目投资分解为实际管理控制的投资单元后，下一步的工作就是对项目进行合同策划，对整个项目的合同进行分解，形成工程项目的合同分解结构。

合同策划的内容包括以下两个方面：

（1）涉及整个项目实施的战略性合同结构体系策划。例如根据勘察、设计、施工、监理及材料设备采购等建设任务将整个项目分解成多个不同种类的合同，

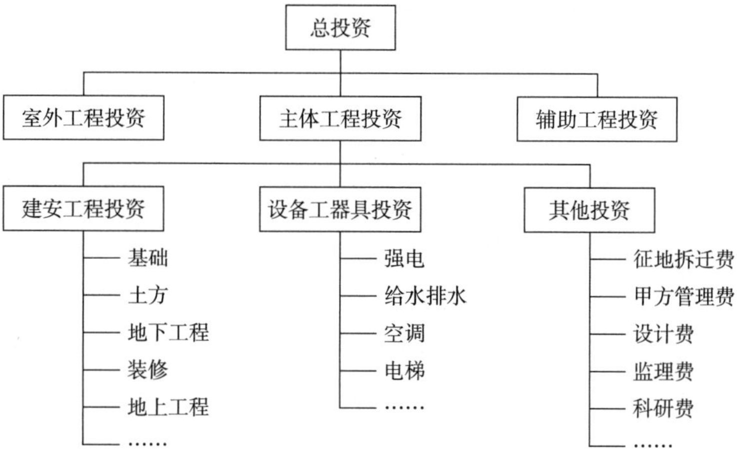

图3-10　投资分解结构

每种合同又可分解成多个独立的合同，确定每个合同的内容和范围，包括各个合同之间在内容上、时间上、组织上和技术上的协调。

（2）涉及具体合同确定的战术性实施过程策划，主要包括合理划分标段、确定招标采购方式、设定招标人资格和招标关键技术要求、安排招标工作进度、确定和签署合同等。

合同策划可分为横向策划和纵向策划：可以按项目建设程序进行纵向策划，也可以按工作分解结构进行横向策划。

经过投资分解和合同策划，就可以形成整个项目的合同分解结构，将各分项工程内容纳入总包合同、分包合同、甲供设备合同、咨询服务合同、市政配套合同、政府规费和预备费。所谓合同分解结构，是指一个项目上所有合同之间形成的构成状况和互相联系。图3-11为某技改项目的合同分解结构。

三、发包策划

经过项目的合同分解之后，形成了一系列的合同需要发包，包括工程以及与工程建设相关的货物、服务等。项目建设主体需根据项目类型和项目特征，结合采购目的和要求、相关法律法规规定及市场供应状况，并深入研究不同发包模式优缺点的前提下选择该项目适用的发包模式。

发包模式按合同类型分为工程发包、材料设备发包和服务发包。按选择交易主体的方式划分，常用的工程建设项目的合同发包方式有招标、询价、订单、磋商、竞价、比选等方式。

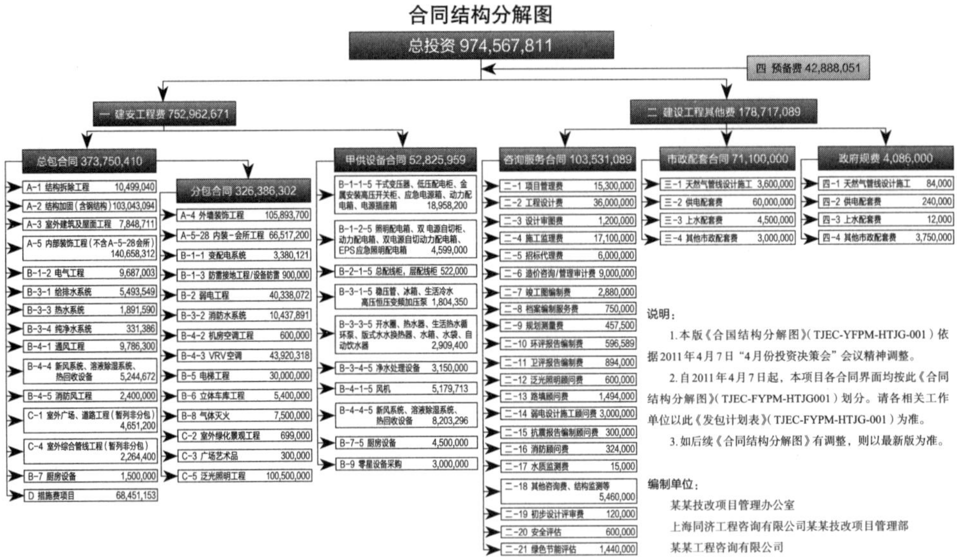

图3-11　合同分解结构图

工程合同是工程项目发包的关键环节，工程合同的发包模式在一定程度上决定项目的成败，因此需在项目实施策划阶段作为工作重点。

工程发包策划包括发包模式策划、招标方式策划和计价模式策划。

（一）发包模式策划

工程合同的发包模式主要有：平行发包模式、施工总承包模式、施工总承包管理模式、CM管理模式、工程总承包模式（EPC）等。对不同的发包模式需深入研究其优缺点及适用范围，结合自身项目的特点择优选择。

1.平行发包模式

采用这种方式，业主把任务分别委托于多个设计单位和施工单位，其关系是平行的。平行承发包适合边设计边施工、涉及行业较广的项目。对质量控制较有利。但是其对项目组织和管理来说，难度较大；对投资控制和进度协调不利。

2.施工总承包模式

施工总承包，主要应用于发包人将全部施工任务，发包给一个施工单位或由多个施工单位组成的施工联合体或施工合作体，施工总承包单位主要依靠自己的力量完成施工任务。此模式一般要等施工图设计全部结束后，才能进行施工总承包的招标，开工日期较迟，建设周期较长。

3.施工总承包管理模式

此模式，业主与某个具有丰富施工管理经验的单位或联合体或合作体签订施工总承包管理协议，负责整个建设项目的施工组织与管理。一般情况下，施工总承包管理单位不参与具体工程的施工。而具体工程施工，需要再进行分包的招标与发包。把具体施工任务分包给分包商来完成。建设周期大大缩短，在工程的设计阶段就可以开始招标投标，这也让施工总承包管理单位可以更早与分包商签订合同，减少了施工工期，使之有利于施工方。分包商的质量控制由施工总承包单位进行控制，有利于随时对工程的质量进行管理和监控。

4. CM管理模式

该模式，由业主委托CM单位，以一个承包商的身份，采取“快速路径法”的生产组织方式，来进行施工管理，直接指挥施工活动，在一定程度上影响设计活动的承发包模式。CM模式的基本指导思想是缩短建设周期，但管理工作相对复杂。管理风险较大。

5. 工程总承包模式（EPC）

工程总承包是项目业主为实现项目目标而采取的一种承发包方式。即从事工程项目建设的单位受业主委托，按照合同约定对从决策、设计到试运行的建设项目发展周期实行全过程或若干阶段的承包。工程总承包是国家近年来推广使用的承发包方式，有利于理清工程建设中业主与承包商、勘察设计与业主、总包与分包、执法机构与市场主体之间的各种复杂关系。比如，在工程总承包条件下，业主选定总承包商后，勘察、设计，以及采购、工程分包等环节直接由总承包商确定分包，从而业主不必再实行平行发包，避免了发包主体主次不分的混乱状态，也避免了执法机构过去在一个工程中要对多个市场主体实施监管的复杂关系。但该模式存在以下几个问题：

（1）招标发包工作难度大。合同管理的难度一般较大。

（2）业主择优选择承包方范围小。往往导致合同价格较高。

（3）质量控制难度大。其原因一是质量控制标准制约性受到影响；二是“他人控制”机制薄弱。

（二）招标方式策划

工程发包模式确定后，采用何种方式招标就是招标方式策划的工作内容。招标方式策划需要依据法律法规判断该项目是否属于必须招标的范畴，以及不同的招标方式和它们的适用条件。

我国《中华人民共和国招标投标法》（以下简称《招标投标法》）规定在我国境内进行下列工程建设项目，包括项目的勘察、设计、施工、监理以及工程建设相关的重要设备、材料等的采购，必须进行招标。具体如下：

（1）大型基础设施、公用事业等关系社会公共利益、公众安全的项目。

（2）全部或者部分使用国有资金投资或者国家融资的项目。

（3）使用国际组织或者外国政府贷款、援助资金的项目。

除上述基本原则外，国家纪委颁布的《工程建设项目招标范围和规模标准规定》，对上述工程建设项目招标范围和规模标准又做出了具体规定。

我国《招标投标法》规定，招标方式分为公开招标和邀请招标两大类。

1.公开招标

公开招标是指招标人通过新闻媒体发布招标公告，凡具备相应资质、符合招标条件或组织不受地域和行业限制均可申请投标。它是一种无限制的竞争方式。业主选择范围大，承包商之间充分地平等竞争，有利于降低报价，提高工程质量，缩短工期。但招标期较长，业主有大量的管理工作，如准备许多资格预审文件和招标文件。资格预审、评标、澄清会议工作量大，且必须严格认真，以防止不合格承包商混入。不限对象的公开招标会导致许多无效投标，造成大量时间、精力和金钱的浪费。在这个过程中，严格的资格预审是十分重要的。必须看到，公开招标在很大程度上会导致社会资源的浪费。许多承包商竞争一个标，每家都要花许多费用和精力分析招标文件，做环境调查，做施工方案，做报价，起草投标文件。除中标的一家外，其他各家的花费都是徒劳。这会导致承包商经营费用提高，最终导致整个市场上工程成本的提高。

2.邀请招标

邀请招标是指招标人以投标邀请书的方式邀请特定的法人或者其他组织投标。采用邀请招标方式时，邀请对象的数目以5～7家为宜，但应不少于3家。邀请招标即限制性竞争招标。业主根据工程的特点，有目标、有条件地选择几个承包商，邀请他们参加工程的投标竞争，这是国内外经常采用的招标方式。采用这种招标方式，业主的事务性管理工作较少，招标所用的时间较短，费用低，同时业主可以获得一个比较合理的价格。国际工程经验证明，如果技术设计比较完备，信息齐全，签订工程承包合同最可靠的方法是采用选择性竞争招标。

3.议标

另外还有第三种议标的方式，适用于工期紧、工程总价较低、专业性强或军事保密工程，有时对专业咨询、设计、指导性服务或专用设备、仪器的安装、调试、维修等也采用这种方式。这种方式的优点是节约时间，可以较快地达成协议，开展工作。缺点是无法获得有竞争力的报价。例如《广东省政府采购非公开招标采购方式实施规程》第六条;《江苏省建设工程招标投标管理办法》第三条;《江苏省建设工程施工议标实施办法》第二条规定。

（三）计价模式策划

计价模式策划包含两方面的策划，一是招标阶段选用的计价模式策划；二是合同选用的计价模式策划。

1. 招标阶段

招标阶段的计价模式主要包括工程量清单、模拟清单和定额下浮3种方式。

（1）工程量清单计价模式。

工程量清单计价模式是由业主自行或委托专中介机构编制反映工程实体消耗和措施性消耗的工程量清单，并作为招标文件的一部分提供给投标人，由投标人依据工程量清单自主报价的计价方式。在工程招标中采用工程量清单计价是国际上较为通行的做法，也是我国建筑市场比较成熟的计价模式，有利于控制成本，但前提是需要完备的施工图作为工程量清单编制基础。

（2）模拟清单计价模式。

模拟清单计价模式是指对于某一确定的建设项目，在其方案图乃至扩初图已经具备，而施工图尚未具备的情况下，为节约时间，由有经验的造价工作人员参考以往行业惯例及经验数据，再结合该项目的具体情况，编制出一套预计会发生的清单工作列项及预计工程量清单，供业主招标使用。这套预计的工程量清单即为模拟清单。模拟清单适用于材料做法较为常规、业内有充分类似数据积累、后期变数不大的常规项目，可大幅度节约时间，有利于项目快速推进。

（3）定额下浮计价模式。

定额下浮计价模式是指在建设工程招标投标活动中，招标人在招标文件中明确要求投标人在投标报价时，以选用当地的定额作为依据，提出工程造价税前上下浮比例的高低，代替工程总造价的多少进行竞标，经评标委员会以各投标人所报的比例多少，结合所报工期和质量承诺、施工组织设计及企业施工业绩等其他相关指标进行综合评审，最终确定中标人的一种招标方式。定额下浮计价模式对设计的要求最低，优点是节约时间，但对成本控制不利。EPC模式招标一般选用这种模式。

2. 合同阶段

合同计价模式一般包括：单价合同，固定总价合同，成本加酬金合同。

不同种类的合同，有不同的应用条件，有不同的权力和责任的分配，有不同的付款方式，对合同双方有不同的风险。应按具体情况选择合同类型。

（1）单价合同。

这是最常见的合同种类，适用范围广，如土木工程施工合同（FIDIC）。在这种合同中，承包商仅按合同规定承担报价的风险，即对报价（主要为单价）的正确性和适宜性承担责任；而工程量变化的风险由业主承担。由于风险分配比较合理，能够适应大多数工程，能调动承包商和业主双方的管理积极性。单价合同又分为固定单价和可调单价等形式。单价合同的特点是单价优先，例如FIDIC施工合同，业主给出的工程量表中的工程量是参考数字，而实际合同价款按实际完成的工程量和承包商所报的单价计算。

（2）固定总价合同。

这种合同价格不因环境的变化和工程量增减而变化。所以在这类合同中承包商承担了全部的工作量和价格风险。除了设计有重大变更，一般不允许调整合同价格。在现代工程中，特别在合资项目中，业主喜欢采用这种合同形式，因为一是工程中双方结算方式较为简单，比较省事；二是在固定总价合同的执行中，承包商的索赔机会较少（但不可能根除索赔）。在正常情况下，可以免除业主由于要追加合同价款、追加投资带来的需上级，如董事会、甚至股东大会审批的麻烦。但由于承包商承担了全部风险，报价中不可预见风险费用较高。承包商报价的确定必须考虑施工期间物价变化以及工程量变化带来的影响。在这种合同的实施中，由于业主没有风险，所以其干预工程的权力较小，只管总的目标和要求。

（3）成本加酬金合同又称成本补偿合同。

是指按工程实际发生的成本结算外，发包人另加上商定好的一笔酬金（总管理费和利润）支付给承包人的一种承发包方式。工程实际发生的成本，主要包括人工费，材料费，施工机械使用费，其他直接费和现场经费以及各项独立费等。其主要做法有：成本加固定酬金、成本加固定百分比酬金、成本加浮动酬金、目标成本加奖罚。由业主向承包单位支付工程项目的实际成本，并按事先约定的某一种方式支付酬金的合同类型。这类合同中，业主承担项目实际发生的一切费用，因此也就承担了项目的全部风险。但是承包单位由于无风险，其报酬也就较低了。这类合同的缺点是业主对工程造价不易控制，承包商也就往往不注意降低项目成本。

招标阶段的计价模式往往决定了合同的计价模式，如采用工程量清单计价模式，由于施工图纸完备，工程量变化不大，合同一般选择固定总价合同计价模式；如采用模拟清单计价模式，则具体看项目的类型，对于常规性且有足够数据积累的项目，可以选择固定总价合同计价模式；如采用定额下浮的计价模式，一般多为单价合同或成本加酬金合同计价模式。

四、发包计划

发包计划是指编制项目所有发包工作的进度计划，是项目总体进度计划的重要组成部分，也是项目前期咨询服务关于工程发包策划的最终成果输出，作为工程发包阶段的工作依据，也是业主方对项目发包工作进展情况的考核依据。依据《合同结构分解图》编制《发包计划表》，着重对于各项合同的发包方式、发包开始时间、发包完成时间、招标代理单位、招标责任人和执行人等进行确认。并对发包执行情况进行跟踪标识。

某技改项目的发包计划表，如图3-12所示。

发包计划表

工程名称：某某技术改造工程　　编制时间：2011.05.13　　编号：TJEC-YFPM-FBJH-002

序号	分类	编号	分项名称	概算金额（元）	合同归类	发包情况	发包方式	计划发包开始时间	计划发包完成时间	招标代理	招标负责人	招标执行人	备注
1		二-1	项目管理	15,300,000		已发包	公开招标	2010.07	2010.12	甲代理			
2		二-2	工程设计	36,000,000		已发包	公开招标	2010.07	2010.10	甲代理			
3		二-3	设计审图	1,200,000		已发包	直接谈判	2010.08	2010.09				
4		二-4	施工监理	17,100,000		发包中	公开招标	2011.02	2011.05	甲代理	金某	沈某	
5		二-5-1	设计招标代理	300,000		已发包	比选	2010.06	2010.07		金某	王某 徐某	
6		二-5-2	项目管理招标代理	240,000		已发包	比选	2010.06	2010.07		金某	王某 徐某	
7		二-5-3	施工总包招标代理	900,000		发包中	直接谈判	2010.12	2011.05		金某	王某 徐某	
8		二-5-4	施工总包工程量清单编制	900,000		发包中	直接谈判	2010.12	2011.05		金某	王某 徐某	
9		二-5-5	施工监理招标代理	542,181		已发包	直接谈判	2010.10	2011.03		金某	王某 徐某	
10		二-5-6	VRV空调工程招标代理 电梯工程招标代理 泛光照明工程招标代理 给排水系统设备招标代理 净水处理设备招标代理 风机招标代理 （国际招标代理）	3,117,819			比选	2011.04	2010.05		金某	王某 徐某	
11		二-5-7	会所内装工程招标代理 消防水系统工程招标代理 立体车库工程招标代理 气体灭火招标代理 变配电系统设备招标代理 电气工程设备招标代理				比选	2011.04	2010.05		金某	王某 徐某	

图3-12　发包计划表

五、建设资金使用计划

在项目前期策划阶段，根据项目投资分解和发包策划，结合项目总进度计划，可以编制整个项目的建设资金使用计划，帮助业主提高财务管理效率，控制财务成本。

建设资金使用计划包括项目投资总计划和年度资金使用计划。

某项目年度资金使用计划如图3-13所示。

[illegible]年用款计划表

项目名称：某某技术改造项目　　编制时间：[illegible]

序号	合同名称	合同编号	是否发包	概算金额（万元）	合同金额（万元）	已支付（元）	年内支付（万元）	备注
37	机房空调工程		未发包	60			30	
38	VRV空调		未发包	4392.0318			2196	
39	气体灭火		未发包	750			150	
40	干式变压器		未发包	300			195	
41	低压配电柜		未发包	990			579	
42	金属铠装高压开关柜		未发包	600			390	
43	应急电源箱、电源插座箱、照明配电箱、双电源自切柜、动力配电箱、EPS应急照明配电箱		未发包	465.72			300	
44	弱电工程设备		未发包	52.2			33.9	
45	给水排水系统设备（含雨水、空调冷凝水、污水、废水）		未发包	180.435			117.28275	
46	热水系统设备		未发包	290.94			189	
47	纯净水系统设备		未发包	315			204	
48	暖通工程设备		未发包	517.9713			336	
49	新风系统、溶液式除湿系统、热回收设备		未发包	820.3296			533.1	
50	厨房设备		未发包	450			291	
51	零星设备采购		未发包	300			0	
52	天然气管线设计及施工		未发包	360			108	
53	供电配套（增容）		未发包	6000			1500	

图3-13　某项目年度资金使用计划表

第四节　工程建设风险管理策划

工程项目的实现是一个存在着很大不确定性的过程，因为这一过程是一个复杂的、一次性的、创新的，并涉及许多关系与变数的过程。工程项目的这些特性造成了在项目的实现过程中存在着各种各样的风险，如果不能很好地管理这些风险将会造成项目的损失，甚至导致项目目标不能实现，因此，工程建设风险管理是贯穿项目全过程的必要工作。项目管理咨询单位应在咨询合同签订后即刻开展风险管理策划工作。

一、风险管理规划

风险规划就是项目风险管理的一整套计划，主要包括定义项目组及成员风险管理的行动方案及方式，选择合适的风险管理方法，确定风险判断的依据等，用于对风险管理活动的计划和实践形式进行决策。

风险管理规划的流程如图3-14所示。

风险管理规划的成果是形成一份风险管理计划文件。在制定风险管理计划时，应当避免用高层管理人员的愿望代替项目现有的实际能力。

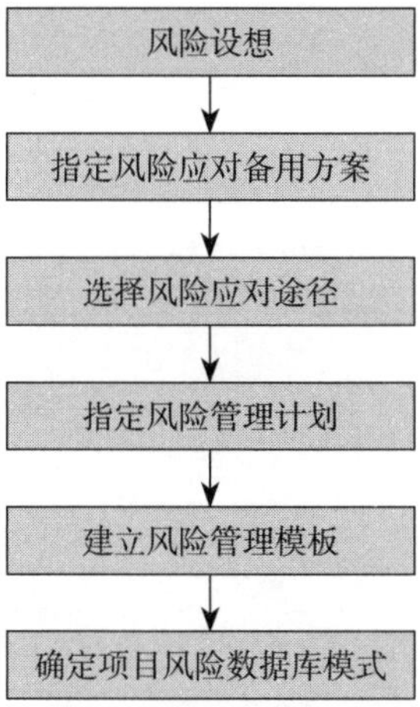

图3-14　风险管理规划流程

风险管理规划文件中应当包括项目风险形势估计、风险管理计划和风险规避计划。

风险管理计划应包括的内容：

（1）实施项目风险管理可使用的方法、工具和数据来源。

（2）实施项目风险管理活动团队、团队成员的职责。

（3）项目风险管理所需的费用。

（4）风险分解结构（RBS）。

（5）风险概率及其影响。

二、风险识别

（一）风险识别的依据

（1）项目范围说明书。

（2）项目产出物的描述（包括数量、质量、时间和技术特征等方面的描述）。

（3）项目计划信息（支持信息、对象方面的信息）。

（4）历史资料（历史项目的原始记录、商业性历史项目的信息资料、历史项目团队成员的经验）。

（二）风险识别的流程和方法

1. 风险识别的流程

风险识别的流程如图3-15所示。

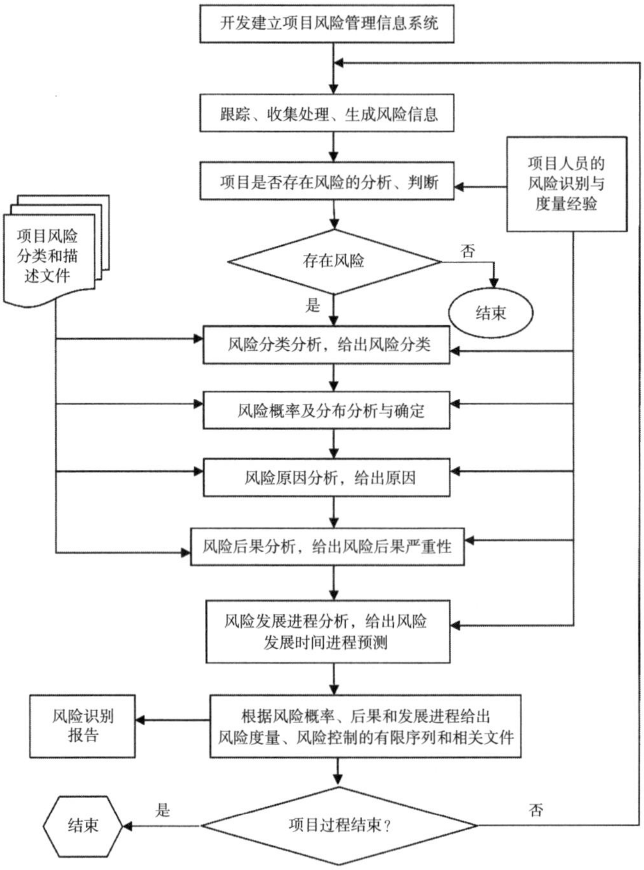

图3-15　风险识别流程

2.风险识别的方法

风险识别的方法主要有文件审查、信息搜集技术、核对表分析、假设分析、图解技术。

图解技术即项目风险分解图（RBS），如图3-16所示。

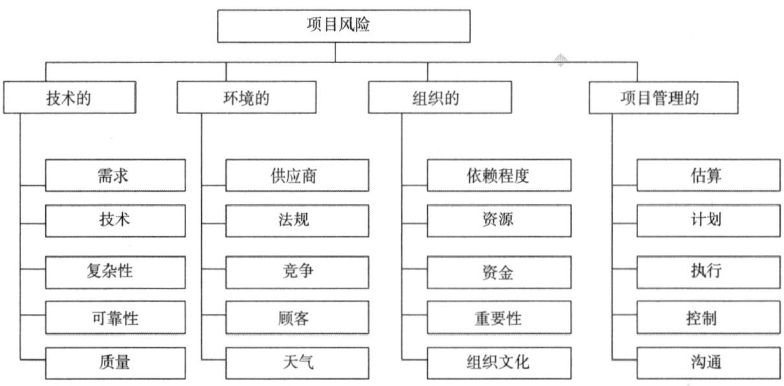

图3-16　项目风险分解图（RBS）

3. 风险识别的成果

风险登记（识别出的项目风险、潜在的项目风险、项目风险的征兆）册，详见表3-1。

项目风险登记册 表3-1

序号	风险种类	风险性质	预控制措施	更新1	更新2
1					
2					
3					
4					
5					
6					
7					
8					
9					
10					
……					

三、风险评估

风险评估是在风险规划和识别之后，通过对项目所有不确定性和风险要素全面系统地分析风险发生的概率和对项目的影响程度。

（一）风险评估的依据

风险登记册、风险管理计划、项目费用管理计划、历史资料。

（二）风险评估的方法

依据不同的风险类型采用不同的评估方法。

1. 确定性风险评估

确定型风险是指那些项目风险出现的概率为1，由精确、可靠的信息资料支持的项目风险评估问题，即当环境风险仅有一个数值且可以确切预测某种风险后果时，称为确定性风险评估。常用方法：盈亏平衡分析、敏感性分析。

2. 随机性风险评估

随机型风险是指那些不但它们出现的各种状态已知，而且这些状态发生的概率也已知的风险，这种情况下的项目风险评估称为随机型风险评估。常用方法：概率准则、乐观准则、悲观准则、遗憾原则等。

定性的风险评估可以从以下几个方面入手：

发生概率和影响程度的评估：选择对项目风险类别比较熟悉的人员（可以是项目团队成员、组织内的其他人员或组织外部的专业人员），采用召开会议或进行访谈的方式对风险进行评估，最终要确定每一种已识别的项目风险的发生概率和影响等级。

项目风险进行优先排序：可采用概率和影响矩阵进行排序，如图3-17所示。

概率	威胁					机会				
0.90	0.05	0.09	0.18	0.36	0.72	0.72	0.36	0.18	0.09	0.05
0.70	0.04	0.07	0.14	0.28	0.56	0.56	0.28	0.14	0.07	0.04
0.50	0.03	0.05	0.10	0.20	0.40	0.40	0.20	0.10	0.05	0.03
0.30	0.02	0.03	0.06	0.12	0.24	0.24	0.12	0.06	0.03	0.02
0.10	0.01	0.01	0.02	0.04	0.08	0.08	0.04	0.02	0.01	0.01
	0.05	0.10	0.20	0.40	0.80	0.80	0.40	0.20	0.10	0.05

注：对目标的影响（比率标度）（如费用、时间或范围）

每一风险按其发生概率及一旦发生所造成的影响评定级别。矩阵中所示组织规定的低风险，中等风险与高风险的临界值确定了风险的得分。

表中：黑色为高风险区（或高风险机会区），需要采取重点控制措施。

灰色为低风险区（或低风险机会区），只需放入待观察风险清单或分配应急储备金，不需采取特别的控制措施。

图3-17　概率和影响矩阵

风险数据质量评估：包括检查人对风险的理解程度、风险数据的精确性、质量、可靠性和完整性。

风险分类包括以下几种分类方法：

（1）按照风险来源分类——使用风险分解矩阵。

（2）按照受影响的项目区域分类——使用工作分解结构。

（3）按照项目阶段分类。

风险分类的目的在于确定受不确定性影响较大的项目区域，找到有效的风险应对措施。

风险紧迫性评估：紧迫性评估可选择实施风险应对措施所需时间、风险征兆、警告和风险登记等作为确定风险评估指标。

定量风险评估是对这些风险事件的影响进行度量，并就风险分配一个数值。

定量风险分析一般在定性风险评估之后进行，目的是对定性风险评估过程中作为对项目需求存在重大潜在影响而排序在先的风险进行分析，它是制定风险应对措施的一个重要依据。定量风险评估方法包括：决策树和蒙特卡洛模拟。

3. 风险评估的成果

风险登记册（新）。

四、风险应对计划

项目风险应对就是对项目风险提出处置意见和办法，通过对项目风险识别、估计和评价，把项目风险发生的概率、损失严重程度以及其他因素综合起来考虑，就可以得出项目发生各种风险的可能性及其危害程度，再与公认的安全指标相比较，就可以确定项目的危险等级，从而决定采取什么样的措施以及控制措施应采取到什么程度。

（一）风险应对计划的依据

项目风险登记册、项目组织的抗风险能力、可供选择的风险应对措施。

（二）风险应对计划的方法

1. 消极风险应对措施

（1）回避。

回避指改变项目计划，以排除项目风险或条件，或者保护项目目标，使其不受影响，或对受到威胁的一些目标放松要求。项目上常用的风险回避措施包括：延长项目进度、减少项目范围、终止某项活动或改变活动性质、放弃不成熟工艺、澄清要求、改善沟通等。

对于早期出现的某些风险事件可以通过澄清要求、取得信息、改善沟通或获取技术专长而获得解决。

（2）转嫁。

转嫁指设法将风险的后果连同应对的责任转移到第三方。项目上常见的风险转嫁措施包括：各种形式的保险、履约担保书、担保书、保证书、出售、分包、开脱责任合同、免责约定。

（3）减轻。

减轻指把不利的风险事件的概率或后果降低到一个可以接受的临界值。

对于可以降低发生概率的风险可采取的措施：实施更多的检测、采用更可靠的施工技术、选择更可靠的发包方、制定并实施预防措施、经常性的风险意识培养等。对于不能降低发生概率的风险，应设法减轻风险的影响，着眼点应在决定风险影响的严重程度的因素上。

项目上大多数风险都是无法转嫁或回避的，只能相对地减轻风险发生的概率或其影响程度，可以采用的风险减轻措施因项目具体情况和具体风险因素而不同，项目管理团队除了借鉴历史经验外，应更多地主动探索减轻风险的具体措施。

2. 积极风险应对措施

积极风险指对项目目标存在积极影响的风险。

（1）开拓。

开拓指在确保项目目标实现基础上，积极消除与保证实现项目目标而采取的积极措施相关的不确定性。常用的开拓措施：为项目分配更多的有能力的资源，包括人力资源、设备、资金、技术等。

（2）分享。

分享指将风险的责任分配给最能为项目之利益获取机会的第三方。常用的分享措施：建立分享合作关系，成立专门的机会管理团队、选择合作企业、建立具有特殊目的的项目公司等。

（3）提高。

提高指通过提高积极风险的概率或其影响，识别并最大程度地发挥这些积极风险的驱动因素，致力于改变“机会”的大小。

3. 威胁应对措施

项目存在风险很难完全消除，并且也没有必要完全消除，有些风险发生的概率很小，或发生后的影响很小，但要消除该风险却需要大量的成本，这样风险就可以采取接受的策略。

接受指项目团队不打算为处置某项风险而改变项目计划，或者项目团队无法找到任何其他应对策略时接受该风险的存在和发生。接受策略包括以下两个方面：

（1）主动接受措施：制定应急预案、预留风险储备金等。

（2）被动接受措施：待风险发生后再做相应处理。

4. 应急应对措施

项目上有些风险只在发生特定事件后才发生（比如确实的中间里程碑或获得供应商更高的重视等），相应的应对措施也只在一定条件才实施，项目团队可提供充足的预警，并跟踪风险触发因素，即可防范该风险。

（三）风险应对计划的成果

风险登记册（新）、项目管理计划书（新）。

五、风险控制

（一）风险控制的依据

风险管理计划书、风险登记册、批准的变更请求、工作绩效信息、绩效报告。

（二）风险控制的方法及步骤

项目风险控制流程如图3-18所示。

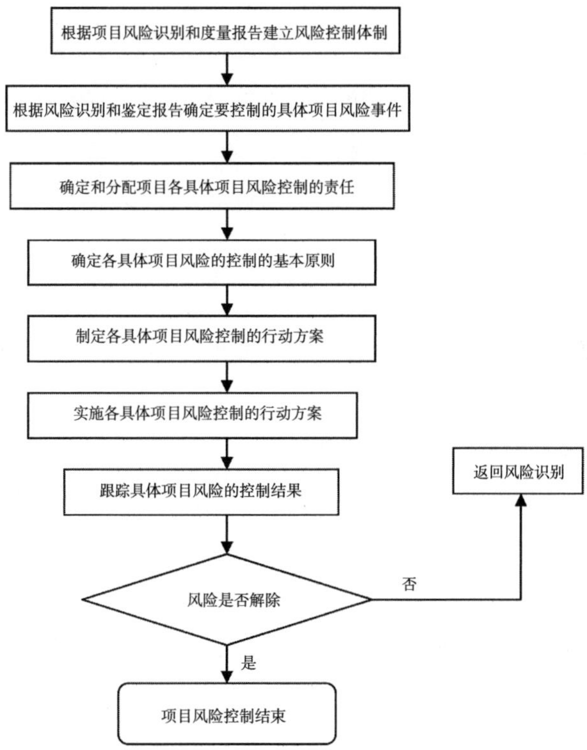

图3-18　项目风险控制流程图

1. 建立风险控制体制

在项目开始之前，根据项目识别和度量报告，制定出项目风险控制的方针、风险控制程序、风险控制的管理制度。

风险控制管理制度应包括：项目风险责任制度、项目风险信息报告制度、项目风险控制决策制度、项目风险控制的沟通程序等。

2.确定要控制的具体项目风险

根据项目风险识别和度量报告中所认定的项目具体风险的后果严重程度和发生概率的大小，以及项目组织的风险控制资源情况，确定哪些项目风险要进行控制，哪些项目风险可以容忍并放弃对他们的控制。

3.确定项目风险控制责任

所有需要控制的风险都必须落实负责控制的具体人员，同时规定他们所负的具体责任，原则上项目风险的控制应由专人负责。

4.确定项目风险控制的具体时间

根据工程项目的进度计划和管理计划确定项目风险控制的时间安排和规定解决项目风险问题的时间表及时间限制。

5.制定各具体项目风险的控制方案

由负责项目风险控制的人员根据项目不同阶段的风险事件的特性制定相应控制方案，控制方案要求进行可行性研究，最终确定的方案要切实可行。

6.实施项目风险控制方案

按照项目风险控制方案，实施项目风险控制活动，注意对预先制定的项目风险控制方案进行适时修订。

7.跟踪项目风险的控制结果

这一步贯穿于项目风险管理的全过程，目的是收集项目风险控制有用程度的信息。

8.判断项目风险是否已经消除

如果判定项目某项风险已经解除，则该控制结束；如果判定项目某项风险仍未解除，则应对该风险进行重新识别和制定新的控制方案。

（三）风险控制的成果

（1）风险登记册。

（2）推荐的纠正措施。

（3）推荐的预防措施。

（4）组织的过程资产（新）。

（5）项目管理计划（新）。

第四章

施工准备项目管理服务

第一节　施工项目管理服务规划

一、一般规定

（1）项目管理规划作为指导项目管理工作的纲领性文件，应对项目管理的目标、内容、组织、资源、方法、程序和控制措施进行确定。

（2）项目管理规划应包括项目管理规划大纲和项目管理实施规划两类文件。

（3）项目管理规划大纲应由组织的管理层编制，项目管理实施规划应由项目负责人组织编制。

（4）大中型项目应单独编制项目管理实施规划。

（5）项目管理实施规划应对项目管理规划大纲进行细化，使具有可操作性。

（6）编制项目管理实施规划应遵循下列程序：

1）了解项目相关各方的要求。

2）分析项目条件和环境。

3）熟悉相关的法规和文件。

4）组织编制。

5）履行报批手续。

（7）项目管理实施规划可依据下列资料编制：

1）项目管理规划大纲。

2）项目条件和环境分析资料。

3）工程合同及相关文件。

4）同类项目的相关资料。

（8）项目管理实施规划应包括下列内容：

1）施工图设计优化及管理工作规划。

2）施工准备期工程报建工作规划。

3）工程实施计划编制规划。

4）工程发包及采购管理工作规划。

5）施工准备阶段项目管理工作规划。

6）协助建设单位审查开工条件。

（9）项目管理实施规划应符合下列要求：

1）项目经理签字后报组织管理层审批。

2）与各相关组织的工作协调一致。

3）进行跟踪检查和必要的调整。

4）项目结束后，形成总结文件。

二、施工图设计优化及管理工作规划

（1）项目管理机构应依据设计合同及项目总体计划要求审查设计各专业、各阶段设计进度计划。

（2）项目管理机构应检查设计进度计划执行情况、督促设计单位完成设计合同约定的工作内容、审核设计单位提交的设计费用支付申请表，以及签认设计费用支付证书，并应报建设单位。

（3）项目管理机构应审查设计单位提交的设计成果，并应提出评估报告。评估报告应包括下列主要内容：

1）设计工作概况。

2）设计深度、与设计标准的符合情况。

3）设计任务书的完成情况。

4）有关部门审查意见的落实情况。

5）存在的问题及建议。

（4）项目管理机构应审查设计单位提出的新材料、新工艺、新技术、新设备在相关部门的备案情况，必要时应协助建设单位组织专家评审。

（5）项目管理机构应审查设计单位提出的设计概算、施工图预算，提出审查意见，并应报建设单位。

（6）项目管理机构应分析可能发生索赔的原因，并应制定防范对策。

（7）项目管理机构应协助建设单位组织专家对设计成果进行评审。

（8）项目管理机构可协助建设单位向政府有关部门报审有关工程设计文件，并应根据审批意见，督促设计单位予以完善。

（9）项目管理机构应根据勘察设计合同，协调处理勘察设计延期、费用索赔等事宜。

三、施工准备期工程报建工作规划

（1）根据合同要求，项目管理机构应组织移交场地，包括坐标、高程、临电、临水等，并做好相关记录及签字工作。

（2）在施工、项目管理合同签订后，项目管理机构应办理申报质量监督、安全监督手续，并协助办理施工许可证。申领施工许可证应具备如下前提条件：

1）已经办理该工程建设用地批准手续。

2）已经取得建设工程规划许可证。

3）需要拆迁的，拆迁进度符合施工要求。

4）该工程已经确定施工单位。

5）有满足施工需要的施工图纸和技术资料。

6）有保证工程质量和安全的具体措施。

7）建设资金已经落实。

8）法律、行政法规规定的其他条件。

四、工程实施计划编制规划

（1）项目管理机构应视项目复杂程度，组织编制项目总进度计划和里程碑计划，并明确各层级、各专项进度计划的协调控制机制和管理要求。

项目进度计划一般宜包括里程碑计划、项目总体进度计划、年进度计划、季度进度计划、月进度计划和周进度计划，以及各专业或专项工作进度计划，如设计进度计划、招标/采购进度计划等。

（2）根据项目进度计划要求，项目管理机构应督促施工总承包单位编制施工总进度计划，经项目管理机构初审后，组织相关人员对施工总进度计划进一步审核。

（3）项目管理机构应审核施工总进度计划的工期目标、关键节点与里程碑是否符合招标文件、施工承包合同文件的约定及建设单位的管理要求，以及其合理性、可行性，并跟踪、督促其执行。对于较为复杂的项目，可要求施工单位对施工总进度计划、项目关键节点与里程碑进行论证说明。

（4）项目管理机构应结合施工总进度计划、施工组织设计及施工方案，遵循合同约定，对项目总进度计划进行相应的调整和优化。同时明确下一层级的关键节点与里程碑，编制、调整建设单位的专项控制计划，督促各参建单位按照控制节点编制其下级计划与各专项计划。

（5）项目管理机构应审核项目管理单位、施工单位编制的进度控制方案。

（6）项目管理机构应组织进行工程施工质量管理策划，明确工程施工质量管理目标、管理重点、要点及相关质量控制要求、验收标准与相关的工作制度流程，形成书面文件。

项目管理机构应策划制定专业分包（专业深化设计、指定分包、甲供大型设备、构配件等）招标采购及进场计划。

（7）项目管理机构应策划现场用地计划，主要考虑场地的综合利用、场地平整范围、临电与临水接口、出入口等方面，指导七通一平的组织工作。

五、工程发包及采购策划

（1）该阶段发包与采购管理工作包括工程类、服务类及货物类（材料与设备）招标采购活动。其中：工程类招标包括施工总承包、指定专业分包（如钢结构、幕墙、消防、精装修、特种空调系统、楼宇智能化系统、电梯、园林绿化等）。服务类招标包括指定专业设计、施工项目管理、投资项目管理、工程审价、监测或检测及其他咨询服务类等。货物类（材料与设备）包括甲供材料、甲供设备等。

（2）项目管理机构应根据项目建设目标，对工程发包及采购进行整体策划，形成必要的策划文件。

（3）工程发包及采购策划文件应包含工程发包及采购清单、工程发包及采购计划及工程发包及采购相关制度。工程发包及采购相关制度除应满足国家及地方相关法律法规与技术规程之外，可结合项目实际需要附加相应要求。

（4）工程发包及采购策划应考虑项目的类型、规模及复杂程度、进度要求、建设单位的参与程度、市场竞争状况、相关风险等因素，在项目招标采购阶段开始之前完成，应遵循有利于充分竞争、控制造价、满足项目建设进度要求以及招标投标工作顺利有序的原则。

工程发包及采购策划应建立完整的过程追溯机制与相应的档案管理体系，确保工程发包及采购合法、合规、可追溯。

六、施工现场、施工条件和基础资料的提供

（一）提供施工现场

提供施工现场主要内容为：协助建设单位按照施工总承包合同专用合同条件约定向承包人移交施工现场，给承包人进入和占用施工现场各部分的权利，并明确与承包人的交接界面，上述进入和占用权可不为承包人独享。如专用合同条件没有约定移交时间的，则建设单位应最迟于计划开始现场施工日期7天前向承包人移交施工现场，但承包人未能按照提供履约担保的除外。除专用合同条款另有约定外，建设单位应最迟于开工日期7天前向承包人移交施工现场。

（二）提供施工条件

提供施工条件主要内容为：协助建设单位应按施工总承包合同专用合同条件约定向承包人提供工作条件。专用合同条件对此没有约定的，建设单位应负责提供开展本合同相关工作所需要的条件，包括：

（1）将施工用水、电力、通信线路等施工所必需的条件接至施工现场内。

（2）保证向承包人提供正常施工所需要的进入施工现场的交通条件。

（3）协调处理施工现场周围地下管线和邻近建筑物、构筑物、古树名木、文物、化石及坟墓等的保护工作，并承担相关费用。

（4）对工程现场临近建设单位正在使用、运行、或由建设单位用于生产的建筑物、构筑物、生产装置、设施、设备等，设置隔离设施，竖立禁止入内、禁止动火的明显标志，并以书面形式通知承包人须遵守的安全规定和位置范围。

（5）按照专用合同条件约定应提供的其他设施和条件。

除专用合同条款另有约定外，建设单位应负责提供施工所需要的条件，包括：

1）将施工用水、电力、通信线路等施工所必需的条件接至施工现场内。

2）保证向承包人提供正常施工所需要的进入施工现场的交通条件。

3）协调处理施工现场周围地下管线和邻近建筑物、构筑物、古树名木的保护工作，并承担相关费用。

4）按照专用合同条款约定应提供的其他设施和条件。

（三）提供基础资料

提供基础资料主要内容为：协助建设单位按施工总承包专用合同条件和《发

包人要求》中的约定向承包人提供施工现场及工程实施所必需的毗邻区域内的供水、排水、供电、供气、供热、通信、广播电视等地上、地下管线和设施资料，气象和水文观测资料，地质勘察资料，相邻建筑物、构筑物和地下工程等有关基础资料，并对所提供资料的真实性、准确性和完整性负责，并承担基础资料错误造成的责任。按照法律规定确需在开工后方能提供的基础资料，建设单位应尽其努力及时地在相应工程实施前的合理期限内提供，合理期限应以不影响承包人的正常履约为限。因建设单位原因未能在合理期限内提供相应基础资料的，由建设单位承担由此增加的费用和延误的工期。

七、协助建设单位审查开工条件

协助建设单位审查开工条件具体工作应包括以下几个方面：

（1）审查施工总承包单位施工组织设计。

（2）审核和批准项目管理规划。

（3）组织第一次工地例会。

（4）组织设计交底和图纸会审会议。

（5）审查参建各方关键岗位人员到位及质量和安全保证体系运行情况。

（6）检查开工报告程序的合规性、开工报告内容的完整性，批准开工报告。

第二节　施工图设计优化及管理

一、一般规定

（1）项目管理机构应审核施工图设计文件是否满足设计深度要求，审核是否满足可施工性的要求。若有必要，应组织有关专家对结构方案进行分析论证，以保证施工的可行性、结构的可靠性。

（2）根据建设单位需要，项目管理机构宜组织论证设备选型，并提出优化建议。

（3）对于重大技术问题、疑难问题，项目管理机构应根据需要组织专题分析论证，提出论证报告。

（4）对于技术标准和设计规范有空缺的，项目管理机构宜组织进行技术标准的制定。

（5）项目管理机构应配合施工图审查机构审图，提供相关图纸和技术要求等文件，并及时反馈审图机构提出的意见。

二、施工图设计优化及管理的工作任务

（1）制定设计管理工作大纲，明确设计管理的工作目标、管理模式、管理方法等。

（2）根据使用功能需求条件，转化成设计需求参数条件，监督设计单位按时提交合格的设计成果，检查并控制设计进度，检查图纸的设计深度及质量，分阶段、分专项对设计成果文件进行设计审查，形成设计管理专题服务报告。

（3）协助建设单位组织各参建单位根据确定的工艺设计方案，调整与工艺方案有关的建筑、供气、供电、消防等相关专业配套设计图纸。

（4）协调各方对已有设计文件进行确认。确认设计样板，组织解决设计问题及设计变更，预估设计问题。

（5）组织各参建单位进行工程设计优化、技术经济方案比选并进行投资控制，要求限额设计，施工图设计以批复的项目总概算作为控制限额。

（6）协助建设单位编制设计计划，根据项目总进度合理编制设计出图计划、各项目采购计划和施工计划，以保证及时按质按量提供设计图纸，严格、动态监控计划实施。

（7）协助建设单位管理图纸收发，建立图纸收发管理台账，完成图纸归类及收发。

（8）组织开展设计文件审查，组织相关专家顾问施工图设计文件准确性、可实施性、规范性进行审查，减少由于设计错误造成的设计变更、增加投资等情况，形成设计管理专题咨询报告。

（9）协助建设单位开展对标管理，对标经济技术指标等内容。

三、施工图设计优化及管理的方法

（一）建立管理制度

通过建立设计管理体系，编制设计管理工作制度，对设计工作进行管理、审核，确保设计工作规范化、标准统一、质量优质。建立可追溯的责任机制，以及便于执行的奖惩机制；建立设计管控、统筹平台，确保所有信息、数据完整。

（二）BIM技术辅助

BIM是利用软件制作建筑模型，并对相关细部结构、设备布置、性能指标、造价成本等进行分析，了解设计图纸的可行性和设计缺陷，实时进行调整和修改，完善设计图纸。

（三）设计进度管理

协助建设单位编制设计进度计划；协助建设单位审查设计单位或EPC总承包单位所编制的进度计划的合理性和可行性；根据工程项目的进展，协调各个单位之间进度的衔接配合，以及各职能之间的顺利实施；如建设单位的建设意图及需求有重大改变时，在获得建设单位书面确认后，及时组织EPC总承包单位对原设计计划进行调整或修订。同时动态控制，根据合同督促设计单位提供施工现场设计配合服务，及时解决施工中设计问题，尽量避免设计变更对进度所带来的影响。

（四）设计质量管理

根据建设单位要求、项目实际情况、合同编制设计成果深度管理、施工阶段深化设计图纸管理、设计工作联系单管理等流程，督促设计单位或EPC总承包单位高效尽职，组织设计优化，设计质量把关，确保设计成果的质量。

1.设计质量的纵向控制

设计质量的控制从“事前预防、中间检查、成果校审”3个环节着手开展。“事前预防”，首先是要求设计质量目标明确，设计质量目标主要通过项目描述和设计合同反映出来，设计描述和设计合同综合起来，确立设计的内容、深度、依据和质量标准，设计质量目标要尽量避免出现语义模糊和矛盾。其次，在设计过程中为设计方提供的地质、气候、城市规划、市政等参数要尽量保证其准确性。设计质量目标是设计工作指南，设计单位有责任促使参与该项目设计的所有人员了解并深刻领会设计质量目标，并作为工作中的出发点和依据，若遇不明之处，应即刻与建设单位进行协商，以便在设计工作开展前，就设计质量达成一致意见，避免设计工作中的反复。“中间检查”是在设计过程中设计结束前对设计的检查，它有两种方式：一是阶段性检查，即在方案设计、初步设计、施工图设计结束后对设计进行检查。二是经常性地检查或抽查，就项目的具体情况，这种经常性可以表现为定期或不定期，经常性地检查或抽查主要是针对设计中矛盾较多、容易出现质量问题的地方。“成果验审”是对完成的施工图的检验，是对设计成果文件质量的最后把关。它要求按照有关出图程序、设计的规程、规定、原始资料数据以及专业间联系配合等方面，对设计成果文件进行校对。

2.设计质量的横向控制

设计质量横向控制的首要措施是建立联席会议制度，所谓联席会议是指各专业设计人员全部出席会议，共同研究和探讨设计过程中出现的矛盾，集思广益，提出对矛盾的解决方法，根据项目的具体特性和处于主导地位的专业要求进行综合分析，使矛盾得到合理处理。联席会议可以定期召开，如每周一次，亦可根据设计进展情况不定期召开。设计质量横向控制的另一重要措施是明确各专业互提要求。各专业互相提供资料，是进行正常建筑设计工作的客观要求，只有各专业设计配合协调，避免出现相互碰壁的问题，才能保证设计质量。

（五）设计信息管理

由于设计图纸可能来自于不同的参建单位，他们在图纸表达方式上各不相同，为改善各参建单位之间的沟通协调，提高工作效率，制定统一的制图要求，并在施工阶段统一蓝图版号，避免施工单位按变更前或作废的施工图施工；协助建设单位管理设计单位或EPC总承包单位提交给建设单位的设计成果文件；协助建设单位进行设计成果文件的收集、整理、流转和归档；协助建设单位进行变更图纸、深化设计图纸、设计工作联系单的流转；协助建设单位组织设计专题会，协助建设单位协调设计单位或EPC总承包单位的沟通工作，确保沟通顺畅、图纸来往规范。

（六）设计界面管理

设计管理工作的界面可以划分为两种类型：技术界面和管理界面。技术界面，主要体现在两个方面：对设计各阶段的界面管理、对各专业设计和项目各个组成分段设计子系统的界面管理。管理界面，包括人员界面和组织界面。在组织内存在“人员”界面，即使一个部门内只有两个人工作，也会存在工作界面上的问题和矛盾。部门经理与部门人员之间的职责分工、总包管理人员与总体设计人员的工作界面划分等都属于人员界面管理需要考虑的问题。每个组织都有其自己的组织目标、职责和专业，又由于其处理问题的风格不同，所以组织之间往往在相互交叉的界面上出现问题和矛盾。为避免设计界面混乱、重复作图、图纸遗漏等问题，协助建设单位组织设计单位或EPC总承包单位、专项设计单位、施工图深化单位做好设计界面管理工作。

（七）设计评审管理

所谓设计评审，是指对相关设计成果所作的正式的、综合性的和系统性的审查，并写成文件，以评定设计要求与设计能力是否满足要求，识别其中的问题，并提出解决办法。设计评审的作用主要包括：评价工程设计是否满足功能需求，是否符合设计规范及有关标准、准则；发现和确定工程项目的薄弱环节和可靠性风险较高的区域，研讨并提出改进意见；减少后续设计更改，缩短建设周期，降低全寿命周期建设成本。

（八）施工图审查

根据住房和城乡建设部《房屋建筑和市政基础设施工程施工图设计文件审查管理办法》（住房和城乡建设部令第13号）的规定，施工图未经审查合格的，不得使用。从事房屋建筑工程、市政基础设施工程施工、项目管理等活动，以及实施对房屋建筑和市政基础设施工程质量安全监督管理，应当以审查合格的施工图为依据。施工图审查是对施工图涉及公共利益、公众安全和工程建设强制性标准的内容进行的审查，是政府主管部门对建筑工程勘察设计质量监督管理的重要环节，是基本建设必不可少的程序。项目施工图设计审查针对建筑、结构、给水排水、暖通、消防、电气、建筑节能等专业分别进行审查。重点审查内容如下：

（1）是否符合工程建设强制性标准。

（2）地基基础和主体结构的安全性。

（3）是否符合民用建筑节能强制性标准，对执行绿色建筑标准的项目，还应当审查是否符合绿色建筑标准。

（4）勘察设计企业和注册执业人员以及相关人员是否按规定在施工图上加盖相应的图章和签字。

（5）是否符合公众利益。

（6）施工图是否达到规定的设计深度要求。

（7）是否符合作为设计依据的政府有关部门的批准文件要求。

（8）法律、法规、规章规定必须审查的其他内容。

具体的各专业施工图审查要点可参见住房和城乡建设部《建筑工程施工图设计文件技术审查要点》（建质〔2013〕87号）文件和当地的施工图设计审查相关文件要求。针对项目施工图设计技术审查要点摘要见表4-1。

建筑工程施工图设计文件技术审查要点 **表4-1**

序号	项目	审查内容
1.建筑专业		
1.1	编制依据	建设、规划、消防、人防等主管部门对本工程的有效审批文件是否得到落实；国家及地方有关本工程建筑设计的工程建设规范、规程等是否齐全、正确，是否为有效版本
1.2	规划要求	建设工程设计是否符合规划批准的建设用地位置，建筑面积、建筑退红线距离、控制高度等是否在规划许可的范围内
1.3	强制性条文	现行工程建设标准（含国家标准、行业标准、地方标准）中的强制性条文，详见相关标准
1.4	施工图深度	图纸基本要求和设计深度参考《建筑工程设计文件编制深度规定》（2016年版）"4.2.4总平面图""4.2.5竖向布置图""4.3.10计算书""4.3.3设计说明"的相关规定
1.5	设计基本规定	无障碍设计，设计通则
1.6	建筑防火	联合工房建筑设计防火，其他辅助建筑建筑设计防火，高架库、动力中心、停车场防火，内部装修设计防火分别参考相关设计规范文件规定
1.7	各类建筑设计	联合工房、动力中心、实验室等分别参考相关设计规范文件规定
1.8	法规	材料和设备的选用，安全玻璃，消防技术等分别参考相关设计规范文件规定
2.结构专业		
2.1	强制性条文	现行工程建设标准（含国家标准、行业标准、地方标准）中的强制性条文，具体内容见相关标准
2.2	基本规定	
2.2.1	审查范围	• 应对建筑结构施工图设计文件执行强制性条文的情况进行审查，而列入本要点的非强制性条文仅用于对地基基础和主体结构安全性的审查。 • 钢结构应对设计图进行审查，钢结构设计图的深度应满足国家标准图集《钢结构设计制图深度和表示方法》03G102的要求。当报审图纸为设计图与施工详图合为一体时，也仅对其中属于设计图的内容进行审查。 • 当采用地基处理时，应对经过处理后应达到的地基承载力及地基变形要求的正确性进行审查，可不对具体的地基处理设计文件进行审查
2.2.2	设计依据	• 设计采用的工程建设标准和设计中引用的其他标准应为有效版本。 • 设计所采用的地基承载力等地基土的物理力学指标、抗浮设防水位及建筑场地类别应与审查合格的《岩土工程勘察报告》一致。 • 建筑结构设计中涉及的作用或荷载，应符合《建筑结构荷载规范》GB 50009—2012及其他工程建设标准的规定。当设计采用的荷载在现行工程建设标准中无具体规定时，其荷载取值应有充分的依据。 • 一般情况下，建筑的抗震设防烈度应采用根据中国地震动参数区划图确定的地震基本烈度（设计基本地震加速度值所对应的烈度值）
2.2.3	结构计算书	• 计算模型的建立，必要地简化计算与处理，应符合结构的实际工作情况和现行工程建设标准的规定。 • 采用手算的结构计算书，应给出布置简图和计算简图；引用数据应有可靠依据，采用计算图表及不常用的计算公式时，应注明其来源出处，构件编号、计算结果应与图纸一致

续表

序号	项目	审查内容
2.2.3	结构计算书	• 当采用计算机程序计算时，应在计算书中注明所采用的计算程序名称、代号、版本及编制单位，计算程序必须经过鉴定。输入的总信息、计算模型、几何简图、荷载简图应符合本工程的实际情况。报审时应提供所有计算文本。当采用不常用的程序计算时，尚应提供该程序的使用说明书。 • 复杂结构应采用不少于两个不同力学模型分析软件进行整体计算。 • 所有计算机计算结果，应经分析判断确认其合理、有效后方可用于工程设计。如计算结果不能满足规范要求时，应重新进行计算。特殊情况下，确有依据不需要重新计算时，应说明其理由，采取相应加强措施，并在计算书的相应位置上予以注明。 • 施工图中表达的内容应与计算结果相吻合。当结构设计过程中实际的荷载、布置等与计算书中采用的参数有变化时，应重新进行计算。当变化不大不需要重新计算时，应进行分析，并将分析的过程和结果写在计算书的相应位置上。 • 计算内容应当完整，所有计算书均应装订成册，并经过校审，由有关责任人（总计不少于3人）在计算书封面上签字，设计单位和注册结构工程师应在计算书封面上盖章
2.2.4	设计总说明	参考《建筑工程设计文件编制深度规定》(2016年版）的相关规定
2.2.5	抗震设计	参考《建筑工程抗震设防分类标准》GB 50223—2008和《建筑抗震设计规范》(2016年版）GB 50011—2010的相关规定
2.3	地基与基础	• 地基基础应按地方标准进行审查，各省级建设主管部门可根据需要确定审查内容，无地方标准的地区应按本要点进行审查。本要点未包括各类特殊地基基础，特殊地基基础应依据相关标准进行审查，各省级建设主管部门可结合当地特点对审查内容做出规定。 • 包括地基基础设计等级、基础的埋置深度、地基承载力计算、地基稳定性验算、扩展基础、柱下条形基础、高层建筑筏形基础、桩基础、地基基础抗震设计等方面内容的考察
2.4	混凝土结构	参考相关规定规程规范，考察混凝土结构基本规定、混凝土结构抗震、建筑混凝土结构、建筑混凝土复杂结构、建筑混合结构、混凝土异形柱结构等方面的内容
2.5	砌体结构	参考相关规定规程规范，考察砌体结构基本规定、砌体结构抗震基本规定、多层砌体房屋抗震构造、底部框架—抗震墙砌体房屋抗震构造等方面的内容
2.6	钢结构	参考相关规定规程规范，考察普通钢结构、钢结构防火设计、网格结构、多高层钢结构房屋抗震等方面的内容
3.给排水专业		
3.1	强制性条文	现行工程建设标准（含国家标准、行业标准、地方标准）中的强制性条文，具体内容详见相关标准
3.2	消防给水	参考《建筑设计防火规范》GB 50016—2014、《自动喷水灭火系统设计规范》GB 50084—2017、《水喷雾灭火系统技术规范》GB 50219—2014等的相关规定
3.3	气体灭火	参考《气体灭火系统设计规范》GB 50370—2005的相关规定
3.4	生活水池（箱）	参考《建筑给水排水设计标准》GB 50015—2019和《二次供水工程技术规程》CJJ 140—2010的相关规定

续表

序号	项目	审查内容
3.5	给水排水系统、管道及附件布置	参考《建筑给水排水设计标准》GB 50015—2019的相关规定
3.6	节约用水	参考《建筑给水排水设计标准》GB 50015—2019、《民用建筑节水设计标准》GB 50555—2010、《建筑中水设计标准》GB 50336—2018、《民用建筑设计统一标准》GB 50352—2019的相关规定
3.7	减振、防噪	参考《建筑给水排水设计标准》GB 50015—2019的相关规定
3.8	建筑给水系统节能	参考《建筑给水排水设计标准》GB 50015—2019的相关规定
3.9	法规	
3.9.1	设备选用的规定	除有特殊要求的建筑材料、专用设备、工艺生产线等外，设计单位不得指定生产厂、供应商
3.9.2	禁限使用产品	参考建设部公告《建设事业“十一五”推广应用和限制禁止技术（第一批）》（中华人民共和国建设部公告第659号）的相关规定
3.9.3	设计深度	总说明中应叙述工程概况和设计范围。 在总说明中应叙述建设小区可利用的市政给水水源或自备水源的情况；小区市政引入管的根数、管径、压力。 在总说明中应叙述室内、外消火栓、自动喷淋、水幕、水喷雾灭火系统等消防用水量；消防水源、消防供水保障方式及有关设计参数。 采用的标准规范应为现行有效版本
4.暖通专业审查要点		
4.1	强制性条文	现行工程建设标准（含国家标准、行业标准、地方标准）中的强制性条文，具体内容详见相关标准
4.2	设计依据	采用的设计标准是否正确，是否为现行有效版本，是否符合工程实际情况
4.3	设计说明	应有工程总体概况及设计范围的说明；应有设计计算室内外参数及总冷热负荷、冷热源情况的说明；应有节能设计及消防设计等专项说明；应有对施工特殊要求及一般要求的说明。 注：对施工的一般说明，如相关施工验收规范已有规定时也可注明“遵照《××××施工质量验收规范》GB×××××-××××执行”即可
4.4	防火防排烟	参考相关规定规程规范，考察高层仓库、厂房建筑、实验室、危险品库、气体灭火等方面的内容
4.5	环保与安全	参考相关规定规程规范，考察污水处理站、工业垃圾站、消声及隔声、隔振、安全等方面的内容
4.6	法规	
4.6.1	设备选用的规定	设计单位在设计文件中选用的建筑材料、建筑构配件和设备，应当注明规格、型号、性能等技术指标，其质量要求必须符合国家规定的标准。 除有特殊要求的建筑材料、专用设备、工艺生产线等外，设计单位不得指定生产厂、供应商
4.6.2	禁限使用产品	参考建设部公告《建设事业“十一五”推广应用和限制禁止技术（第一批）》（中华人民共和国建设部公告第659号）的相关规定

续表

序号	项目	审查内容
4.7	设计深度	设计文件必须完整表述所涉及的有关本审查要点的内容（图纸不能清楚表达的内容可用说明表述）
5.电气专业		
5.1	强制性条文	现行工程建设标准（含国家标准、行业标准、地方标准）中的强制性条文，具体内容详见相关标准
5.2	设计依据	设计采用的工程建设标准和引用的其他标准应是有效版本
5.3	供配电系统	参考相关规定规程规范，考察配电、防雷及接地、防火等方面的内容
5.4	各类建筑电气设计	参考相关规定规程规范，考察联合工房、仓库、厂房、实验室、危险品仓库、特殊场所用电安全及防止间接触电等的电气设计内容
5.5	法规	
5.5.1	设备选用的规定	设计单位在设计文件中选用的建筑材料、建筑构配件和设备，应当注明规格、型号、性能等技术指标，其质量要求必须符合国家规定的标准。 除有特殊要求的建筑材料、专用设备、工艺生产线等外，设计单位不得指定生产厂、供应商
5.5.2	禁限使用产品	参考《民用建筑节能条例》(国务院令第530号）的相关规定
5.6	设计深度	施工图设计阶段，建筑电气专业设计文件应包括图纸目录、施工图设计说明、设计图纸、负荷计算、有代表性的场所的设计照度值及设计功率密度值。 施工图设计说明中应叙述建筑类别、性质、面积、层数、高度、用电负荷等级、各类负荷容量、供配电方案、线路敷设、防雷计算结果类别、火灾报警系统保护等级和电气节能措施等内容
6.建筑节能		
6.1	规范性条文	现行工程建设标准（含国家标准、行业标准、地方标准）中的强制性条文，具体内容详见相关标准
6.2	设计依据	节能设计所采用的工程建设标准是否为现行有效版本、是否符合工程实际情况
6.3	建筑专业节能	参考相关规定规程规范，考察夏热冬冷地区建筑节能等方面的内容
6.4	暖通专业节能	参考相关规定规程规范，考察建筑节能、设计深度等方面的内容
6.5	电气节能	
6.5.1	设计说明	在设计说明中增加“节能设计”内容，用规范性语言概括地说明变配电系统、电气照明及控制系统、能源监测和建筑设备监控系统等方面遵照有关节能设计标准所采取的节能措施，以及选用的能耗低、运行可靠的产品、设备
6.5.2	照明	参考《建筑照明设计标准》GB 50034—2013的相关规定
6.5.3	照度及照明功率密度计算	参考《建筑工程设计文件编制深度的规定》(2016年版）的相关规定
6.5.4	计量	参考住房和城乡建设部、国家局总公司的相关规定

（九）消防设计文件审查

根据公安部《关于改革建设工程消防行政审批的指导意见》的要求，施工图审查机构对新建、扩建、改建（含室内外装修、建筑保温、用途变更）建设工程的施工图进行消防设计审查。需要进行消防设计审核的项目类型参见公安部《建设工程消防监督管理规定》第十三条和第十四条规定。消防设计文件审查应根据工程实际情况进行，主要审查项目包括：建筑类别和耐火等级；总平面布局和平面布置；建筑防火构造；安全疏散设施；灭火救援设施；消防给水和消防设施；供暖、通风和空气调节系统防火；消防用电及电气防火；建筑防爆；建筑装修和保温防火。各项目审查要点参考《建设工程消防设计文件审查要点》，摘要见表4-2。

建设工程消防设计文件审查要点（摘要） **表4-2**

序号	项目	审查内容
1	建筑类别和耐火等级	• 根据建筑物的使用性质、火灾危险性、疏散和扑救难度、建筑高度、建筑层数、单层建筑面积等要素，审查建筑物的分类和设计依据是否准确； • 审查建筑耐火等级确定是否准确，是否符合工程建设消防技术标准要求； • 审查建筑构件的耐火极限和燃烧性能是否符合规范要求
2	总平面布局和平面布置	• 审查火灾危险性大的危险品仓库、高架库、动力中心等工程选址是否符合规范要求； • 审查防火间距是否符合规范要求； • 根据建筑类别审查建筑平面布置是否符合规范要求； • 审查建筑允许建筑层数和防火分区的面积是否符合规范要求； • 审查消防控制室、消防水泵房的布置是否符合规范要求； • 审查总平面布局和平面布置是否满足规范要求
3	建筑防火构造	• 审查防火墙、防火隔墙、防火挑檐等建筑构件的防火构造是否符合规范要求； • 审查电梯井、管道井、电缆井、排烟道、排气道、垃圾道等井道的防火构造是否符合规范要求； • 审查屋顶、闷顶和建筑缝隙的防火构造是否符合规范要求； • 审查建筑外墙和屋面保温、建筑幕墙的防火构造是否符合规范要求； • 审查建筑外墙装修及户外广告牌的设置是否符合规范要求； • 审查天桥、栈桥和管沟的防火构造是否符合规范要求
4	安全疏散设施	• 审查各楼层或各防火分区的安全出口数量、位置、宽度是否符合规范要求； • 审查疏散楼梯和疏散门的设置是否符合规范要求； • 审查疏散距离和疏散走道的宽度是否符合规范要求； • 审查避难走道、避难层和避难间的设置是否符合规范要求
5	灭火救援设施	包括消防车道、救援场地和入口、消防电梯等方面内容的审查
6	消防给水和消防设施	包括消防水源、室外消防给水及消火栓系统、室内消火栓系统、火灾自动报警系统、防烟设施、排烟设施、自动喷水灭火系统、气体灭火系统、其他消防设施和器材等方面内容的审查

续表

序号	项目	审查内容
7	供暖、通风和空气调节系统	• 审查供暖、通风与空气调节系统机房的设置位置，建筑防火分隔措施，内部设施管道布置是否符合规范要求； • 根据建筑物的不同用途、规模，审查场所的供暖通风与空气调节系统的形式选择是否符合规范要求； • 审查通风系统的风机、除尘器、过滤器、导除静电等设备的选择和设置是否符合规范要求； • 审查供暖、通风空调系统管道的设置形式，设置位置、管道材料与可燃物之间的距离、绝热材料等是否符合规范要求； • 审查防火阀的动作温度选择、防火阀的设置位置和设置要求是否符合规范的规定； • 审查排除有燃烧或爆炸危险气体的排风系统，燃气锅炉房的通风系统设置是否符合规范要求
8	消防用电及电气防火	• 审查消防用电负荷等级，保护对象的消防用电负荷等级的确定是否符合规范要求； • 审查消防电源设计是否符合规范要求； • 审查消防配电设计是否符合规范要求； • 审查用电系统防火设计是否符合规范要求； • 审查应急照明及疏散指示标志的设计是否符合规范要求
9	建筑防爆	• 审查有爆炸危险的甲、乙类厂房的设置是否符合规范要求，包括是否独立设置，是否采用敞开或半敞开式，承重结构是否采用钢筋混凝土或钢框架、排架结构； • 审查有爆炸危险的厂房或厂房内有爆炸危险的部位、有爆炸危险的仓库或仓库内有爆炸危险的部位、燃气锅炉房是否采取防爆措施、设置泄压设施，是否符合规范要求； • 有爆炸危险的甲、乙类生产部位、设备、总控制室、分控制室的位置是否符合规范要求； • 设置在甲、乙类厂房内的办公室、休息室，必须贴邻本厂房时，是否设置防爆墙与厂房分隔；有爆炸危险区域内的楼梯间、室外楼梯或与相邻区域连通处是否设置防护措施； • 安装在有爆炸危险的房间的电气设备、通风装置是否具有防爆性能
10	建筑装修和保温防火	• 查看设计说明及相关图纸，明确装修工程的建筑类别、装修范围、装修面积； • 审查装修工程的使用功能是否与通过审批的建筑功能相一致，不一致时，要判断是否引起整栋建筑的性质变化，是否需要重新申报土建调整； • 审查装修工程的平面布置是否符合规范要求； • 审查装修材料的燃烧性能等级是否符合规范要求；装修范围内是否存在装修材料的燃烧性能等级需要提高或者满足一定条件可以降低的房间部位； • 审查各类消防设施的设计和点位是否与原建筑设计一致，是否符合规范要求； • 审查建筑内部装修是否遮挡消防设施，是否妨碍消防设施和疏散走道的正常使用； • 审查照明灯具及配电箱的防火隔热措施是否符合规范要求； • 审查建筑保温是否符合规范要求

（十）其他设计评审

对于不同功能类型、不同设计要求的单体工程，根据具体设计内容可能涉及诸如抗震设计、安全、卫生防疫、幕墙光污染等其他专项设计评审需要。其设计评审工作要求根据相关规定文件进行。

第三节　工程报建（施工许可）手续办理

一、办理建设项目专项报审

该阶段建设项目专项报审工作主要包括规划、环境保护、卫生防疫、消防、民防、绿化、安全、职业健康卫生、道路交通、市容环境卫生、抗震设防、河道管理、防雷、节能、幕墙安评、水土保持等方面。

（1）按当地各部门规定提供相关资料办理（网上办理是趋势）。

（2）及时反馈各部门意见，并协调建设单位、设计单位等相关单位解决。

二、办理相关规费的支付

规费是政府和有关政府行政主管部门规定工程建设项目必须缴纳的费用，规费金额及支付时间需按当地政府要求及时缴纳。本阶段涉及的规费主要有市政配套费、水土保持补偿费、人防易地建设费、市场交易服务费等。

（1）掌握当地政府行政主管部门对各项收费的规定。

（2）协助建设单位缴纳规费，并收集相应的票据，做好记录。

三、申办施工图审查

（1）配合施工图审查机构审图，提供相关图纸和技术要求等文件，并组织设计单位及时反馈审图机构提出的意见。

（2）协调审图机构按照规定的时限完成审图。

（3）检查审图章、审查合格书是否遗漏。

四、申报质量监督、安全监督

在施工合同、监理合同签订，完成工伤保险费缴纳后，可申报质量监督、安全监督。

（1）提供质量监督、安全监督部门要求的相关资料。

（2）填写相关申报表。

五、办理施工许可证

（1）掌握政府行政主管部门关于申领施工许可证所需资料，通常应具备如下前提条件（各地方要求不一致，仅供参照）：

1）已经办理工程建设用地批准手续。

2）已经取得建设工程规划许可证。

3）需要拆迁的，拆迁进度符合施工要求。

4）该工程已经确定建筑施工单位。

5）有满足施工需要的施工图纸和技术资料。

6）有保证工程质量和安全的具体措施。

7）建设资金已经落实。

8）五方责任主体法人委托书及项目负责人委托书。

9）法律、行政法规规定的其他条件。

（2）向发证机关领取或网上填报《建筑工程施工许可证申请表》。

（3）协助建设单位填写《建筑工程施工许可证申请表》，并向发证机关提供相关证明文件。

（4）协助建设单位根据发证机关要求补正相关证明文。

（5）获取施工许可证后，发送项目主要参建单位。

第四节　工程实施计划

施工准备阶段的工程实施计划包括对进度、质量、招标采购以及现场用地等内容的策划与计划，是对项目实施策划的进一步深化，是能否顺利开工的前提条件。在后续施工阶段，应视具体情况，进一步调整施工前各项计划，形成阶段性计划，予以控制。与工程实施计划相关的主要文件及各参建单位的职责见表4-3。

工程实施计划主要相关文件及各参建单位职责对应表 **表4-3**

序号	文件名称	项目管理机构	工程监理单位	施工总承包单位	其他参建单位（如需）
1	项目总进度计划	组织编制、调整和优化	配合	配合	配合
2	里程碑计划	组织编制	配合	配合	配合
3	各层级、各专项进度计划	协调控制机制和管理要求、督促，进一步审核	审核	编制	编制
4	施工总进度计划	督促、组织，进一步审核	审核	编制	配合
5	施工组织设计及施工方案	进一步审核	审核	编制	配合
6	专项控制计划	编制、调整	配合	配合	配合
7	进度控制方案	审核	编制/审核	编制	配合
8	工程施工质量管理	策划	配合	配合	配合
9	专业分包招标采购及进场计划	策划制定	配合	配合	配合
10	现场用地计划	策划	配合	配合	配合

一、项目进度计划

在各项工作实施前，项目各参建单位都应根据实际介入项目的情况，制定相应的进度计划。从建设单位的角度看，项目进度计划一般宜包括里程碑计划、项目总体进度计划、年进度计划、季度进度计划、月进度计划和周进度计划，以及各专业或专项工作进度计划（如设计进度计划、招标/采购进度计划等）。实际操作中，项目管理机构应视项目复杂程度，组织编制项目总控进度计划和里程碑计划，并明确各层级、各专项进度计划的协调控制机制和管理要求。各进度计划根据所处的不同层级，相互制约、由粗到细、逐步深化，形成项目计划系统，其示例如图4-1所示。

项目管理机构按照建设单位的要求和项目实际情况，首先制定了进度整体目标，并按目标管理方法进行层层分解，形成相互制约、相互依存的四级进度计划管理体系。以总进度计划为纲领和导向，依托各专项工作计划的支撑，通过月工作计划和周工作计划精心的组织，最终实现项目的总体进度要求，确保项目完成各项竣工备案验收。对各级计划简述如下：

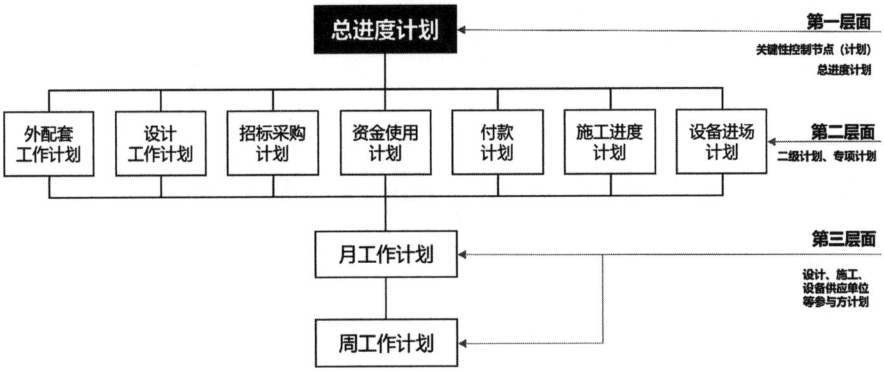

图4-1　进度计划系统的层级（示例）

（1）一级计划（总进度计划）涵盖了项目全部的工作内容，该计划由建设单位主持建立并有修订权。

（2）二级计划（各项专项计划）由各责任单位负责编制和修订，但应符合一级计划的要求，如二级计划延误影响到一级计划，则二级计划改动应由建设单位负责审批。

（3）三级计划（月工作计划）由项目管理机构负责组织各参建单位共同编制。

（4）四级计划（周施工计划）由施工单位负责编制和修订。

三级、四级计划在执行过程中，如发现延误可能影响上一级计划的，应及时报项目管理机构，组织建设单位及各参建方会议商榷，采取相应纠偏措施或调整上一级计划。

另外，各层级进度计划可以采用不同的表示形式，常见的有里程碑图、表格、横道图（甘特图）、网络计划图、时标网络计划图等。

（一）里程碑计划

里程碑计划是一个以目标为导向的计划，它通过设立一定数量的里程碑节点（关键性控制节点或阶段性可交付成果的检查点）、检验标准以及计划完成时间，从宏观角度为项目的进度控制提供了参照。在项目实施的过程中，通过检查各个里程碑的到达情况，可以获得对项目工作进展的直观度量，从而通过采取相应的进度管理措施，保证项目总进度目标的实现。

常见的项目里程碑节点可以包括：项目构想/编制项目申请报告、取得立项批复、取得土地使用权与用地规划许可证、初步设计、取得建设工程规划许可证、施工图设计、取得施工许可证、施工阶段里程碑节点（如桩基工程、主体工程、装饰工程与设备安装、室外工程）、专项工程验收、竣工验收与备案、转固定资产、结算审计、决算审计等。

里程碑计划的常见表现形式有里程碑图、表格清单等，如图4-2所示。

序号	里程碑事件	2021年上半年						2021年下半年					
		1月	2月	3月	4月	5月	6月	7月	8月	9月	10月	11月	12月
……	……												
4	初步设计单位招标投标				▲								
5	初步设计								▲				
……	……												

（a）里程碑图

XXX项目建设里程碑进度计划		
序号	工作内容	时间
……	……	……
4	初步设计单位招标投标	2021年4月
5	初步设计	2021年8月
……	……	……

（b）里程碑计划表格

图4-2　里程碑计划的表现形式

（二）项目总进度计划

在项目实施阶段，项目总进度不仅包含工程施工进度，还包括设计前准备阶段、设计、招标、施工前准备和设备安装以及项目动用前的准备等各项工作进度。

项目总进度计划是指初步设计被批准后，根据初步设计，对工程项目从开始建设（设计、施工准备）至竣工投产（动用）全过程的统一部署。其主要目的是安排各单位工程的建设进度，合理分配年度投资，组织各方面的协作，保证初步设计所确定的各项建设任务完成。项目总进度计划作为各专业、专项工作计划编制的依据，对于保证项目建设的连续性，增强工程建设的预见性，确保工程项目按期动用，都具有十分重要的作用。

项目管理机构在编制项目总进度计划时，可以根据以往类似项目的总进度计划，结合该项目的特点，把项目不同阶段中的各大项工作按时间顺序与逻辑关系相互关联，形成项目整体工作框架。根据实际需要对整体工作框架适当调整、细化后，形成总进度计划。项目管理机构编制的总进度计划涵盖了项目全部的工作内容，往往以横道图（甘特图）形式展示，其示例如图4-3所示。

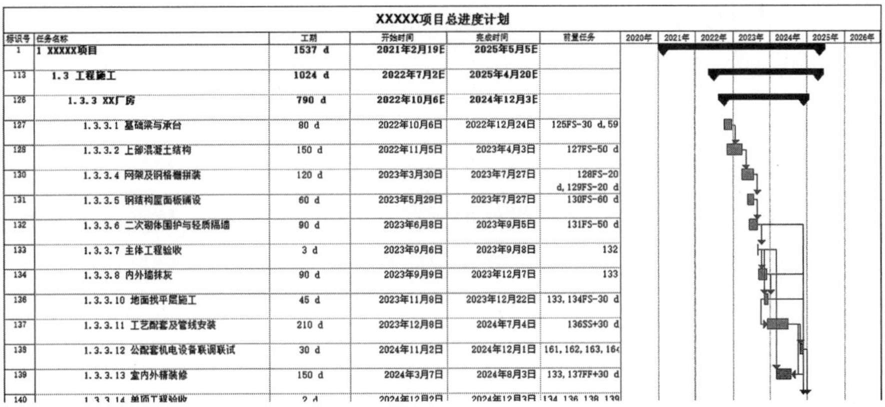

XXXXX项目总进度计划

标识号	任务名称	工期	开始时间	完成时间	前置任务
1	1 XXXXX项目	1537 d	2021年2月19E	2025年5月5E	
113	1.3 工程施工	1024 d	2022年7月2E	2025年4月20E	
126	1.3.3 XX厂房	790 d	2022年10月6E	2024年12月3E	
127	1.3.3.1 基础梁与承台	80 d	2022年10月6日	2022年12月24日	125FS-30 d,59
128	1.3.3.2 上部混凝土结构	150 d	2022年11月5日	2023年4月3日	127FS-50 d
130	1.3.3.4 网架及钢格栅拼装	120 d	2023年3月30日	2023年7月27日	128FS-20 d,129FS-20 d
131	1.3.3.5 钢结构屋面板铺设	60 d	2023年5月29日	2023年7月27日	130FS-60 d
132	1.3.3.6 二次砌体围护与轻质隔墙	90 d	2023年6月8日	2023年9月5日	131FS-50 d
133	1.3.3.7 主体工程验收	3 d	2023年9月6日	2023年9月8日	132
134	1.3.3.8 内外墙抹灰	90 d	2023年9月9日	2023年12月7日	133
136	1.3.3.10 地面找平层施工	45 d	2023年11月8日	2023年12月22日	133,134FS-30 d
137	1.3.3.11 工艺配套及管线安装	210 d	2023年12月8日	2024年7月4日	136SS+30 d
138	1.3.3.12 公配套机电设备联调联试	30 d	2024年11月2日	2024年12月1日	161,162,163,16
139	1.3.3.13 室内外精装修	150 d	2024年3月7日	2024年8月3日	133,137FF+30 d
140	1.3.3.14 单项工程验收	2 d	2024年12月2日	2024年12月3日	134,136,138,139

图4-3　甘特图示例

（三）年进度计划、季度进度计划、月进度计划和周进度计划

年进度计划是依据项目总进度计划和批准的设计文件进行编制的，该计划既要满足项目总进度计划的要求，又要与当年可能获得的资金、设备、材料、施工力量相适应。应根据分批配套投产或者交付使用的要求，合理安排本年度建设的工程项目。

以年度进度计划为依据，对计划逐步细分至月、周进度计划，便于资源协调与进度控制。在施工准备及施工过程阶段，月、周进度计划一般由施工单位编制和修订，需重点明确劳动力、材料、机械设备的投入、进度保障措施及必要的赶工措施。上述计划编制完成后，应根据相应的管理制度，由施工单位上报监理单位、建设单位等相关单位审核后实施。

（四）各专业或专项工作进度计划

依据项目总进度计划和批准的设计文件，项目管理机构应督促各相关单位编制相应的专业或专项工作进度计划或专项工作任务清单，编制的专业或专项工作进度计划必须要满足项目总进度计划的要求。

常见的专业或专项进度计划有设计进度计划、招标/采购进度计划等，一般可采用横道图或表格形式。

二、施工总进度计划

由于项目具有独特性和渐进明细性，项目管理机构编制的总进度计划往往需要根据施工总进度计划编制的实际情况进行调整。

施工总进度计划由施工单位编制，是施工单位根据施工部署中施工方案和工程项目的开展程序，对全工地所有单位工程做出的时间上的安排。其目的在于确定各单位工程及全工地性工程的施工期限及开竣工日期，进而确定施工现场劳动力、材料、成品、半成品、施工机械的需要数量和调配情况，以及现场临时设施的数量、水电供应量和能源、交通需求量。因此，科学合理地编制施工总进度计划，是保证整个建设工程按期交付使用，充分发挥投资效益，降低建设工程成本的重要条件。

根据项目进度计划要求，项目管理机构应督促施工总承包单位编制施工总进度计划，经工程监理单位初审后，组织相关人员对施工总进度计划进一步审核。

项目管理机构应审核施工总进度计划的工期目标、关键节点与里程碑是否符合招标文件、施工承包合同文件的约定及建设单位的管理要求，以及其合理性、可行性，并跟踪、督促其执行。对于较为复杂的项目，可要求施工单位对施工总进度计划、项目关键节点与里程碑进行论证说明。

施工进度计划审核的重点在于审核关键工作的计划目标和进度安排是否合理，是否能确保计划总目标的实现。具体审核内容主要有以下几个方面：

（1）总目标的设置是否满足合同规定要求。

（2）各项分目标是否与总目标保持协调一致。

（3）开工日期、竣工日期是否符合合同要求。

（4）施工顺序安排是否符合施工程序的要求。

（5）编制施工总进度计划时，有无漏项，分期施工的项目是否与资源供应计划相协调。

（6）劳动力、原材料、配构件、机械设备的供应计划是否与施工进度计划相协调，建设资源使用是否均衡。

（7）业主的资金供应是否满足施工进度的要求。

（8）施工进度计划与设计图纸的供应计划是否一致。

（9）施工进度计划与业主供应的材料和设备，特别是进口设备到货是否衔接。

（10）分包工程计划与总包工程计划是否衔接。

（11）各专业施工计划相互是否协调。

（12）计划安排是否合理，有无违约或导致索赔的可能等。

监理单位或项目管理机构在审核过程中如发现问题，应及时以书面形式向施工单位进行意见反馈，要求施工单位进行解释说明和必要的调整，并对调整后的进度计划重新进行审查，发现重大问题时应及时向建设单位报告，施工总进度计划经总监理工程师审核签认并报建设单位批准后方可实施。

在完成施工总进度计划的审核和调整后，项目管理机构应结合调整后的施工总进度计划、施工组织设计及施工方案，遵循合同约定，对项目总进度计划进行相应的调整和优化。同时明确下一层级的关键节点与里程碑，编制、调整建设单位的专项控制计划，督促各参建单位按照控制节点编制其下级计划及各专项计划。

三、进度控制方案

为了对建设工程施工进度计划进行有效的控制，施工单位和监理单位都应对项目特点进行分析，梳理出影响建设工程施工进度的因素，进而制定出保证施工进度计划实施成功的进度控制方案，以实现对建设工程施工进度的主动控制。进度控制方案的内容通常包括进度控制目标分解、进度风险分析、进度控制主要工作内容和深度、进度控制职责分工、进度控制措施等内容。项目管理机构应审核监理单位、施工单位编制的进度控制方案。

由于建设工程项目具有规模庞大、工程结构与工艺技术复杂、建设周期长、相关单位多等特点，影响建设工程施工进度的因素往往有很多。在制定进度控制方案时，需要考虑的因素主要有以下几个方面：

（1）工程建设相关单位的影响：相关单位包括但不限于政府部门、建设单位、设计单位、物资供应单位等。

（2）物资供应进度的影响：施工过程中需要的材料、构配件、机具和设备等如果不能按期运抵施工现场，或者是运抵施工现场后发现其质量不符合有关标准的要求，都会对项目施工进度产生影响。

（3）资金的影响：工程施工的顺利进行，必须有足够的资金作保障。一般来说，资金的影响主要来自业主，或者由于没有及时给足工程预付款，或者由于拖欠了工程进度款，这些都会影响到承包单位流动资金的周转，进而殃及施工进度，为避免因为资金供应不足拖延进度，进度控制方案应根据业主的资金供应能力，合理安排好施工进度计划。

（4）设计变更的影响：在施工过程中，原设计存在问题需要修改或是业主提出了新的要求，都可能造成设计变更，而这些都会对施工进度产生一定的影响。

（5）施工条件的影响：施工过程中一旦遇到气候、水文、地质及周围环境等方面的不利因素，必然会影响到施工进度。

（6）承包单位自身管理水平的影响：施工现场的情况千变万化，如果承包单位的施工方案不当、计划步骤，管理不善，解决问题不及时等，都会影响建设工程的施工进度。

（7）其他风险因素的影响：风险因素包括政治、经济、技术及自然等方面的各种可预见或不可预见的因素。政治方面的有战争、内乱、罢工、拒付债务、制裁等；经济方面的有延迟付款、汇率浮动、换汇控制、通货膨胀、分包单位违约等；技术方面的有工程事故、试验失败、标准变化等；自然方面的有地震、洪水等。

进度控制的措施应包括组织措施、技术措施、经济措施以及合同措施。

项目管理机构在审核施工单位编制的进度控制方案的时候，应重点针对上述因素对项目进度可能产生的影响，以及进度控制方案中的应对措施进行审查。审查内容主要是审查施工进度主要影响因素的分析内容是否全面、详细，应对措施是否可行。对于编制较差的进度控制方案应退回编制单位，并要求编制单位修改完善后再报。

四、专业分包招标采购及进场计划

随着建筑市场竞争日趋激烈，建设工程施工过程实行总分包制度是当前的通行做法。一些大型设备、重要构配件也往往采用甲供方式，因此，如何规范、科学地进行施工分包管理显得尤为重要。项目管理机构应策划制定专业分包（专业深化设计、指定分包、甲方提供的大型设备、构配件等）招标采购及进场计划。有序组织专业分包队伍和甲供大型设备及构配件的进场。

策划发包和采购工作可以从以下几个方面入手：

（1）对合同结构、发包界面及发包与采购方式的策划。一方面需要分清各发包界面，避免遗漏或重复，便于实施管理和工程的交接；另一方面应根据我国、地方政府相关规定，结合项目和合同结构特点，确定发包与采购方式。

（2）制定和执行发包与采购详细工作计划和时间节点计划。其总体要求是为该项工作留有足够的准备时间，以确保工程顺利进展。首先，根据总进度计划，制定项目发包与采购工作计划。该专项计划的内容包括责任主体的确认、职责分工、与外协单位（或招标代理单位、其他咨询单位）配合事项和各项发包与采购工作的总体进度要求等。然后，根据发包与采购方式及工作计划，制定具体的时间节点计划，包括范围、前置条件或需配合事项、技术要求及具体时间要求等。

最后，在实施阶段，检查发包与采购工作实施情况，并于所对应的进度计划进行比较，及时调整偏差，以确保整个项目的顺利进展。

另外，分包管理应建立系统的分包商管理机制，从分包商的选择、使用、培养，以及评价等应该形成闭环。通过分包商的评价不断优化分包商的选择和使用，为分包商的选择和使用提供输入。通常可以从以下几方面对分包商进行评价：分包方的执照、资质；分包方的人员储备情况，包括持证人员、技术人员数量及质量等；分包方的设备情况，含设备的到位情况、设备质量等；履约能力，如进度履约率、安全文明施工管理情况等；现场质量管理及落实情况；内部管理如员工的培训、职工的合同、工资等管理情况等。

五、现场用地计划

项目管理机构应策划现场用地计划。与施工单位现场施工用地布置方案的侧重点不同，现场用地计划主要考虑场地的综合利用、场地平整范围、临电与临水接口、出入口等方面，指导七通一平的组织工作。

现场用地计划主要包括以下几个方面：

（1）规划用地与施工用地范围的界定。

（2）策划功能区域（办公区、生活区、作业区、临时道路等）的平面划分。

（3）初步确定临水接入点、临电接入点、排水口、出入口等位置。

（4）制定场地平整、临时道路建设计划。

（5）拟定建设方（建设单位、项目管理单位、监理机构、设计单位及其他咨询单位）现场办公需求。

由于现场用地计划将作为判断施工单位现场施工用地布置方案是否合理的依据之一，现场用地计划编制还应考虑以下原则：

（1）现场平面布局要科学合理，施工场地占用面积少。

（2）合理组织运输，减少二次搬运。

（3）施工区域的划分和场地的临时占用应符合总体施工部署和施工流程的要求，减少相互干扰。

（4）充分利用既有建（构）筑物和既有设施为项目施工服务，降低临时设施的建造费用。

（5）临时设施应该方便生产和生活，办公区、生活区、生产区宜分区域设置。

（6）应符合节能、环保、安全和消防的要求。

（7）遵守当地主管部门和建设单位关于施工现场安全文明施工的相关规定。

第五节　工程发包及采购管理

一、编制与评审各项招标技术规格书

招标技术规格书（技术条件）是一种书面规定，说明产品、服务、材料或工艺必须满足的要求，并指出确定这些规定的要求是否得到满足的程序。通常在项目管理中，合同包括两个内容，一个是技术标书，一个是商务标书；技术标书也是招标文件的主要内容，签订合同时，技术标书即招标文件应作为合同内容的一部分，纳入到合同中。在招标过程和签订合同过程中，项目管理及工程技术人员负责与对方谈技术标，采购人员负责与对方谈商务标，商务标包括总价、交货日期、付款方式等等。招标方在技术规范书中提出了最低限度的技术要求，并未规定所有的技术要求和适用的标准，投标方提供一套满足本技术规范书和所列标准要求的高质量产品及其相应服务。

技术规格书用途就在施工准备招标投标阶段。招标技术规格书一般按照不同类型的发包任务选择专业人士进行编制，项目技术规格书质量主要就取决于业主的自身管理水平，大型企业都会聘请专业顾问公司编制技术规格书，这样就保证了技术规格书基本的技术可行性。

（一）工程类招标

工程类招标包括施工总承包、指定专业分包（如钢结构、幕墙、消防、精装修、特种空调系统、楼宇智能化系统、电梯、园林绿化等）。

项目管理机构组织编制“标准和要求”或“发包人要求”等招标相关的技术规格文件。

“技术标准和要求”是施工承包模式下的招标技术规格书，是指构成合同的施工应当遵守的或指导施工的国家、行业或地方的技术标准和要求，以及合同约定的技术标准和要求。

“发包人要求”是工程总承包模式下的建设方对项目的定义文件，构成合同文件组成部分的名为“发包人要求”的文件，其中列明工程的目的、范围、设计与其他技术标准和要求，以及合同双方当事人约定对其所作的修改或补充。含以

下附件：性能保证表附件、工作界区图、发包人需求任务书、发包人已完成的设计文件、承包人文件要求、承包人人员资格要求及审查规定、承包人设计文件审查规定、承包人采购审查与批准规定、材料、工程设备和工程试验规定、竣工试验规定、竣工验收规定、竣工后试验规定、工程项目管理规定、发包人提供的其他资料。

（二）服务类招标

服务类招标包括指定专业设计、施工项目管理、投资项目管理、工程审价、监测或检测及其他咨询服务类等。

项目管理机构组织编制服务管理规范及技术要求或者设计任务书等相关技术规格书文件。

（三）货物类招标

货物类（材料与设备）包括甲供材料、甲供设备等。

项目管理机构组织编制货物需求清单、技术要求文件、设备清单、技术规范等相关的技术规格书文件。

二、编制与评审招标文件

招标文件是招标投标过程中最重要的文件，招标文件的水平与质量关系到整个招标投标活动的成败。那么，要保证招标文件的质量，必须从招标文件的编制及审核两个重要过程进行把控。

（一）招标文件内容

招标公告、投标邀请书、投标人须知、评标办法、合同条款及格式、工程量清单、图纸、技术标准及要求、投标文件格式。

（二）编制招标文件注意事项

（1）明确文件编号、项目名称及性质。

（2）投标人资格要求。

（3）发售文件时间。

（4）提交投标文件方式，地点和截止时间。招标文件应明确投标文件所提交方式，能否邮寄，能否电传。投标文件应交到什么地方，在什么时间。

（三）评审招标文件

1.完整性审核

主要是审核整个文件框架是否包括了法律法规中规定的内容。

2.形式审核

即审核招标文件的格式。封面上需载明项目名称、招标人、招标代理人、发布日期、编制人、审核人、日期、签章（或电子章），招标文件应当包含投标邀请书、投标须知、合同主要条款、商务标投标文件格式、技术标投标文件格式、技术条款、评标标准和方法、工程量清单、设计图纸等。重点实质性内容用特殊字体醒目显示。

3.合规性审核

招标文件是否合法合规，与政府采购项目的顺利进行息息相关。不合规的文件可能会导致供应商的质疑投诉，以至于项目暂停延期。若没有及时发现文件的问题，更严重的将是因不合法而导致重新开展采购，进而影响采购效率。

4.实质审核

主要是对招标文件具体内容进行全面细致检查、核校。招标文件应当清晰、明确地载明：项目数量、规模、主要技术及质量要求；项目工期、投标保证金、履约保证金及招标时限。对投标人的资格和投标文件以及投标有效期限的要求。提交投标文件的方式、地点和截止时间。投标报价的要求及最高限价。评标依据、标准和方法、定标原则和确定重大偏差的主要因素；主要合同条款等。

5.合理性审核

需要根据招标项目的具体情况，认真分析。审核招标文件时首先要以采购人的角度，考虑到专用条款内容的必要性，其次要将自己放在供应商的位置，考虑到技术内容的合理性，这样才能提高招标的成功率。

三、组织或参与开标、评标活动

（一）开标

（1）时间、地点。

时间为招标文件中载明的时间，地点。

（2）参会人员签到。

招标人、投标人、公证处、监督单位、纪检部门等与会人员签到。

(3) 投标文件密封性检查。

开标时，由投标人或者其推选的代表检查投标文件的密封情况，也可以由招标人委托的公证机构检查并公证。

(4) 主持唱标。

(5) 开标过程记录，并存档备查。

(二) 评标

1. 评标委员会组建

评标委员会由专家和招标人代表组成，一般由招标人代表担任委员会主任，专家在开标前由招标人在专家库抽取，且专家信息需保密。对其专家有“回避原则”。

2. 评标准备

主要含工作人员及评委准备，工作人员向评委发放招标文件和评标有关表格，评委熟悉招标项目概况、招标文件主要内容和评标办法及标准等内容并明确招标目的、项目范围和性质以及招标文件中的主要技术要求和标准和商务条款等；根据招标文件对投标文件做系统的评审和比较。

3. 初步评审

(1) 投标文件的符合性鉴定：投标文件的有效性、投标文件的完整性、与招标文件的一致性。

(2) 对投标文件的质疑，以书面方式要求投标人给予解释、澄清。

(3) 废标的有关情况需与招标文件和国家有关规定相符合。

4. 详细评审

(1) 工作人员工作：评标辅助工作人员协助做好评委对各投标书评标得分的计算、复核、汇总工作。

(2) 评审程序。

技术评估，主要内容有施工方案的可行性、施工进度计划的可靠性、施工质量的保证、工程材料和机械设备供应的技能符合设计技术要求、对于投标文件中按照招标文件规定提交的建议方案做出技术评审。

商务评估，主要内容有审查全部报价数据计算的正确性、分析报价数据的合理性、对建议方案的商务评估。

投标文件的澄清，评标委员会可以约见投标人对其投标文件予以澄清，以口头或书面形式提出问题，要求投标人回答，随后在规定的时间内投标人以书面形式正式答复，澄清和确认的问题必须由授权代表正式签字，并作为投标文件的组成部分。

5. 评标报告

（1）报告内容主要有基本情况和数据表、评标委员会成员名单、开标记录、符合要求的投标一览表、废标情况说明、评标标准、评标方法或者评标因素一览表、评分比较一览表、经评审的投标人排序以及澄清说明补正事项纪要等。

（2）评标报告由评标委员会成员签字。

（3）提交书面评标报告并评标委员会解散。

6. 举荐中标候选人

评标委员会推荐的中标候选人应当限定在1～3人，并标明排序。

四、项目管理机构应参与合同的谈判和签订工作

1. 发出中标通知书

2. 谈判准备

（1）谈判人员的组成。

（2）注重相关项目的资料收集工作。

（3）对谈判主体及其情况的具体分析。

明确谈判的内容，对于合同中既定的，没有争议、歧义、漏洞和有关缺陷的条款任何一方没有讨价还价的余地。

（4）拟订谈判方案。

3. 签约前合同谈判

在约定地点进行谈判，在谈判过程中要把主动权争取过来，不要过于保守或激进，注意肢体语言和语音、语调，正确驾驭谈判议程，站在对方的角度讲问题，贯彻利他害他原则。

4. 签约

招标人与中标人在中标通知书发出30个工作日之内签订合同，并交履约担保。

五、合同备案

项目管理机构应在规定的时间内按当地政府规定进行合同备案，需进行合同备案一般包括：勘察、设计、监理、招标代理、造价咨询合同，以及施工总包、

专业分包（包括桩基土石方、钢结构、幕墙、门窗、绿化等各类专业工程）。

第六节　工程项目启动实施前主要工作

一、组织设计交底和编制交底纪要

（1）设计交底会前，应组织施工单位及监理单位熟悉图纸，并记录在识图过程中存在疑义的内容。

（2）设计交底会议纪要应由建设单位组织设计单位、项目管理单位、施工单位的项目经理、技术负责人、总监理工程师及全过程跟踪审计单位（如有）共同签认。

（3）设计交底会议纪要主要内容包括：

1）设计单位介绍设计主导思想、采用的设计规范、各专业设计说明等。

2）设计单位介绍工程设计文件对主要工程材料、构配件和设备的要求，对所采用的新材料、新工艺、新技术、新设备的要求，对施工技术的要求以及涉及工程质量、施工安全应特别注意的事项等。

3）设计单位对建设单位、施工单位和监理单位提出的意见和建议的答复。

（4）对设计交底会议上决定必须进行设计修改的，应按设计变更管理程序提出设计变更，必要时需重新申办施工图审查。

二、组织安全及管理制度交底和编制交底纪要

（1）安全及管理制度交底会议纪要应由建设单位组织项目管理单位、施工单位管理团队、监理团队及全过程跟踪审计单位（如有）共同签认。

（2）安全及管理制度交底会议纪要主要内容包括：

1）建设单位安全保卫部门向施工单位和监理单位介绍安全注意事项，包括人员、车辆、动火、防疫等安全管理要求。

2）建设单位向施工单位和监理单位介绍施工过程中涉及的管理要求、项目标控制要求、工作程序和流程要求等内容。

3）对施工单位和监理单位提出的意见和建议的答复。

（3）对交底会议上决定修改工作流程进行完善，修订相关制度及工作流程。

三、审核施工组织设计

根据《建设工程监理规范》GB 50319—2013要求，施工组织设计应由项目监理单位审查，并由总监理工程师审定批准。由于施工组织设计是施工单位的纲领性文件，关系到项目目标能否实现，因此专业监理工程师在总监理工程师审定批准前，将相关审核意见反馈给总监理工程师，要求施工单位作出相应修改。

（1）审核施工组织设计的申报程序的完整性，主要包括：施工组织设计编制单位内部审批程序完整性；监理单位审批施工组织设计的程序完整性。

（2）审核施工组织设计内容的准确性，主要包括：施工进度计划是否满足项目总进度计划要求；施工方质量保证体系、安全文明施工保证体系是否与项目规模和要求相匹配；施工区域与办公区域、生活区域布置是否合理等。

（3）必要时，提出对施工组织设计的修正意见，并督促落实。

四、审核和批准监理规划

监理规划是指导工程项目监理工作的指导性纲领性文件，项目监理单位应当在召开第一次工地例会之前提交经监理公司内部审定后的监理规划。审核监理规划时，应重视以下几个方面：

（1）监理工作范围、工作内容及监理人员是否符合监理合同。

（2）监理工作方法、工作程序是否满足实现项目目标要求。

（3）监理工作制度是否齐全，是否有针对性。

（4）审核监理规划报批的及时性。

（5）提出对监理规划的修正意见，并督促落实。

五、检查监理单位组织准备情况

（1）检查项目监理单位人员数量、专业配套是否符合监理合同及项目需求。

（2）检查人员证书是否有效，总监理工程师是否有监理单位任命书，总监代表（如有）是否有委托书等。

（3）检查监理现场办公设施是否满足监理工作需要，是否按监理合同要求配备常规的检测设备和工具等。

六、协助制定施工阶段资金使用计划并审核

（1）根据建设项目的总投资计划，协助全过程跟踪审计单位根据施工进度计划编制施工阶段资金使用计划。

（2）组织相关人员对施工阶段资金使用计划进行审核。

（3）根据当地建设行政主管部门要求开设进城务工人员专用账户等专项资金管理要求。

七、督促核查现场施工机械、材料的准备情况

（1）项目监理单位对现场施工机械和材料是否具备使用条件以及主要工程材料是否已落实进场等情况进行检查。

（2）抽查项目监理单位对施工机械和材料准备情况的检查记录。

八、检查现场人员的准备情况及质量和安全保证体系

现场人员及质量和安全保证体系不仅指施工单位，而且还包括项目监理单位。在检查时，应对照审定的施工组织设计和监理规划进行检查。

（1）监理单位检查施工单位现场人员的进驻现场情况，包括人员资格和岗位人员数量等。

（2）监理单位检查承包商的质量和安全保证体系落实情况。

（3）监理单位的人员到位情况，包括监理人员资格和数量。

九、监理单位核签开工报告

（1）检查开工报告程序的合规性、开工报告内容的完整性。

（2）批准开工报告，并由总监理工程师签发。

十、组织召开第一次工地会议

（1）第一次工地会议参与单位应包括建设单位、项目管理单位，监理单位、

全过程跟踪审计单位、设计单位以及施工总承包单位等，会议由建设单位主持，项目参与各方需委派的项目负责人及相关人员参加。

（2）筹备第一次工地会议程，事先检查建设单位必须提供的开工条件是否落实，并检查监理单位和施工单位对于开工的准备工作落实情况。

（3）组织召开第一次工地会议，会后要求项目监理单位负责起草会议纪要并审核。第一次工地会议的主要内容包括：

1）各参与单位分别介绍各自驻现场的组织机构、人员及其分工。

2）施工总承包单位介绍开工条件准备情况。

3）总监理工程师对施工准备情况提出意见和要求。

4）总监理工程师介绍监理规划的主要内容。

5）建设单位介绍各项目标控制和项目总体要求。

6）研究确定各方在施工过程中参加工程例会的主要人员，召开工程例会的周期、地点及主要议题等。

（4）组织各方代表对第一次工地例会会议纪要会签并存档。

第七节　案例分析

以某项目为例：以项目总进度计划为基准，启动施工总承包招标即开始策划项目年度工作任务，并对开工前的关键工作进行细化并梳理出开工许可证办理工作流程，以“天”为单位，动态推进各项准备工作的落实情况。

一、施工准备阶段的工作策划

（一）项目工作策划

持续推进某项目建设，启动联合工房土建施工，规定日期前完成联合工房主体结构封顶，推动工艺装备采购，完成工艺设备合同签订和安装服务采购项目标书发售工作。

1.具体目标

（1）在联合工房建设方面，推动开工准备、施工进场、地基施工、主体施工等相关工作，年底前达成“主体结构封顶”的目标。

（2）在工艺设备采购方面，推动市场调研、技术文件编制、商务洽谈、合同洽谈等相关工作，年底前达成“工艺设备合同签订和安装服务标书发售工作”的目标。

（3）在项目规范管理方面，按照建设程序推动开工前审计、政府报批报审工作，按照管理制度做好项目进度、决策、资金使用、采购规范等相关工作，保障项目推进过程合法合规。

2.具体措施

（1）搭建一个机制，优化管理工作制度。在现有管理工作制度的基础上，进一步提高、完善管理标准，优化管理流程，按照流程化、表格化的管理要求继续优化各项管理工作制度，实现制度建设的PDCA循环，以管理制度作为有力抓手，促进项目管理工作的持续改进。

（2）着力一个核心，做好项目进度管理。围绕施工进度管理，搭建施工计划的“周、月、总”管理机制，策划设备进场进度计划，发挥计划的指导和预警作用，推进好联合工房建安工程施工。

（3）聚焦三个难点，做好项目投控管理。聚焦合同框架实施，严格把关招标控制价编制，以实施概算为目标，把好项目投控“第一道关”。聚焦施工过程费用管理，科学控制施工过程变更签证，以建设指标为红线，控好土建概算的实施。聚焦采购合同执行，以合同任务分解表为抓手，守好资金支付的底线。

（4）关注三个重点，做好项目质量管理。关注设计质量，以设计管理为抓手，在工艺图纸深化设计、审核、交底等方面下功夫，把好设计质量关。关注施工质量，以监理管理为抓手，在建筑材料把关、检验批及分部验收、质量专项检查等方面下功夫，把好施工质量关。关注招标质量，以招标文件为抓手，在市场调研、标书编制、合同谈判、程序审核方面下功夫，把好招标质量关。

（5）落实一个责任，做好项目安全管理。聚焦施工现场，推动安全生产责任落实，以安全管理制度和安全目标责任书为抓手，明确各级安全管理职责，重点做好施工组织设计及专项施工方案、安全技术交底、安全检查、安全教育、风险防控和隐患排查等工作。

（6）加强两个保障，做好项目规范管理。当前项目管理核心由设计管理阶段向施工管理阶段过渡，一方面加强组织保障，以组织架构调整为契机，根据项目建设阶段性特点优化组织架构和人力资源配置，进一步明确管理职责和工作要求。另一方面加强制度保障，以施工管理制度为核心，做好与各参建方的制度交底，优化沟通协调机制，提高问题解决的时效性，以管理平台为抓手，通过管理流程信息化，提高信息沟通和审批流程的效率。

(7) 推进两项工作，做好建设程序管理。重点推进开工前审计和施工许可证办理两项工作，为联合工房土建开工做好建设程序方面的准备。

(二) 联合工房建安工程季度目标

一季度：完成现场三通一平，启动桩基工程。

二季度：完成桩基工程及土方工程，启动地基基础工程。

三季度：完成主厂房一层框架工程。

四季度：完成主厂房二、三层框架工程。

二、施工准备阶段关键工作细化

施工准备阶段关键工作细化见表4-4。

某建设项目施工总承包正式开工前工作计划　　表4-4

序号	工作任务名称	工期(天)	开始期	结束期	备注
一	招标采购				
1.1	1.1 施工总承包招标	74	2021.10.28	2022.1.16	
	1.1.1资格预审	15	2021.10.28	2021.11.12	
	1.资格预审公告发布	7	2021.10.28	2021.11.3	
	2.资格预审申请文件递交	1	2021.11.5	2021.11.5	
	3.资格预审评审	1	2021.11.5	2021.11.5	
	4.资格预审公示	3	2021.11.8	2021.11.10	
	1.1.2 发售招标文件、开标、评标、中标公示	32	2021.11.12	2021.12.12	
	1.发售招标文件	19	2021.11.12	2021.11.30	
	2.投标人要求澄清时间	7	2021.11.12	2021.11.19	
	3.开标、评标	1	2021.11.30	2021.11.30	
	4.发布中标公示	3	2021.12.1	2021.12.3	
	1.1.3 中标候选人确认，发出中标通知书	7	2021.12.4	2021.12.10	
	1.1.4 合同签订	22	2021.12.7	2021.12.28	
	1.回标分析	16	2021.12.7	2021.12.16	
	2.合同洽谈	1	2021.12.14	2021.12.14	
	3.合同四方会审	2	2021.12.20	2021.12.21	
	4.审计系统审核	3	2021.12.22	2021.12.24	
	5.采购系统审核	2	2021.12.25	2021.12.26	

续表

序号	工作任务名称	工期（天）	开始期	结束期	备注
	6.合同签订	2	2021.12.27	2021.12.28	
1.2	1.2 施工监理招标	59	2021.11.2	2021.12.24	
	1.2.1 发布招标公告、开标、评标、中标公示	21	2021.11.2	2021.11.22	
	1.发售招标文件	21	2021.11.2	2021.11.22	
	2.开标、评标	1	2021.11.22	2021.11.22	
	3.中标候选人确认、中标候选人公示	3	2021.11.23	2021.11.29	
	1.2.2 中标人确认，中标人公示、发出中标通知书	5	2021.11.30	2021.12.3	
	1.2.3 合同签订	21	2021.12.4	2021.12.24	
	1.合同洽谈	10	2021.12.4	2021.12.13	
	2.合同四方会审	2	2021.12.14	2021.12.15	
	3.审计系统审核	5	2021.12.15	2021.12.19	
	4.采购系统审核	2	2021.12.20	2021.12.21	
	5.合同签订	3	2021.12.22	2021.12.24	
二	取得施工许可证	30	2021.12.30	2022.1.29	
	2.1 资料准备；施工、监理合同备案	19	2022.12.30	2022.1.17	
	2.2 质监、安监、施工许可申报	7	2022.1.18	2022.1.24	
	2.3 取得施工许可证	4	2022.1.25	2022.1.28	
三	开工规划验线	12	2022.1.4	2022.1.15	
	3.1 资料准备（含全过程测量单位定位放线）	9	2022.1.4	2022.1.12	
	3.2 进厂开工验线	3	2022.1.13	2022.1.15	
四	开工前审计	33	2021.12.29	2022.1.30	
	4.1 向集团公司审计处申请开工前审计	6	2021.12.29	2022.1.3	
	4.2 开工前审计单位驻场审计	27	2022.1.4	2022.1.30	
五	开工前准备	36	2021.12.29	2022.2.14	
5.1	5.1 施工、监理单位进场准备	36	2021.12.29	2022.2.14	
	5.1.1 人员、材料、机械进场	36	2021.12.29	2022.2.14	
	5.1.2 场地平整	20	2021.12.29	2022.1.17	
	5.1.3 场地及资料移交	1	2021.12.29	2021.12.29	
	5.1.4 安全、管理制度交底	1	2021.12.29	2021.12.29	
	5.1.5 施工单位、监理单位熟悉施工图纸	20	2021.12.15	2022.1.3	
	5.1.6 施工图设计交底及图纸会审	2	2022.1.4	2022.1.5	
	5.1.7 施工单位提交场地平面布置图、施工进度计划及临时设施搭设专项施工方案并通过监理单位、建设单位审核	7	2021.12.15	2021.12.20	

续表

序号	工作任务名称	工期（天）	开始期	结束期	备注
	5.1.8 监理单位、建设单位审核施工单位提交的场地平面布置图、施工进度计划及临时设施搭设专项施工方案	1	2021.12.21	2021.12.21	
	5.1.9 施工单位根据审核意见修改场地平面布置图、施工进度计划及临时设施搭设专项施工方案	6	2021.2.22	2021.12.28	
	5.1.10 临时设施搭设、围挡设置等现场施工准备	20	2021.12.29	2022.1.17	
	5.1.11 施工单位提交施工组织设计、各专项施工方案及工程项目安全生产事故应急救援预案，并通过监理单位、建设单位审核	31	2021.12.15	2022.1.15.	
	5.1.12 桩基生产企业调研	15	2021.12.29	2022.1.12.	
	5.1.13 桩基适用标准调整报质监站备案流程	18	2021.12.29	2022.1.15	
	5.1.14 桩基适用标准调整后图纸重新送审	10	2022.1.16	2022.1.25	
	5.1.15 施工单位、监理单位建立健全各项规章制度	37	2021.12.29	2022.2.14	
5.2	5.2 全过程测量、工程检测、档案编制单位（声像）进场准备	3	2022.2.12	2022.2.14	
六	正式开工		2022.2.15		

第五章

施工过程项目管理服务

第一节　工程项目投资管理

一、工程项目投资管理工作

（一）施工阶段投资目标确定

1. 目的

（1）在项目总投资目标基础上明确施工阶段投资目标，包括施工阶段投资总目标和分项目标。

（2）施工阶段投资目标主要用于实际投资的控制、分析，确保投资目标的实现。

2. 任务

（1）将总投资规划按照单项工程、单位工程、分部分项工程等对施工阶段投资进行分解，并根据发包情况、合同文件、图纸、施工预算等确定施工阶段总目标和各项分目标。

（2）根据投资目标分解情况，将影响各投资目标的因素分别列出，分析影响因素和相应的控制措施，明确各方投资控制责任。

（3）施工阶段投资目标分解及影响因素控制措施可作为资金使用计划的重要依据，全部工作可由专业的造价咨询机构完成，项目管理机构负责审批，并上报建设单位备案。

3. 参考表格

项目施工阶段投资分解表见5-1。

项目施工阶段投资分解表　　表5-1

序号	项目费用名称	概算费用（万元）	合同价（万元）	施工预算（万元）	目标值（万元）	备注

4.相关知识

(1)投资管理工作概述。

工程建设项目投资主要是由项目的决策阶段、设计阶段、施工阶段和运营阶段组成，通常一个工程建设项目在施工阶段的投资控制状况，将直接关系到该项目的质量与进度，工程施工阶段是整个项目建设过程中时间跨度最长、变化最多的阶段，是建筑产品形成实体的阶段，也是投资支出最多的阶段。

为控制该阶段的工程造价，项目管理机构必须合理确定工程项目造价控制目标值，将整个项目以各专业和分项划分为多个子项，如桩基工程、地上主体结构工程、建(构)筑物、装饰、设备安装、管道安装、消防工程等，分别制定阶段性造价控制目标，将各阶段有机地联系起来，共同组成项目造价的目标系统。如果没有明确的造价控制目标，就无法将项目的实际支出额与之进行比较，也就不能找出偏差进而使控制措施缺乏针对性。施工图纸、施工图合同、施工预算、技术协议是贯穿整个工程实施的指导性文件，项目管理机构相关人员熟悉施工图，掌握图纸、合同、技术协议内容是合理确定工程项目造价控制目标值必不可少的程序。

对施工阶段投资管理目标的控制必须遵循一定的原则，才能充分发挥项目管理机构投资控制的作用：首先应遵循全员、分级控制的原则：投资控制必须是通过项目管理机构项目部所有人员共同来完成的。项目投资是一个综合性指标，它涉及到项目部所有部门、人员等，因此，要求项目部人人、事事、处处都要有投资控制意识，按照合同、限额、计划等进行管理。从各方面各层次堵塞漏洞，杜绝浪费，形成一个投资控制网。其次是应遵循全过程的动态控制原则：投资控制的对象不只是施工领域中的费用，而是贯穿于工程造价形成的全过程，它包括施工方案、劳动组织、材料供应、项目施工组织、工程移交等各个方面。只有对全过程进行控制，才能促进各项降成本措施得到贯彻落实，达到预期投资控制目标。

鉴于施工项目的一次性特点，过程控制又必须是动态的。由于施工阶段的投资目标主要是依据建设单位要求和施工方案的内容来确定的，当竣工阶段的成本核算造成了项目成本盈亏，或发生偏差，是来不及纠正的。因此，项目管理机构应把投资控制的重点放在过程的动态控制上。最后，应遵循计划加调整的原则：在实施目标成本管理和控制时，只有按照目标计划内容实施，才可由项目部员工在工作职责范围内根据投资目标分解情况逐项处理，如果发生偏差或出现问题，就应及时进行分析研究，查明原因，并立即采取有效措施，以保证所发生的成本是在预定的范围内。

（2）各方投资管理职责。

1）建设单位管理职责。

①负责项目整体投资管理工作，负责委托项目管理机构对各参建单位提交的项目资金使用计划、预算、进度款、变更、索赔进行审核、上报、执行和控制。

②负责对项目管理机构上报的资金使用计划进行审核、批准、下达，指导项目投资管理的执行。

2）项目管理机构职责。

①协助建设单位开展项目投资管理工作，负责编制项目资金使用计划，对项目投资进行审核和控制。

②为建设单位提供投资控制决策依据，施工阶段投资管理服务范围包括但不限于以下内容：编制资金使用计划，对项目投资控制工作提供准确的动态数据和专业建议；工程洽商、变更及合同争议的鉴定与索赔；对合同双方进度款进行审核，并出具书面意见；审核设计（技术）变更、技术变更和现场签证等，为建设单位决策奠定基础。

3）工程监理机构职责。

①确定实际完成工程量。

②签发工程款支付证书。

③通过监理月报向项目管理机构汇报进度。

④组织项目管理机构、造价咨询机构、施工单位等协商确定工程变更费用，会签工程变更单。

4）造价咨询机构职责。

①协助项目管理机构编制建设项目资金使用计划。

②进行工程计量与工程款审核。

③询价与核价。

④进行工程变更、工程索赔和工程签证的审核。

⑤合同中止结算、分阶段工程结算、专业工程分包结算的编制与审核。

⑥进行工程造价动态管理。

（二）资金使用计划编制、投资控制与动态调整

1. 目的

（1）将进度目标与投资目标结合，制定清晰的资金使用计划，便于严格控制资金的使用。

（2）跟踪实际投资情况，及时找出偏差原因，动态调整，避免超支。

2. 任务

（1）通过编制合理的资金使用计划，合理地确定投资控制目标值，使投资控制有所依据，并为资金的筹集与协调打下基础。

（2）通过编制合理的资金使用计划，对工程项目的资金使用和进度控制有所预测，消除不必要的资金浪费，避免投资失控，减少盲目性、增加自觉性，使现有资金充分发挥作用。并在施工过程中严格执行合理的资金使用计划，最大限度地节约投资，提高投资效益。

（3）在施工过程中，定期进行投资计划值与实际值的比较，实行动态调整（工程价款调整），及时分析偏差产生的原因并采取适当的纠偏措施，以使投资超支尽可能少。

3. 流程

投资控制流程如图5-1所示。

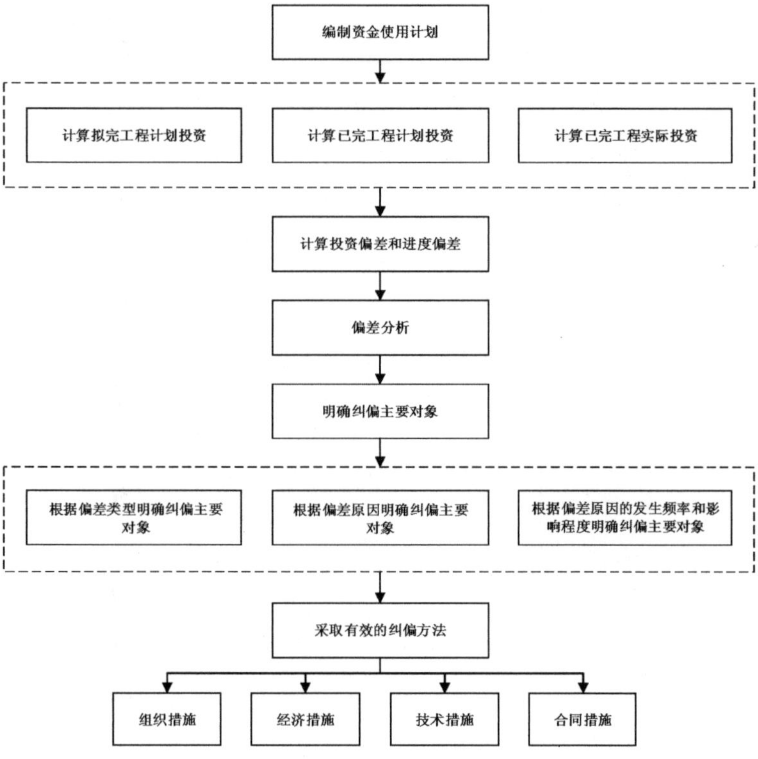

图5-1 投资控制流程

4. 参考表格

项目资金使用计划参考表格见表5-2，表5-3。

项目资金使用计划表参考格式

表 5-2

工程名称：　　　　　　　　　　　　　　　　编制日期：　　年　　月　　日

序号	合同名称	合同总价（元）	计划开工日期	计划完工日期	计划工期（天）	截至××年×月累计已支付金额	截至××年×月尚需支付金额	工程款支付金额计划			竣工验收完成支付金额（元）	质量保证（修）金（元）
								××年×月	……	××年×月		
一	施工合同											
1												
2												
……												
二	材料设备供应合同											
1												
2												
……												

注：说明主要时间节点，如开工日期、竣工日期、±0.000完成日期、结构封顶日期、外立面工程完成日期、装饰工程完成日期、外场工程完成日期等。

工程造价动态管理与控制表 表5-3

工程名称： 编制日期： 年 月 日

序号	项目	经批准的概算金额/投资控制目标金额（元）	合同编号	合同名称	承包单位	合同价（元）	预估合同价/待签发承包合同预估价（元）	已发生的工程变更/签证费用（元）	当前已知工程造价（元）	预计发生的工程变更/工程签证费用（元）	预计结算造价（元）	预计结算造价与经批准的概算金额/投资控制目标金额的差值（元）	可能存在的价款调整项目、主要偏差情况及产生较大或重大偏差的原因分析和必要的说明，意见和建议

建议与措施：

当前预计工程造价与经批准的概算金额（或投资控制目标值）差异分析，相关投资控制的建议与措施等。

5.相关知识

（1）资金使用计划的编制方法。

工程项目的投资总是随着项目的不断实施分阶段完成的，资金应用的合理性与资金时间安排有着重要关系。为尽可能减少资金占用和利息支出，并实时根据项目进展到不同阶段合理安排和筹措资金，有必要将总投资目标按时间进度分解。

编制按时间进度的资金使用计划通常可以采用S曲线、香蕉图、横道图和时标网络图表示。对应参数包括施工计划网络图中的时间参数（工序最早开始时间、工序最迟开始时间、工序最早完成时间、工序最迟完成时间、关键工序、关键路线、计划总工期等），对应时点的资金使用安排。本节结合某项目数据重点介绍S曲线的编制方法。

利用已确定的网络计划图便可计算各项活动的最早及最迟开工时间，获得项目进度计划的横道图。在横道图的基础上加入按时间进度分解的资金安排，即可绘制出“时间-累计投资曲线”——S曲线。其具体步骤如下：

1）按确定的工程项目进度计划，绘制进度计划的横道图。

2）根据对应时间内完成的实物工程量或投入的人力、物力和财力，计算单位时间的投资见表5-4。

单位时间（月）内的投资 **表5-4**

时间（月）	1	2	3	4	5	6	7	8	9	10	11	12
投资（万元）	100	200	350	450	600	800	750	700	600	500	350	200

3）计算规定时间t内计划累计完成的投资额。其计算方法为：各单位时间计划完成的投资额累加求和，即：

$$Q_t=\sum_{n=1}^{t}q_n$$

式中：Q_t——某时间t计划累计完成的投资额；

q_n——单位时间n计划完成的投资额；

t——某规定计划时刻；

4）计算各规定计划时刻的Q_t值，并绘制“时间-投资累计曲线”——S曲线，如图5-2所示。

在S曲线的基础上绘制香蕉图，如图5-3所示。其中a是所有活动按最迟开

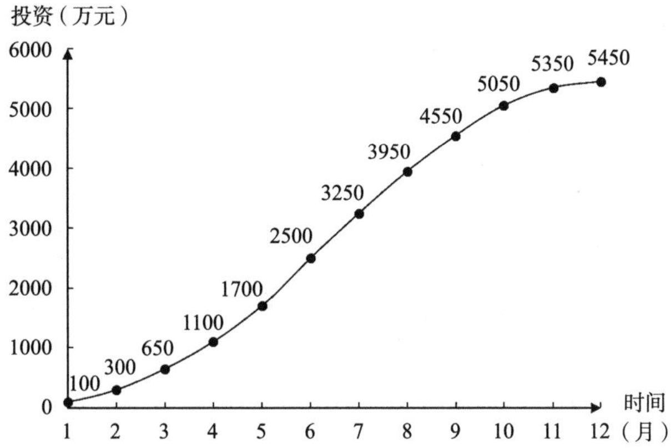

图5-2　S曲线

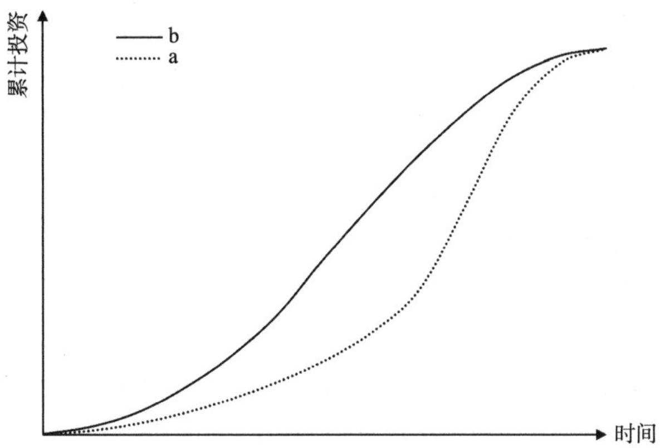

图5-3　绘制香蕉图

始时间开始的时间-累计投资曲线，b是所有活动按最早开始时间开始的时间-累计投资曲线。绘制出香蕉图后，可以根据筹措的资金来调整S形曲线，即通过调整非关键线路上的工序项目最早或最迟开始时间，使实际的投资支出尽可能控制在预算范围内。一般情况下，所有活动按最迟时间开始计算，有利于节约建设项目投资贷款利息，但同时也降低了项目按期竣工的保证率，因此必须合理地确定投资支出预算，达到既能够节约投资支出又不影响项目工期的目的。

需要注意的是，除了按时间进度分解的资金使用计划，在实践应用中，往往还会综合运用按投资构成分解的资金使用计划和按子项目分解的资金使用计划两种方法，从而达到更好的效果。

（2）资金使用计划的动态调整。

在投资目标确定及资金使用计划编制好之后，监理工程师应实时跟踪并定期进行目标计划与实际完成情况的对比分析，当产生偏离时，应及时分析产生偏差的原因并采取有效的纠偏措施，尽可能确保项目投资在可控范围内。

1）投资偏差分析。

投资偏差分析的方法有很多，本节重点介绍赢得值法。赢得值法是一种能全面衡量工程进度、成本状况的整体方法，其基本要素是用货币量代替工程量测量工程的进度。它不以投入资金的多少来反映工程的进展，而是以资金已经转化为工程成果的量来衡量，是一种完整和有效的工程项目投资控制指标和方法。赢得值法主要涉及的三个参数：已完工程计划投资（BCWP）、拟完工程计划投资（BCWS）、已完工程实际投资（ACWP）。

① 已完工程计划投资（Budgeted Cost for Work Performed，BCWP）是指在某一时间已经完成的工作所对应的投资总额。

已完工程计划投资=已完工程量 × 预算单价

② 拟完工程计划投资（Budgeted Cost for Work Scheduled，BCWS）是指根据进度计划，在某一时刻按计划应当完成的工作所需要的投资总额。

拟完工程计划投资=计划完成工程量 × 预算单价

③ 已完工程实际投资（Actual Cost for Work Performed，ACWP）是指到某一时刻为止，已完成的工作实际花费的投资总额。

已完工程实际投资=已完工程量 × 实际单价

赢得值法的四个评价指标包括投资偏差（Cost Variance，CV）、进度偏差（Schedule Variance，SV）、投资绩效指数（CPI）、进度绩效指数（SPI）。

④投资偏差。

投资偏差=已完工程计划投资－已完工程实际投资

（CV = BCWP-ACWP）

当投资偏差为负值时，表示项目运行超出计划投资；反之，则表示项目实际投资未超出计划投资。

⑤进度偏差。

进度偏差=已完工程计划投资－拟完工程计划投资

（SV = BCWP-BCWS）

当进度偏差为负值时，表示进度延误，即实际进度落后于计划进度；当进度偏差为正值时，表示进度提前，即实际进度快于计划进度。

⑥投资绩效指数 CPI。

投资绩效指数=已完工程计划投资/已完工程实际投资

（CPI = BCWP/ACWP）

当投资绩效指数<1时，表示超支，即实际投资高于计划投资；当投资绩效

指数>1时，表示节支，即实际投资低于计划投资。

⑦进度绩效指数 SPI。

进度绩效指数=已完工程计划投资/拟完工程计划投资

（SPI = BCWP/BCWS）

当进度绩效指数<1时，表示进度延误，即实际进度比计划进度落后；当进度绩效指数>1时，表示进度提前，即实际进度比计划进度快。

2）投资偏差分析的工具。

投资偏差分析过程中，为了形象直观地表达投资偏差分析，我们可以借助相应的图表加以反映，常用的表达形式有：横道图法、表格法及“S”曲线。

①横道图法。

横道图法是用不同的横道标志已完工程计划投资、拟完工程计划投资和已完工程实际投资，其长度与投资额度成正比。横道图的优点是简单直观，便于了解项目投资情况的概貌。但缺点也很明显，这种方法的信息量较少，在应用上有一定的局限性。

②表格法。

表格法是投资偏差分析最常用的一种表达方式。可以根据项目的具体情况、投资控制工作的要求等来自行设计表格；表格法信息量大，可以反映多种偏差变量和指标，可全面深入地掌握项目投资的实际情况，见表5-5。

投资偏差分析表 **表5-5**

	序号	011土方工程	012桩基工程	013基础工程	……
计划单价	（1）				
拟完工程量	（2）				
拟完工程计划投资	（3）=（1）×（2）				
已完工程量	（4）				
已完工程计划投资	（5）=（4）×（1）				
实际单价	（6）				
其他款项	（7）				
已完工程实际投资	（8）=（4）×（6）+（7）				
投资偏差	（9）=（8）-（5）				
进度偏差	（10）=（5）-（3）				
投资绩效指数	（11）=（5）/（8）				
进度绩效指数	（12）=（5）/（3）				

③曲线法。

曲线法是在同一坐标系中画出三条S曲线，分别对应已完工程计划投资、拟完工程计划投资、已完工程实际投资，如图5-4。该方法表示投资偏差分析具有形象直观的优点，但无法定量分析，这一点可以通过和表格法结合使用来弥补。

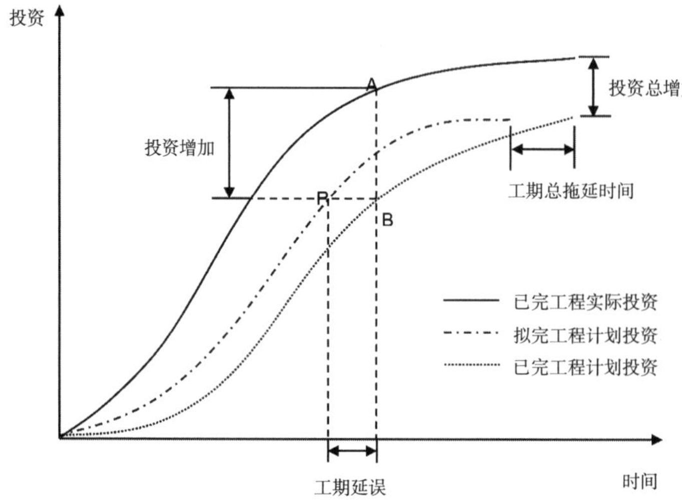

图5-4　偏差分析S曲线

（3）投资偏差的原因分析及纠偏。

投资偏差分析的一个重要目的就是要找出引起偏差的原因，从而采取有效的措施，减少或避免相同原因导致的偏差再次发生。从管理学角度上就是一个制定计划、实施工作、检查进度与效果、纠正与处理偏差的滚动的PDCA的循环过程。不同的建设项目在实施过程中会产生不同的投资偏差原因，但具有一定的共性。因此，可以根据以往项目经验对可能造成投资偏差的原因进行归纳、总结，以供新建项目进行投资偏差原因分析及采取纠偏措施提供依据。

对投资偏差原因进行分析后就需要采取强有力的纠偏措施加以纠正，尤其注意主动控制和动态控制相结合，尽可能实现投资控制目标。纠偏措施一般包括组织措施、经济措施、技术措施、合同措施四个方面。

1）组织措施。从投资控制的组织管理方面采取措施。组织措施是其他措施的前提和保障，且一般无需增加很多费用，运用得当时可收到事半功倍的效果。

2）经济措施。采取经济措施应纵观整个项目考虑问题，例如检查投资目标分解是否合理、资金使用计划有无保障、工程变更有无必要等。另外采用经济措施进行纠偏并对未完工程进行合理预测可以发现项目潜在的问题，可及时采取预防措施，以在投资控制中掌握主动。

3）技术措施。通常不同的技术措施会有不同的经济效果，在采用技术措施进行纠偏时，要做好对不同方案的技术经济比较。

4）合同措施。合同措施一般指索赔管理。在项目实施过程中常有索赔事件的发生，监理工程师应及时收集整理相关索赔事件的原始资料，认真审查索赔报审表，及时与建设单位及施工单位沟通协商；加强日常合同管理。

通常，要压缩已经超支的费用而不损害其他目标是十分困难的。一般只有当给出的措施比原计划已选定的措施更为有利，或使工程范围减小，或生产效率提高，成本才能降低。如：①寻找新的、更好更省的、效率更高的设计方案；②购买部分产品，而不是采用完全由自己生产的产品；③重新选择供应商，但会产生供应风险，选择需要时间；④改变实施过程；⑤变更工程范围；⑥索赔等。

（三）投资偏差原因分析及调整方法

发承包双方应当在施工合同中约定合同价款，实行招标工程的合同价款由合同双方依据中标通知书的中标价款在合同协议中约定，不实行招标工程的合同价款由合同双方依据双方确定的施工图预算的总造价在合同协议书中约定。在工程施工阶段，由于项目实施过程中会遇到各种各样实际情况的变化，发承包双方在施工合同中约定的合同价款可能会出现变动。为合理分配双方的合同价款变动风险，有效地控制工程造价，发承包双方应当在施工合同中明确约定合同价款的调整事件、调整方法及调整程序。

通常发承包双方按照合同约定调整合同价款的若干事项，总体可以分为五大类，见表5-6。

合同价款影响因素表　　表5-6

序号	变化事项	主要内容
1	法规变化类	主要包括法律法规变化等
2	工程变更类	主要包括工程变更、项目特征不符、工程量清单缺项、工程量偏差、计日工等
3	物价变化类	主要包括物价波动等
4	工程索赔类	主要包括不可抗力、提前竣工（赶工补偿）、误期赔偿、索赔事件等
5	其他类	主要包括现场签证、暂列金额、暂估价以及发承包双方约定的其他调整事项，其中现场签证根据签证具体内容，可以归为工程变更类、索赔类等，有的也可能不涉及合同价款调整

1. 法规变化类

因国家法律、法规、规章和政策发生变化影响合同价款的风险，发承包双方应在合同中明确约定由建设单位承担。

为合理划分发承包双方的合同风险，施工合同中应当明确一个基准日，招标工程以投标截止日前28天，非招标工程以合同签订前28天为基准日，基准日之后国家的法律、法规、规章和政策发生变化引起工程造价增减变化的，发承包双方应当按照省级或行业建设主管部门或其授权的造价机构据此发布的规定调整合同价款。

如果由于施工单位的原因导致工期延误，在工程延误期间国家的法律、行政法规和相关政策发生变化引起工程造价变化的，造成合同价款增加的，合同价款不予调整；造成合同价款减少的，合同价款予以调整。

通常法规类变化引起的合同价款调整主要内容包括：规费费率、税率、人工费和措施费中的安全文明措施费等。

2. 工程变更类

工程变更是指合同工程实施过程中由建设单位提出或由施工单位提出经建设单位批准的合同工程任何一项工作的增、减、取消或施工工艺、顺序、时间的改变；设计图纸的修改；施工条件的改变；招标工程量清单的错、漏从而引起合同条件的改变或工程量的增减变化。

(1) 工程变更。

工程变更的管理。

1) 施工单位提出的工程变更。

①总监理工程师组织专业监理工程师审查施工单位提出的工程变更申请，提出审查意见。对涉及工程设计文件修改的工程变更，应由建设单位转交原设计单位修改工程设计文件。必要时，项目监理机构应建议建设单位组织设计、施工单位召开论证工程设计文件的修改方案的专题会议。

②总监理工程师组织专业监理工程师对工程变更费用及工期影响作出评估。

③总监理工程师组织建设单位、项目管理机构、施工单位等协商确定工程变更费用及工期变化，会签工程变更单。

④项目监理机构根据批准的工程变更文件监督施工单位实施工程变更。

2) 建设单位提出的工程变更。

建设单位由于局部调整使用功能或方案阶段考虑不周而提出工程变更。项目监理机构应对建设单位要求的工程变更可能造成的设计修改、工程暂停、返工损失、增加工程造价等进行全面评估，为建设单位正确决策提供依据，避免反复和浪费。

当建设单位提出的工程变更因非施工单位原因删减了合同中的某项原定工作或工程，致使施工单位发生的费用或（和）得到的收益不能被包括在其他已支付或应支付的项目中，也未被包含在任何替代的工作或工程中时，施工单位有权提出并应得到合理的费用及利润补偿。

（2）工程变更价款的确定方法。

1）分部分项工程费的调整。

①已标价工程量清单中有适用于变更工程项目的，应采用该项目的单价；但当工程变更导致该清单项目的工程数量发生变化，且工程数量偏差超过15%时，可进行调整。当工程量增加15%以上时，增加部分的工程量的综合单价应予以调低；当工程量减少15%以上时，减少后剩余部分的工程量的综合单价应予以调高。

②已标价工程量清单中没有适用但有类似于变更工程项目的，可在合理范围内参照类似项目的单价。

③已标价工程量清单中没有适用也没有类似于变更工程项目的，应由施工单位根据变更工程资料、计量规则和计量办法、工程造价管理机构发布的信息价格和施工单位报价浮动率提出变更工程项目的单价，并应报建设单位确认后调整。施工单位报价浮动率可按以下公式计算：

招标工程：

施工单位报价浮动率L=（1－中标价/招标控制价）×100%

非招标工程：

施工单位报价浮动率L=（1－报价/施工图预算）×100%

④已标价工程量清单中没有适用也没有类似于变更工程项目，且工程造价管理机构发布的信息价格缺价的，应由施工单位根据变更工程资料、计量规则、计量办法和通过市场调查等取得有合法依据的市场价格提出变更工程项目的单价，并应报建设单位确认后调整。

2）措施项目费的调整。

工程变更引起施工方案改变并使措施项目发生变化时，施工单位提出调整措施项目费的，应事先将拟实施的方案提交建设单位确认，并应详细说明与原方案措施项目相比的变化情况。拟实施的方案经发承包双方确认后执行，并应按照下列规定调整措施项目费：

①安全文明施工费应按照实际发生变化的措施项目按国家或省、行业建设主管部门的规定计算。

②采用单价计算的措施项目费，应按照实际发生变化的措施项目，按已标价工程量清单项目或其工程数量发生变化的调整的方法计算。

③按总价（或系数）计算的措施项目费，按照实际发生变化的措施项目调整，但应考虑施工单位报价浮动因素，即调整金额按照实际调整金额乘以施工单位报价浮动率计算。

如果施工单位未事先将拟实施的方案提交给建设单位确认，则应视为工程变更不引起措施项目费的调整或施工单位放弃调整措施项目费的权利。

（3）项目特征不符。

《建设工程工程量清单计价规范》GB 50500—2013中2.0.7条对项目特征描述进行了定义："项目特征是构成分部分项工程量清单项目、措施项目自身价值的本质特征"。以及相关条款"建设单位在招标工程量清单中对项目特征的描述，应被认为是准确和全面的，并且与实际施工要求相符合。施工单位应按照建设单位提供的招标工程量清单，根据其项目特征描述的内容及有关要求实施合同工程，直到项目被改变为止"。"施工单位应按照建设单位提供的设计图纸实施工程合同，若在合同履行期间出现设计图纸（含设计变更）与招标工程量清单任一项目的特征描述不符，且该变化引起该项目的工程造价增减变化的，应按照实际施工的项目特征，含规范中工程变更相关条款的规定重新确定相应工程量清单项目的综合单价，并调整合同价款"。

以上条款主要说明了两点，一是项目特征描述的准确性、完整性会直接影响投标人报价，因此建设单位招标清单的项目特征描述应尽可能全面、准确，且其准确性、完整性由招标人负责；二是当项目实际施工过程中，图纸与清单项目特征描述不符时应以实际施工为准，如若产生价款变化，应根据合同及相应规范进行合同价款的调整。

（4）工程量清单缺项。

工程量清单缺项指在招标投标阶段工程量清单编制过程中，由于编制人员的疏漏，造成的工程量清单中缺少一项或多项分部分项工程量清单或措施项目清单的情况；或是在项目实施过程中产生设计变更及施工条件的改变导致出现了原合同清单内没有的清单项。施行的行业内规范、施工合同示范文本及标准施工招标文件等，都将工程量清单缺项作为引起工程项目合同价款调整的因素之一。

《建设工程工程量清单计价规范》GB 50500—2013中针对工程量清单缺项引起的合同价款调整有以下几点约定：合同履行期间，由于招标工程量清单中缺项，新增分部分项工程量清单项目的，应按照规范的规定确定单价，并调整合同价款；新增分部分项工程量清单项目后，引起措施项目发生变化的，应按照规范规定，在施工单位提交的实施方案被建设单位批准后调整合同价款；由于招标工程量清单中措施项目缺项，施工单位应将新增措施项目实施方案提交建设单位批准后，按照规范规定调整合同价款。例如有一些关于措施项目的清单编制问题，由于清单编制人员对常规施工方案不熟悉或经验不足，造成清单中措施项目的缺漏项，也常常会引起后期合同价款调整，尤其是体量大的项目，涉及金额较大。

（5）工程量偏差。

工程量偏差是指施工单位根据建设单位提供的图纸（包括由施工单位提供经建设单位批准的图纸）进行施工，按照现行国家工程量计算规范规定的工程量计算规则，计算得到的完成合同工程项目应予以计量的工程量与相应的招标工程量清单项目列出的工程量之间的数量差异。

3.物价变化类

合同履行期间，出现工程造价管理机构发布的人工、材料、工程设备和施工机械台班单价价格与合同工程基准日期相应单价或价格比较出现涨落，且符合以下两点规定的，发承包双方应调整合同价款：（1）人工单价发生涨落的，应按照合同工程发生的人工数量和合同履行期与基准日期人工单价对比的价差的乘积计算或按照人工费调整系数计算调整的人工费。（2）施工单位采购材料和工程设备的，应在合同中约定可调材料、工程设备价格变化的范围或幅度，如没有约定，则按照材料、工程设备单价变化超过5%，施工机械台班单价变化超过10%，则超过部分的价格应予调整。该情况下，应按照价格系数调整法或价格差额调整法计算调整的材料设备费和施工机械费。发生合同工程工期延误的，应按照下列规定确定合同履行期用于调整的价格或单价：

因建设单位原因导致工期延误的，则计划进度日期后续工程的价格或单价，采用计划进度日期与实际进度日期两者的较高者；

因施工单位原因导致工期延误的，则计划进度日期后续工程的价格或单价，采用计划进度日期与实际进度日期两者的较低者。

除合同条款另有约定外，市场价格波动超过合同当事人约定的范围，合同价格应当调整。合同当事人可以在专用合同条款中约定选择以下方式对合同价格进行调整：

（1）第1种方式：采用价格指数进行价格调整。

1）价格调整公式。

因人工、材料和设备等价格波动影响合同价格时，根据专用合同条款中约定的数据，按以下公式计算差额并调整合同价格：

$$\Delta P = P_0\left[A+\left(B_1+\frac{F_{t1}}{F_{01}}+B_2\times\frac{F_{t2}}{F_{02}}+B_3\times\frac{F_{t3}}{F_{03}}+\cdots+B_n\times\frac{F_{tn}}{F_{0n}}\right)-1\right]$$

公式中：

ΔP——需调整的价格差额；

P_0——约定的付款证书中施工单位应得到的已完成工程量的金额。此项金额应不包括价格调整、不计质量保证金的扣留和支付、预付款的支付和扣回。约定的变更及其他金额已按现行价格计价的，也不计在内；

A——定值权重（即不调部分的权重）；

B_1，B_2 …… B_n——各可调因子的变值权重（即可调部分的权重），为各可调因子在签约合同价中所占的比例；

F_{t1}，F_{t2} …… F_{tn}——各可调因子的现行价格指数，指约定的付款证书相关周期最后一天的前42天的各可调因子的价格指数；

F_{01}，F_{02} ……F_{0n}——各可调因子的基本价格指数，指基准日期的各可调因子的价格指数。

以上价格调整公式中的各可调因子、定值和变值权重，以及基本价格指数及其来源在投标函附录价格指数和权重表中约定，非招标订立的合同，由合同当事人在专用合同条款中约定。价格指数应首先采用工程造价管理机构发布的价格指数，无前述价格指数时，可采用工程造价管理机构发布的价格代替。

2）暂时确定调整差额。

在计算调整差额时无现行价格指数的，合同当事人同意暂用前次价格指数计算。实际价格指数有调整的，合同当事人进行相应调整。

3）权重的调整。

因变更导致合同约定的权重不合理时，按照“商定或确定”相关条款执行。

4）因施工单位原因工期延误后的价格调整。

因施工单位原因未按期竣工的，对合同约定的竣工日期后继续施工的工程，在使用价格调整公式时，应采用计划竣工日期与实际竣工日期的两个价格指数中较低的一个作为现行价格指数。

（2）第2种方式：采用造价信息进行价格调整。

合同履行期间，因人工、材料、工程设备和机械台班价格波动影响合同价格时，人工、机械使用费按照国家或省、自治区、直辖市建设行政管理部门、行业建设管理部门或其授权的工程造价管理机构发布的人工、机械使用费系数进行调整；需要进行价格调整的材料，其单价和采购数量应由建设单位审批，建设单位确认需调整的材料单价及数量，作为调整合同价格的依据。

1）人工单价发生变化且符合省级或行业建设主管部门发布的人工费调整规定，合同当事人应按省级或行业建设主管部门或其授权的工程造价管理机构发布的人工费等文件调整合同价格，但施工单位对人工费或人工单价的报价高于发布价格的除外。

2）材料、工程设备价格变化的价款调整按照建设单位提供的基准价格，按以下风险范围规定执行：

①施工单位在已标价工程量清单或预算书中载明材料单价低于基准价格的：除专用合同条款另有约定外，合同履行期间材料单价涨幅以基准价格为基础超过5%时，或材料单价跌幅以在已标价工程量清单或预算书中载明材料单价为基础超过5%时，其超过部分据实调整。

②施工单位在已标价工程量清单或预算书中载明材料单价高于基准价格的：除专用合同条款另有约定外，合同履行期间材料单价跌幅以基准价格为基础超过5%时，材料单价涨幅以在已标价工程量清单或预算书中载明材料单价为基础超过5%时，其超过部分据实调整。

③施工单位在已标价工程量清单或预算书中载明材料单价等于基准价格的：除专用合同条款另有约定外，合同履行期间材料单价涨跌幅以基准价格为基础超过±5%时，其超过部分据实调整。

④施工单位应在采购材料前将采购数量和新的材料单价报建设单位核对，建设单位确认用于工程时，建设单位应确认采购材料的数量和单价。建设单位在收到施工单位报送的确认资料后5天内不予答复的视为认可，作为调整合同价格的依据。未经建设单位事先核对，施工单位自行采购材料的，建设单位有权不予调整合同价格。建设单位同意的，可以调整合同价格。

前述基准价格是指由建设单位在招标文件或专用合同条款中给定的材料、工程设备的价格，该价格原则上应当按照省级或行业建设主管部门或其授权的工程造价管理机构发布的信息价编制。

3）施工机械台班单价或施工机械使用费发生变化超过省级或行业建设主管部门或其授权的工程造价管理机构规定的范围时，按规定调整合同价格。

（3）第3种方式：专用合同条款约定的其他方式。

由于一般建设工程项目周期都较长，经常会在项目建设期遇到人工、材料及施工机械市场价格波动引起合同价款调整的情况。除以上调整方法外，还要结合合同具体约定执行。如若材料和工程设备由建设单位提供，则以上调整均不适用。由建设单位按照实际变化调整并列入合同工程的工程造价内。

4. 工程索赔类

（1）不可抗力。

不可抗力是指合同当事人在签订合同时不可预见，在合同履行过程中不可避免且不能克服的自然灾害和社会性突发事件，如地震、海啸、瘟疫、骚乱、戒严、暴动、战争和专用合同条款中约定的其他情形。不可抗力发生后，建设单位和施工单位应收集证明不可抗力发生及不可抗力造成损失的证据，并及时认真统计所造成的损失。合同当事人对是否属于不可抗力或其损失的意见不一致的，由监理人按合同商定或确定的约定处理。发生争议时，按合同约定的争议解决地约定处理。

《建设工程工程量清单计价规范》GB 50500—2013及《标准施工合同范本》等文件均提到，不可抗力导致的人员伤亡、财产损失、费用增加和（或）工期延误等后果，由合同当事人按以下原则承担：

- 永久工程、已运至施工现场的材料和工程设备的损坏，以及因工程损坏造成的第三人人员伤亡和财产损失由建设单位承担。
- 施工单位施工设备的损坏由施工单位承担。
- 建设单位和施工单位承担各自人员伤亡和财产的损失。
- 因不可抗力影响施工单位履行合同约定的义务，已经引起或将引起工期延误的，应当顺延工期，由此导致施工单位停工的费用损失由建设单位和施工单位合理分担，停工期间必须支付的工人工资由建设单位承担。
- 因不可抗力引起或将引起工期延误，建设单位要求赶工的，由此增加的赶工费用由建设单位承担。
- 施工单位在停工期间按照建设单位要求照管、清理和修复工程的费用由建设单位承担。

不可抗力发生后，合同当事人均应采取措施尽量避免和减少损失的扩大，任何一方当事人没有采取有效措施导致损失扩大的，应对扩大的损失承担责任。

因合同一方迟延履行合同义务，在迟延履行期间遭遇不可抗力的，不免除其违约责任。

以上对不可抗力的风险分担总结起来就是工程项目的损失由建设单位承担；各自的损失各自承担；如因不可抗力导致合同无法履行而解除合同时，由双方当事人按照合同条款商定或确定建设单位应支付的款项，该款项包括：

● 合同解除前施工单位已完成工作的价款。

● 施工单位为工程订购的并已交付给施工单位，或施工单位有责任接受交付的材料、工程设备和其他物品的价款。

● 建设单位要求施工单位退货或解除订货合同而产生的费用，或因不能退货或解除合同而产生的损失。

● 施工单位撤离施工现场以及遣散施工单位人员的费用。

● 按照合同约定在合同解除前应支付给施工单位的其他款项。

● 扣减施工单位按照合同约定应向建设单位支付的款项。

● 双方商定或确定的其他款项。

（2）提前竣工（赶工补偿）。

提前竣工（赶工补偿）费用是指施工单位应建设单位的要求，采取加快工程进度的措施，使合同工程工期缩短产生的，应由建设单位支付的费用。

《建设工程工程量清单计价规范》GB 50500—2013中有相关规定：招标人应当依据相关工程的工期定额合理计算工期，压缩的工期天数不得超过定额工期的20%，超过者，应在招标文件中明示增加赶工费用。

建设单位要求合同工程提前竣工，应征得施工单位同意后与施工单位商定采取加快工程进度的措施，并修订合同工程进度计划。合同提前竣工，建设单位应承担施工单位由此增加的费用，并按照合同约定向施工单位支付提前竣工（赶工补偿）费。

发承包双方应在合同中约定提前竣工每日历天应补偿额度。此项费用列入竣工结算文件中，与结算款一并支付。

（3）误期赔偿。

施工单位未按照合同工程的计划进度施工，导致实际工期大于合同工期与建设单位批准的延长工期之和，施工单位应向建设单位赔偿损失发生的费用。

施工单位未按照合同约定施工，导致实际进度迟于计划进度的，施工单位应加快进度，实现合同工期。合同工程发生误期，施工单位应赔偿建设单位由此造成的损失，并应按照合同约定向建设单位支付误期赔偿费。即使施工单位支付误期赔偿费，也不能免除施工单位按照合同约定应承担的任何责任和应履行的任何义务。

发承包双方应在合同中约定误期赔偿费，明确每日历天应赔额度。误期赔偿费列入竣工结算文件中，在结算款中扣除。

如果在工程竣工之前，合同工程内的某单位工程已通过了竣工验收，且该单位工程接收证书中表明的竣工日期并未延误，而是合同工程的其他部分产生了工期延误，则误期赔偿费应按照已颁发工程接收证书的单位工程造价占合同价款的比例幅度予以扣减。

综上可见，误期赔偿可以总结为属于建设单位索赔范围，是建设单位就实际损失对施工单位提出的反索赔。

5.其他类

（1）暂列金额。

招标人在工程量清单中暂定并包括在合同价款中的一笔款项。用于施工合同签订时尚未确定或者不可预见的所需材料、设备、服务的采购，施工中可能发生的工程变更、合同约定调整因素出现时的工程价款调整以及发生的索赔、现场签证确认等的费用。

暂列金额应根据工程特点，按有关计价规定估算。已签约合同价中的暂列金额由建设单位掌握使用。在用于前文介绍的各项合同价款调整支付后如有余额归建设单位所有。

暂列金额简单来说相当于是建设单位的“备用金”，由建设单位在招标时填入招标文件中的金额。项目实施过程中全部或部分地使用，或者根本不需使用。

（2）暂估价。

招标人在工程量清单中提供的用于支付必然发生但暂时不能确定价格的材料、工程设备的单价以及专业工程的金额。

建设单位在招标工程量清单中给定暂估价的材料、工程设备属于依法必须招标的，由发承包双方以招标的方式选择供应商。中标价格与招标工程量清单中所列的暂估价的差额以及相应的规费、税金等费用，应列入合同价格。

建设单位在招标工程量清单中给定暂估价的材料和工程设备不属于依法必须招标的，由施工单位按照合同约定采购。经建设单位确认的材料和工程设备价格与招标工程量清单中所列的暂估价的差额以及相应的规费、税金等费用，应列入合同价格。

建设单位在工程量清单中给定暂估价的专业工程不属于依法必须招标的，应按照相应条款的规定确定专业工程价款。经确认的专业工程价款与招标工程量清单中所列的暂估价的差额以及相应的规费、税金等费用，应列入合同价格。

建设单位在招标工程量清单中给定暂估价的专业工程，依法必须招标的，应当由发承包双方依法组织招标选择专业分包人，并接受有管辖权的建设工程招标投标管理机构的监督。除合同另有约定外还应符合以下几点：

1）施工单位不参与投标的专业工程分包招标，应由施工单位作为招标人，但招标文件评标工作、评标结果应报送建设单位批准。与组织招标工作有关的费用应当被认为已经包括在施工单位的签约合同价（投标总报价）中。

2）施工单位参加投标的专业工程分包招标，应由建设单位作为招标人，与组织招标工作有关的费用由建设单位承担。同等条件下，应优先选择施工单位中标。

3）专业工程分包中标价格与招标工程量清单中所列的暂估价的差额以及相应的规费、税金等费用，应列入合同价格。

（3）现场签证。

现场签证是指建设单位现场代表（或其授权的监理人、工程造价咨询人）与施工单位现场代表就施工过程中涉及的责任事项所作的签认证明，由于施工生产的特殊性，在施工过程中往往会出现一些与合同工程或合同约定不一致或未约定的事项，这时需要承发包双方用书面形式记录下来。

1）现场签证的情形和范围。

①现场签证的情形。

A.建设单位的口头指令，需要施工单位将其提出，由建设单位转换成书面签证。

B.建设单位的书面通知如涉及工程实施，需施工单位就完成此通知需要的人工、材料、机械设备等内容向建设单位提出，取得建设单位的签证确认。

C.合同工程招标工程量清单中已有，但施工中发现与其不符，比如土方类别，出现流沙等，需要施工单位及时向建设单位提出签证确认，以便调整合同价款。

D.由于建设单位原因未按合同约定提供场地、材料、设备或停水、停电等造成施工单位停工，需施工单位及时向建设单位提出签证确认，以便计算索赔费用。

E.合同中约定的材料、设备等价格由于市场发生变化，需施工单位向建设单位提出采购数量及其单价，以便建设单位核对后取得建设单位的签证确认。

F.其他由于施工条件、合同条件变化需要现场签证的事项等。

②现场签证的范围。

A.适用于施工合同范围以外零星工程的确认。

B.在工程施工过程中发生变更后需要现场确认的工程量。

C.非施工单位原因导致的人工、施工机具窝工及有关损失。

D.符合施工合同规定的非施工单位原因引起的工程量或费用增减。

E.确认修改施工方案引起的工程量或费用增加。

F.工程变更导致的工程施工措施费增减等。

2）现场签证的程序。

①施工单位应建设单位要求完成合同以外的零星项目、非施工单位责任事件等工作的，建设单位应及时以书面形式向施工单位发出指令，并应提供所需的相关资料；施工单位在收到指令后，应及时向建设单位提出现场签证要求。

②施工单位应在收到建设单位指令后的7天内向建设单位提交现场签证报告，建设单位应在收到现场签证报告后的48小时内对报告内容进行核实，予以确认或提出修改意见。建设单位在收到施工单位现场签证报告后48小时内未确认也未提出修改意见的，应视为施工单位提交的现场签证报告已被建设单位认可。

④现场签证的工作如已有相应的计日工单价，现场签证中应列明完成该类项目所需的人工、材料、工程设备和施工机械台班的数量。

如现场签证的工作没有相应的计日工单价，应在现场签证报告中列明完成该签证工作需要的人工、材料设备和施工机械台班的数量及单价。

④合同工程发生现场签证事项，未经建设单位签证确认，施工单位便擅自施工的，除非征得建设单位书面同意，否则发生的费用应由施工单位承担。

⑤现场签证工作完成后的7天内，施工单位应按照现场签证内容计算价款，报送建设单位确认后，作为增加合同价款，与进度款同期支付。

⑥在施工过程中，当发现合同工程内容因场地条件、地质水文、建设单位要求等不一致时，施工单位应提供所需的相关资料，并提交建设单位签证认可，作为合同价款调整的依据。

3）现场签证费用的计算。

①现场签证的工作已有相应的计日工单价。

现场签证的工作如果已有相应的计日工单价，现场签证报告中仅列明完成该签证工作所需的人工、材料、工程设备和施工机械台班的数量。

②现场签证的工作没有相应的计日工单价。

如果现场签证的工作没有相应的计日工单价，应当在现场签证报告中列明完成该签证工作所需的人工、材料、工程设备和施工机械台班的数量及其单价。

以上五大类工程价款调整均会造成施工阶段项目实际资金和项目成本的变化，项目管理机构要注重事前的主动控制，以过程中的投资控制为主，事后的审核为辅；主动动态控制，定期对资金使用情况进行分析，加强工程变更的控制，严格签证程序。以建设项目批准的投资总概算（估算）为框架和底线，以建设资金运用为管理主线，对建设项目实施全方位、全过程的投资控制，确保建设资金使用的合法化、合理化、科学化以及基本建设程序落实的全面化、深入化，并在不降低建设项目使用功能、质量和标准的基础上，尽可能降低建设项目造价。

（四）工程款支付申请审核

1.目的

及时准确掌握工程实际进度，严格控制工程进度款的支付，加强施工过程中的工程投资控制，提高资金使用效率。

2.任务

（1）完成工程进度款资料留存和数据统计工作。

（2）审核工程进度款报审表的完整性，包括申请资料及附件（如基槽验收记录、隐蔽验收记录、现场签证单及相关附图、影像资料等）是否完整、签字盖章程序是否齐全且清楚。

（3）按合同规定的计量计价方式，依据现场计量原始数据，审核所报工程量与形象进度是否一致，计算是否正确，所报工程质量是否符合相关要求，验收是否合格等。

（4）及时了解、掌握工程合同执行情况、预付款支付和扣回情况、工程进度款的支付情况等。

3.流程

工程款支付申请流程如图5-5所示。

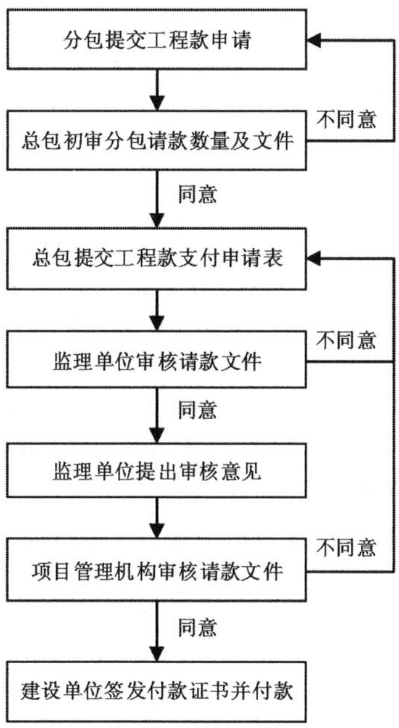

图5-5　工程款支付申请流程图

4.参考表格

工程款支付参考表格见表5-7、表5-8。

工程预付款支付申请（核准）表 **表5-7**

工程名称： 编号：

<table>
<tr><td colspan="4">致：（建设单位全称）
我方根据施工合同的约定，现申请支付工程预付款为 ______________（大写）元，______（小写）元，请予核准。</td></tr>
<tr><td>序号</td><td>名称</td><td>金额（元）</td><td>备注</td></tr>
<tr><td>1</td><td>已签约合同款金额</td><td></td><td></td></tr>
<tr><td>2</td><td>其中：安全防护、文明施工费金额</td><td></td><td></td></tr>
<tr><td>3</td><td>……</td><td></td><td></td></tr>
<tr><td>4</td><td>应支付的工程预付款金额</td><td></td><td></td></tr>
<tr><td></td><td>应支付的安全防护、文明施工费金额</td><td></td><td></td></tr>
<tr><td></td><td>……</td><td></td><td></td></tr>
<tr><td></td><td>合计应支付的工程预付款金额</td><td></td><td></td></tr>
<tr><td colspan="4">施工单位（章）：
造价专业人员：
施工单位代表：
日期：</td></tr>
<tr><td colspan="2">复核意见
◊ 与合同约定不相符，修改意见见附件
◊ 与合同约定相符，具体金额由造价工程师复核
项目监理机构（盖章）
监理工程师
日期</td><td colspan="2">复核意见
你方提出的支付申请经复核，应支付的工程预付款金额为__________（大写）元，_____（小写）元。
造价咨询单位（盖章）
造价工程师
日期</td></tr>
<tr><td colspan="2">审核意见
◊ 不同意
◊ 同意，支付时间为本表签发后的 × × × 天内。
项目管理结构（章）
项目经理（签字）
日期</td><td colspan="2">审核意见
◊ 不同意
◊ 同意，支付时间为本表签发后的 × × × 天内。
建设单位（章）
建设单位代表
日期</td></tr>
</table>

注：1 在选择栏中的“◊”内作标识“√”。

2 本表一式5份，由施工单位填报；建设单位、项目管理机构、监理人、造价咨询人、施工单位各存一份。

工程进度款支付申请（核准）表 **表5-8**

工程名称： 编号：

<table>
<tr><td colspan="4">致：______________（建设单位全称）
我方于________至________期间完成了工作。
根据合同的约定，现申请支付本期的工程价款为______________（大写）元，________（小写）元，请予核准。</td></tr>
<tr><td>序号</td><td>名称</td><td>金额（元）</td><td>备注</td></tr>
<tr><td>1</td><td>累计已完成的工程价款金额</td><td></td><td></td></tr>
<tr><td>2</td><td>累计已实际支付的工程价款金额</td><td></td><td></td></tr>
<tr><td>3</td><td>本期已完成的工程价款金额</td><td></td><td></td></tr>
<tr><td>4</td><td>本期完成的计日工金额</td><td></td><td></td></tr>
<tr><td>5</td><td>本期应增加和扣减的变更金额</td><td></td><td></td></tr>
<tr><td>6</td><td>本期应增加和扣减的索赔金额</td><td></td><td></td></tr>
<tr><td>7</td><td>本期应抵扣的预付款金额</td><td></td><td></td></tr>
<tr><td>8</td><td>本期应扣减的质保金额</td><td></td><td></td></tr>
<tr><td>9</td><td>本期应增加和扣减的其他金额</td><td></td><td></td></tr>
<tr><td>10</td><td>本期实际应支付的工程价款金额</td><td></td><td></td></tr>
<tr><td colspan="4">施工单位（章）
施工单位代表
日期</td></tr>
<tr><td colspan="2">复核意见
◊ 与合同约定不相符，修改意见见附件
◊ 与合同约定相符，具体金额由造价工程师复核
项目监理机构（盖章）
监理工程师
日期</td><td colspan="2">复核意见
你方提出的支付申请经复核，本周期已完成工程价款为____________（大写）元，_____（小写）元，本周期应支付金额为____________（大写）元，_____（小写）元。
造价咨询单位（盖章）
造价工程师
日期</td></tr>
<tr><td colspan="2">审核意见
◊ 不同意
◊ 同意，支付时间为本表签发后的15天内。
项目管理结构（章）
项目经理（签字）
日期</td><td colspan="2">审核意见
◊ 不同意
◊ 同意，支付时间为本表签发后的15天内。
建设单位（章）
建设单位代表
日期</td></tr>
</table>

注：1 在选择栏中的“◊”内作标识“√”。
2 本表一式5份，由施工单位填报；建设单位、项目管理机构、监理人、造价咨询人、施工单位各存一份。

5.相关知识

（1）工程合同价款。

1）合同价款的约定。

在合同订立及履行过程中形成的与合同有关的文件均构成合同文件组成部分，并根据其性质确定优先解释顺序。

各项合同文件包括合同当事人就该项合同文件所作出的补充和修改属于同一类内容的文件，应以最新签署地为准，专用合同条款及其附件须经当事人签字或盖章。

合同价款的约定须重点关注：

①预付工程款的数额、支付时间及抵扣方式。

②安全文明施工措施的支付计划，使用要求等。

③工程计量与支付工程进度款的方式、数额及时间。

④合同价款的调整因素、方法、程序、支付及时间。

⑤施工索赔与现场签证的程序、金额确认与支付时间。

⑥承担计价风险的内容、范围以及超出约定内容、范围的调整办法。

⑦工程竣工价款结算编制与核对、支付及时间。

⑧工程质量保证金的数额、扣留方式及时间。

⑨违约责任以及发生合同价款争议的解决方法及时间。

⑩与履行合同、支付价款有关的其他事项等。

2）合同价款的类型。

按照合同价款的类型，合同可划分为：单价合同、总价合同、成本加酬金合同3种类型。

单价合同是指合同当事人约定以工程量清单及其综合单价进行合同价格计算、调整和确认的建设工程施工合同，在约定的范围内合同单价不作调整。合同当事人应当在专用合同条款中约定综合单价包含的风险范围和风险费用的计算方法，并约定风险范围以外的合同价格的调整方法。

总价合同是指合同当事人约定以施工图、已标价工程量清单或预算书及有关条件进行工程量清单或预算书及有关条件进行合同价格计算、调整和确认的建设工程合同，在约定的范围内合同总价不作调整。合同当事人应在专用合同条款中约定总价包含的风险范围和风险费用的计算方法，并约定风险范围以外的合同价格的调整方法。

成本加酬金合同：紧急抢险、救灾以及施工技术特别复杂的建设工程可以采用成本加酬金合同。

（2）工程计量。

对施工单位已经完成的合格工程进行计量并予以确认，是建设单位支付工程价款的前提。因此，工程计量不仅是建设单位控制施工阶段工程造价的关键环节，也是约束施工单位履行合同义务的重要手段。

1）工程计量的概念。

所谓工程计量，就是发承包双方根据合同约定，对施工单位完成合同工程的数量进行的计算和确认。具体地说，就是双方根据设计图纸、技术规范以及施工合同约定的计量方式和计算方法，对施工单位已经完成的质量合格的工程实体数量进行测量与计算，并以物理计量单位或自然计量单位进行标识、确认的过程。

招标工程量清单中所列的数量，通常是根据设计图纸计算的数量，是对合同工程的估计工程量。工程施工过程中，通常会由于一些原因导致施工单位实际完成工程量与工程量清单中所列工程量的不一致，比如：招标工程量清单缺项或项目特征描述与实际不符；工程变更；现场施工条件的变化；现场签证；暂估价中的专业工程发包等。因此，在工程合同价款结算前，必须对施工单位履行合同义务所完成的实际工程进行准确地计量。

2）工程计量的原则。

工程计量的原则是工程量必须按照相关工程国家工程量计算规范规定的工程量计算规则计算。正确的计量是建设单位向施工单位支付合同价款的前提和依据，不论何种计价方式，工程计量的原则不变。

工程计量的原则包括下列三个方面：

①不符合合同文件要求的工程不予计量。即工程必须满足设计图纸、技术规范等合同文件对其在工程质量上的要求，同时有关的工程质量验收资料齐全、手续完备，满足合同文件对其在工程管理上的要求。

②按合同文件所规定的方法、范围、内容和单位计量。工程计量的方法、范围、内容和单位受合同文件所约束，其中工程量清单（说明）、技术规范、合同条款均会从不同角度、不同侧面涉及这方面的内容。在计量中要严格遵循这些文件的规定，并且一定要结合起来使用。

③因施工单位原因造成的超出合同工程范围施工或返工的工程量，建设单位不予计量。

3）工程计量的范围与依据。

①工程计量的范围。

工程计量的范围包括：工程量清单及工程变更所修订的工程量清单的内容；合同文件中规定的各种费用支付项目，如费用索赔、各种预付款、价格调整、违约金等。

②工程计量的依据。

工程计量的依据包括：工程量清单及说明、合同图纸、工程变更令及其修订的工程量清单、合同条件、技术规范、有关计量的补充协议、质量合格证书等。

4）工程计量方法。

工程量必须按照相关工程现行国家工程量计算规范规定的工程量计算规则计算。工程计量可选择按月或按工程形象进度分段计量，具体计量周期在合同中约定。因施工单位原因造成的超出合同工程范围施工或返工的工程量，建设单位不予计量。通常区分单价合同和总价合同规定不同的计量方法，成本加酬金合同按照单价合同的计量规定进行计量。

①单价合同计量。

单价合同工程量必须以施工单位完成合同工程应予计量的按照现行国家工程量计算规范规定的工程量计算规则计算得到的工程量确定。施工中工程计量时，若发现招标工程量清单中出现缺项、工程量偏差，或因工程变更引起工程量的增减，应按施工单位在履行合同义务中完成的工程量计算。

②总价合同计量。

采用工程量清单方式招标形成的总价合同，工程量应按照与单价合同相同的方式计算。采用经审定批准的施工图纸及其预算方式发包形成的总价合同，除按照工程变更规定引起的工程量增减外，总价合同各项目的工程量是施工单位用于结算的最终工程量。总价合同约定的项目计量应以合同工程经审定批准的施工图纸为依据，发承包双方应在合同中约定工程计量的形象目标或时间节点进行计量。

（3）预付款。

工程预付款是由建设单位按照合同约定，在正式开工前由建设单位预先支付给施工单位，用于购买工程施工所需的材料和组织施工机械和人员进场的价款。

1）预付款支付。

工程预付款额度，各地区、各部门的规定不完全相同，主要是保证施工所需材料和构件的正常储备。工程预付款额度一般是根据施工工期、建安工作量、主要材料和构件费用占建安工程费的比例以及材料储备周期等因素经测算来确定。

①百分比法。

建设单位根据工程的特点、工期长短、市场行情、供求规律等因素，招标时在合同条件中约定工程预付款的百分比。包工包料工程的预付款的支付比例不得低于签约合同价（扣除暂列金额）的10%，不宜高于签约合同价（扣除暂列金额）的30%。

②公式计算法。

公式计算法是根据主要材料（含结构件等）占年度承包工程总价的比重，材料储备定额天数和年度施工天数等因素，通过公式计算预付款额度的一种方法。

其计算公式为：

$$\text{工程预付款数额}=\frac{\text{年度工程总价}\times\text{材料比例}(\%)}{\text{年度施工天数}}\times\text{材料储备定额天数}$$

式中，年度施工天数按365日历天计算；材料储备定额天数由当地材料供应的在途天数、加工天数、整理天数、供应间隔天数、保险天数等因素决定。

2）预付款扣回。

建设单位支付给施工单位的工程预付款属于预支性质，随着工程的逐步实施后，原已支付的预付款应以充抵工程价款的方式陆续扣回，抵扣方式应当由双方当事人在合同中明确约定。扣款的方法主要有以下两种：

①按合同约定扣款。预付款的扣款方法由建设单位和施工单位通过洽商后在合同中予以确定，一般是在施工单位完成金额累计达到合同总价的一定比例后，由施工单位开始向建设单位还款，建设单位从每次应付给施工单位的金额中扣回工程预付款，建设单位至少在合同规定的完工期前将工程预付款的总金额逐次扣回。

②起扣点计算法。从未施工工程尚需的主要材料及构件的价值相当于工程预付款数额时起扣，此后每次结算工程价款时，按材料所占比重扣减工程价款，至工程竣工前全部扣清。起扣点的计算公式如下：

$$\mathrm{T}=P-\frac{M}{N}$$

式中：T ——起扣点（即工程预付款开始扣回时）的累计完成工程金额；

P ——承包工程合同总额；

M ——工程预付款总额；

N ——主要材料及构件所占比重。

该方法对施工单位比较有利，最大限度地占用了建设单位的流动资金，但是，显然不利于建设单位资金使用。

3）预付款担保。

①预付款担保的概念及作用。预付款担保是指施工单位与建设单位签订合同

后领取预付款前，施工单位正确、合理使用建设单位支付的预付款而提供的担保。其主要作用是保证施工单位能够按合同规定的目的使用并及时偿还建设单位已支付的全部预付金额。如果施工单位中途毁约，中止工程，使建设单位不能在规定期限内从应付工程款中扣除全部预付款，则建设单位有权从该项担保金额中获得补偿。

②预付款担保的形式。预付款担保的主要形式为银行保函。预付款担保的担保金额通常与建设单位的预付款是等值的。预付款一般逐月从工程进度款中扣除，预付款担保的担保金额也相应逐月减少。施工单位的预付款保函的担保金额根据预付款扣回的数额相应扣减，但在预付款全部扣回之前一直保持有效。

预付款担保也可以采用发承包双方约定的其他形式，如由担保公司提供担保，或采取抵押等担保形式。

4）安全文明施工费。

建设单位应在工程开工后的28 天内预付不低于当年施工进度计划的安全文明施工费总额的60%，其余部分按照提前安排的原则进行分解，与进度款同期支付。

建设单位没有按时支付安全文明施工费的，施工单位可催告建设单位支付；建设单位在付款期满后的7天内仍未支付的，若发生安全事故，建设单位应承担连带责任。

（4）期中支付。

合同价款的期中支付，是指建设单位在合同工程施工过程中，按照合同约定对付款周期内施工单位完成的合同价款给予支付的款项，也就是工程进度款的结算支付。发承包双方应按照合同约定的时间、程序和方法，根据工程计量结果，办理期中价款结算，支付进度款。进度款支付周期，应与合同约定的工程计量周期一致。

1）期中支付价款的计算。

①已完工程的结算价款。已标价工程量清单中的单价项目，施工单位应按工程计量确认的工程量与综合单价计算。如综合单价发生调整的，以发承包双方确认调整的综合单价计算进度款。

已标价工程量清单中的总价项目，施工单位应按合同中约定的进度款支付分解，分别列入进度款支付申请中的安全文明施工费和本周期应支付的总价项目的金额中。

②结算价款的调整。施工单位现场签证和得到建设单位确认的索赔金额列入本周期应增加的金额中。由建设单位提供的材料、工程设备金额，应按照建设单

位签约提供的单价和数量从进度款支付中扣除，列入本周期应扣减的金额中。

③进度款的支付比例。进度款的支付比例按照合同约定，按期中结算价款总额计算，不低于60%，不高于90%。

2）期中支付的文件。

①进度款支付申请。施工单位应在每个计量周期到期后向建设单位提交已完工程进度款支付申请一式四份，详细说明此周期认为有权得到的款额，包括分包人已完工程的价款。支付申请的内容包括：

A.累计已完成的合同价款。

B.累计已实际支付的合同价款。

C.本周期合计完成的合同价款，其中包括：本周期已完成单价项目的金额；本周期应支付的总价项目的金额；本周期已完成的计日工价款；本周期应支付的安全文明施工费；本周期应增加的金额。

D.本周期合计应扣减的金额，其中包括：本周期应扣回的预付款；本周期应扣减的金额。

E.本周期实际应支付的合同价款。

②进度款支付证书。建设单位应在收到施工单位进度款支付申请后，根据计量结果和合同约定对申请内容予以核实，确认后向施工单位出具进度款支付证书。若发、承包双方对有的清单项目的计量结果出现争议，建设单位应对无争议部分的工程计量结果向施工单位出具进度款支付证书。

③支付证书的修正。发现已签发的任何支付证书有错、漏或重复的数额，建设单位有权予以修正，施工单位也有权提出修正申请。经发承包双方复核同意修正的，应在本次到期的进度款中支付或扣除。

（五）施工阶段费用索赔审核及处理

1.目的

（1）及时按照合同约定处理费用索赔，合理维护建设单位合法权益。

（2）分析索赔意向与证据，客观考虑补偿索赔方的合理成本损失。

2.任务

（1）日常收集、掌握工程施工信息，为可能发生的索赔审核及处理提供依据。

（2）项目管理机构审核提交的费用索赔申请，以及相关专业单位（工程监理机构、造价咨询机构等）的审核意见。

（3）根据相关信息及审核意见进行调查、研究与分析，并与建设单位沟通，确认索赔金额，签署意见。必要时，可提出反索赔意见，与相关方进行谈判，妥善解决索赔事宜。

（4）做好工程索赔台账工作，及时对索赔事项信息进行登记与管理。

3.流程

工程索赔审核流程如图5-6所示。

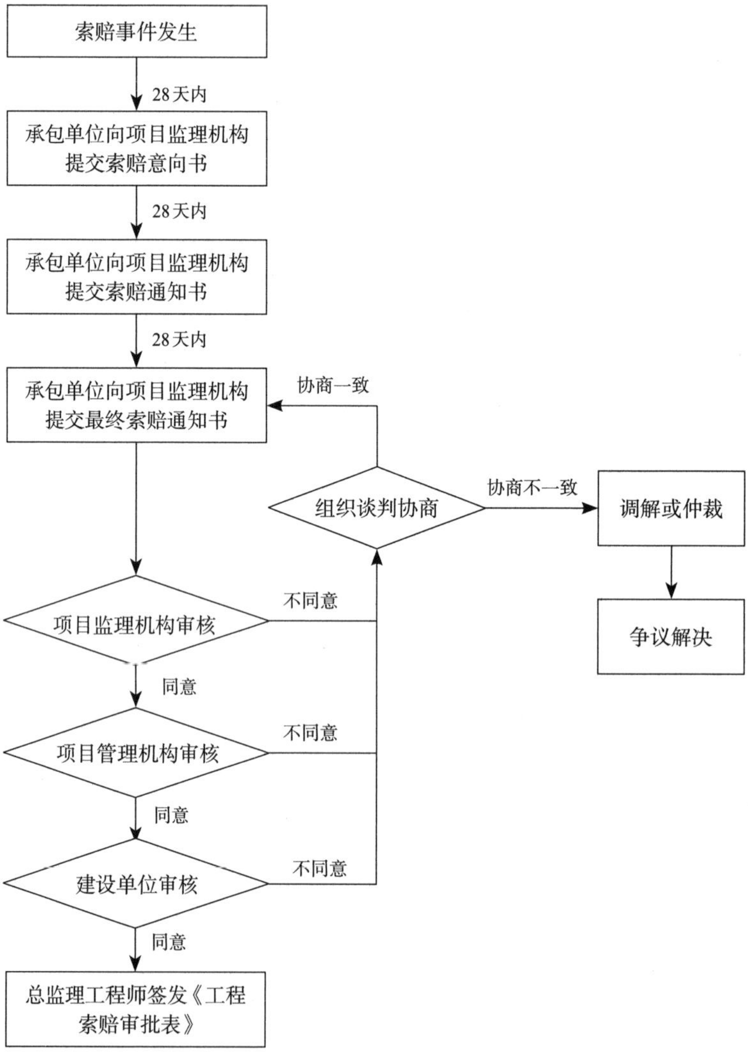

图5-6　工程索赔审核流程图

4.参考表格

索赔内容参考表格见表5-9，表5-10。

费用索赔报审表 　　　　　　　　　　表 5-9

工程名称： 　　　　　　　　　　　　　　　　　　　　编号：

致：__________（项目监理机构） 根据施工合同第____条款，由于______________________的原因，我方申请索赔金额__________，（大写）________，请予以批准。 索赔理由：______________________________ ______________________________。 附件：□ 索赔金额计算 □ 证明材料 施工项目经理部（盖章） 项目经理（签字）__________ 年　月　日
审核意见： □ 不同意此项索赔 □ 同意此项索赔，索赔金额为________，大写__________； 同意/不同意索赔的理由：______________________________ ______________________________。 索赔金额的计算： 项目监理机构（盖章） 总监理工程师（签字） 年　月　日
审核意见： 项目管理机构（盖章） 项目负责人（签字） 年　月　日
审批意见： 建设单位（盖章） 建设单位代表（签字） 年　月　日

工程索赔台账表　　　　**表 5-10**

工程名称：

序号	索赔项目名称	索赔编号	索赔原因及主要内容	上报金额（元）	审价金额（元）	备注

5. 相关知识

（1）索赔的类型。

1）按索赔的对象分类。

①施工单位与建设单位之间的索赔。该类索赔发生在建设工程施工合同的双方当事人之间，既包括施工单位向建设单位的索赔，也包括建设单位向施工单位的索赔。但是在工程实践中，经常发生的索赔事件，大多是施工单位向建设单位提出的。

②总施工单位和分包人之间的索赔。在建设工程分包合同履行过程中，索赔事件发生后，无论是建设单位的原因还是总施工单位的原因所致，分包人都只能向总施工单位提出索赔要求，而不能直接向建设单位提出。

2）按索赔目的和要求分类。

①工期索赔，一般是指工程合同履行过程中，由于非因自身原因造成工期延误，按照合同约定或法律规定，施工单位向建设单位提出合同工期补偿要求的行为。工期顺延的要求获得批准后，不仅可以免除施工单位承担拖期违约赔偿金的责任，而且施工单位还有可能因工期提前获得赶工补偿（或奖励）。

②费用索赔，是指工程承包合同履行中，当事人一方因非己方原因而遭受费用损失，按合同约定或法律规定应由对方承担责任，而向对方提出增加费用要求的行为。

3）按索赔事件的性质分类。

施工单位在要求赔偿时可以选择下列一项或几项方式获得赔偿：

①延长工期。

②要求建设单位支付实际发生的额外费用。

③要求建设单位支付合理的预期利润。

④要求建设单位按合同约定支付违约金。

《标准施工招标文件》的通用合同条款中，按照引起索赔事件的原因不同，对一方当事人提出的索赔可能给予合理补偿工期、费用和（或）利润的情况，分别做出了相应的规定，见表5-11。

《标准施工招标文件》中施工单位的索赔事件及可补偿内容　　表5-11

序号	条款号	索赔事件	可补偿内容		
			工期	费用	利润
1	1.6.1	延迟提供图纸	√	√	√
2	1.10.1	施工中发现文物、古迹	√	√	
3	2.3	延迟提供施工场地	√	√	√
4	4.11	施工中遇到不利物质条件	√	√	
5	5.2.4	提前向施工单位提供材料、工程设备		√	
6	5.2.6	建设单位提供材料、工程设备不合格或迟延提供或变更交货地点	√	√	√
7	8.3	施工单位依据建设单位提供的错误资料导致测量放线错误	√	√	√
8	9.2.6	因建设单位原因造成施工单位人员工伤事故		√	
9	11.3	因建设单位原因造成工期延误	√	√	√
10	11.4	异常恶劣的气候条件导致工期延误	√		
11	11.6	施工单位提前竣工		√	
12	12.2	建设单位暂停施工造成工期延误	√	√	√
13	12.4.2	工程暂停后因建设单位原因无法按时复工	√	√	√
14	13.1.3	因建设单位原因导致施工单位工程返工	√	√	√
15	13.5.3	监理人对已经覆盖的隐蔽工程要求重新检查且检查结果合格	√	√	√
16	13.6.2	因建设单位提供的材料、工程设备造成工程不合格	√	√	√
17	14.1.3	施工单位应监理人要求对材料、工程设备和工程重新检验且检验结果合格	√	√	√
18	16.2	基准日后法律的变化		√	
19	18.4.2	建设单位在工程竣工前提前占用工程	√	√	√
20	18.6.2	因建设单位的原因导致工程试运行失败		√	√
21	19.2.3	工程移交后因建设单位原因出现新的缺陷或损坏的修复		√	√
22	19.4	工程移交后因建设单位原因出现的缺陷修复后的试验和试运行		√	
23	21.3.1（4）	因不可抗力停工期间应监理人要求照管、清理、修复工程		√	
24	21.3.1（4）	因不可抗力造成工期延误	√		
25	22.2.2	因建设单位违约导致施工单位暂停施工	√	√	√

（2）索赔的提出与处理程序。

1）索赔的提出程序。

①施工单位应在知道或应当知道索赔事件发生后28天内，向建设单位提交索赔意向通知书，说明发生索赔事件的理由。施工单位逾期未发出索赔意向通知书的，丧失索赔的权利。

②施工单位应在发出索赔意向通知书后28天内，向建设单位提交索赔通知书。索赔通知书应详细说明索赔理由和要求，并应附必要的记录和证明材料。

③索赔事件具有连续影响的，施工单位应继续提交延续索赔通知，说明连续影响的实际情况和记录。

④在索赔事件影响结束后的28天内，施工单位应向建设单位提交最终索赔通知书，说明最终索赔要求，并应附必要的记录和证明材料。

2）索赔的处理程序。

①建设单位收到施工单位的索赔通知书后，应及时查验施工单位的记录和证明材料。

②建设单位应在收到索赔通知书或有关索赔的进一步证明材料后的28天内，将索赔处理结果答复施工单位，如果建设单位逾期未作出答复，视为施工单位索赔要求已被建设单位认可。

③施工单位接收索赔处理结果的，索赔款项应作为增加合同价款，在当期进度款中进行支付；施工单位不接受索赔处理结果的，应按合同约定的争议解决方式办理。

（3）索赔的计算。

1）工期索赔的计算。

①直接法。如果某干扰事件直接发生在关键线路上，造成总工期的延误，可以直接将该干扰事件的实际干扰时间（延误时间）作为工期索赔值。

②比例计算法。如果某干扰事件仅仅影响某单项工程、单位工程或分部分项工程的工期，要分析其对总工期的影响，可以采用比例计算法。

已知受干扰部分工程的延期时间：

$$\text{工期索赔值} = \text{受干扰部分工期拖延时间} \times \frac{\text{受干扰部分工程的合同价格}}{\text{原合同价格}}$$

已知额外增加工程量的价格：

$$\text{工程索赔值} = \text{原合同总工期} \times \frac{\text{额外增加的工程量的价格}}{\text{原合同总价}}$$

比例计算法虽然简单方便，但有时不符合实际情况，而且比例计算法不适用于变更施工顺序、加速施工、删减工程量等事件的索赔。

③网络图分析法。网络图分析法是利用进度计划的网络图，分析其关键线路。如果延误的工作为关键工作，则延误的时间为索赔的工期；如果延误的工作为非关键工作，当该工作由于延误超过时差限制而成为关键工作时，可以索赔延误时间与时差的差值；若该工作延误后仍为非关键工作，则不存在工期索赔问题。

该方法通过分析干扰事件发生前和发生后网络计划的计算工期之差来计算工期索赔值，可以用于各种干扰事件和多种干扰事件共同作用所引起的工期索赔。

④共同延误的处理。在实际施工过程中，工期拖期很少是只由一方造成的，往往是两、三种原因同时发生（或相互作用）而形成的，故称为“共同延误”。在这种情况下，要具体分析哪一种情况延误是有效的，应依据以下原则：

A. 首先判断造成拖期的哪一种原因是最先发生的，即确定“初始延误”者，它应对工程拖期负责。在初始延误发生作用期间，其他并发的延误者不承担拖期责任。

B. 如果初始延误者是建设单位原因，则在建设单位原因造成的延误期内，施工单位既可得到工期延长，又可得到经济补偿。

C. 如果初始延误者是客观原因，则在客观因素发生影响的延误期内，施工单位可以得到工期延长，但很难得到费用补偿。

D. 如果初始延误者是施工单位原因，则在施工单位原因造成的延误期内，施工单位既不能得到工期补偿，也不能得到费用补偿。

2）费用索赔的计算。

①费用索赔的组成。对于不同原因引起的索赔，施工单位可索赔的具体费用内容是不完全一样的。但归纳起来，索赔费用的要素与工程造价的构成基本类似，一般可归结为人工费、材料费、施工机械使用费、分包费、施工管理费、利息、利润、保险费等。

②费用索赔的计算方法。索赔费用的计算应以赔偿实际损失为原则，包括直接损失和间接损失。索赔费用的计算方法通常有三种，即实际费用法、总费用法和修正的总费用法。

实际费用法。实际费用法又称分项法，即根据索赔事件所造成的损失或成本增加，按费用项目逐项进行分析、计算索赔金额的方法。这种方法比较复杂，但能客观地反映施工单位的实际损失，比较合理，易于被当事人接受，在国际工程中被广泛采用。

由于索赔费用组成的多样化，不同原因引起的索赔，施工单位可索赔的具体费用内容有所不同，必须具体问题具体分析。由于实际费用法所依据的是实际发生的成本记录或单据，因此，在施工过程中，系统而准确地积累记录资料是非常重要的。

总费用法。总费用法，也被称为总成本法，就是当发生多次索赔事件后，重新计算工程的实际总费用，再从该实际总费用中减去投标报价时的估算总费用，即为索赔金额。总费用法计算索赔金额的公式如下：

索赔金额=实际总费用-投标报价估算总费用

但是，在总费用法的计算方法中，没有考虑实际总费用中可能包括由于承包商的原因（如施工组织不善）而增加的费用，投标报价估算总费用也可能由于施工单位为谋取中标而导致过低的报价，因此，总费用法并不十分科学。只有在难以精确地确定某些索赔事件导致的各项费用增加额时，总费用法才得以采用。

修正的总费用法。修正的总费用法是对总费用法的改进，即在总费用计算的原则上，去掉一些不合理的因素，使其更为合理。修正的内容如下：

A.将计算索赔款的时段局限于受到索赔事件影响的时间，而不是整个施工期。

B.只计算受到索赔事件影响时段内的某项工作所受影响的损失，而不是计算该时段内所有施工工作所受的损失。

C.与该项工作无关的费用不列入总费用中。

D.对投标报价费用重新进行核算，即按受影响时段内该项工作的实际单价进行核算，乘以实际完成的该项工作的工程量，得出调整后的报价费用。

按修正后的总费用计算索赔金额的公式如下：

索赔金额=某项工作调整后的实际总费用-该项工作的报价费用

修正的总费用法与总费用法相比，有了实质性的改进，它的准确程度已接近于实际费用法。

二、工程项目投资管理案例分析

（一）案例1

某厂房项目于2017年11月底开工，项目计划工期180天。项目实施过程中，经历了建筑市场建材价格出现大幅波动的情况。施工单位就此建材价格波动情况请求建设单位调整合同价款，并上报了相关资料，见表5-12，表5-13。

工程合同价款调整申请表 **表5-12**

<table>
<tr><td>项目名称</td><td>某厂房项目</td><td>申报日期</td><td>××××年××月××日</td></tr>
<tr><td>施工单位</td><td>×××</td><td>编号</td><td>×××</td></tr>
<tr><td colspan="4">致：×××（业主单位）
根据施工合同专用条款约定如下："当施工期内人工、机械、主要材料（指：钢筋、水泥、商品混凝土、木材、商品砂浆）价格所发生变化幅度大于合同定价的'约定幅度'时，承发包双方可经过协商进行调整，小于或等于'约定幅度'范围时，不予调整。调整方法如下：以××市建设工程标准与造价信息网（按××市造价信息网发布的××××年××月份建设工程市场信息）为基准，与施工期造价管理部门每月发布价格的算术平均相比，钢筋、水泥、商品混凝土、木材、砂石、商品砂浆等主要要素价格的变化幅度超过±5%，调整其超过幅度部分的价格。调整部分只计取税金，其余部分一概不作调整。"由于近期建筑市场建材价格大幅波动，超出合同约定幅度，我方要求增加合同金额人民币：508749.0元（大写：伍拾万捌仟柒佰肆拾玖元），请批准。
附：
表1-价格调整金额计算明细；
表2-材料进场验收单（略）；
表3-施工期各月信息价汇总表（略）。

施工单位：×××
施工单位项目经理：×××
日期：××××年××月××日</td></tr>
<tr><td colspan="4">监理单位意见：
根据合同条款约定对上报金额进行审核，经审核同意此项合同价款调整。

监理机构：×××
监理工程师：×××
日期：××××年××月××日</td></tr>
<tr><td colspan="4">项目管理机构意见：
同意此项合同价款调整。

项目管理机构：×××
项目经理：×××
日期：××××年××月××日</td></tr>
<tr><td colspan="4">建设单位意见：
同意此项合同价款调整。

建设单位：×××
项目负责人：×××
日期：××××年××月××日</td></tr>
</table>

物价变化引起的合同价款调整汇总表　　表5-13

序号	材料名称	单位	工程量	基准价（元）	施工期信息价算数平均（元）	上报（元）		监理审核（元）		备注
						调整单价	调整合价	调整单价	调整合价	
1	钢筋 ϕ12内	t	223.8	4030.4	4613.6	381.62	85426.87	381.62	85426.8	
2	钢筋 ϕ25内	t	244.5	3893.2	4464.9	377.03	92185.6	377.03	92185.6	
3	水泥 42.5级	kg	22942.4	0.407	0.55	0.11	2424.0	0.11	2424.0	
4	水泥 32.5级	kg	352734.7	0.306	0.45	0.12	40663.7	0.12	40663.7	
5	预拌混凝土C35	m^3	3804.2	479.4	572.1	54.42	207014.8	54.42	207014.8	
6	预拌混凝土C25	m^3	541.0	452.2	544.9	56.59	30617.3	56.59	30617.3	
小计							458332.4		458332.4	
税金							50416.6		50416.6	
合计							508749.0		508749.0	

（二）案例2

××施工单位承包某工程项目，甲乙双方签订的关于工程价款的合同内容有：

（1）建筑安装工程造价660万元，建筑材料及设备费占施工产值的比重60%。

（2）工程预付款为建筑安装工程造价的20%。工程实施后，工程预付款从未施工工程尚需要的主要材料及设备费相当于工程预付款数额时起扣，从每次结算工程价款中按材料和设备占施工产值的比重扣抵工程预付款，竣工前全部扣清。

（3）工程进度款逐月计算。工程各月实际完成产值（不包括调价部分），见表5-14。

各月实际完成产值（万元）　　表5-14

月份	2	3	4	5	6	合计
完成产值	55	110	165	220	110	660

问题：

（1）该工程的工程预付款、起扣点为多少？

（2）该工程2月至5月每月拨付工程款为多少？累计工程款为多少？

解：

工程预付款：660×20%=132（万元）。

起扣点：660−132/60%=440（万元）。

2月：工程款55万元，累计工程款55（万元）。

3月：工程款110万元，累计工程款=55+110=165（万元）。

4月：工程款165万元，累计工程款=165+165=330（万元）。

5月：工程款220-（220+330-440）×60%=154（万元）。

累计工程款=330+154=484万元。

（三）案例3

某项目合同约定如下：

（1）合同工期110天，工期奖励或处罚为3000元/天（含税）。

（2）若某一分项工程实际量较清单量增减超过10%，调整综合单价。

（3）规费费率5%，税金3%。

（4）机械闲置补偿为台班单价的50%，人员窝工补偿为50元/工日。

开工前，施工单位编制并经建设单位批准的网络计划如图5-7所示。

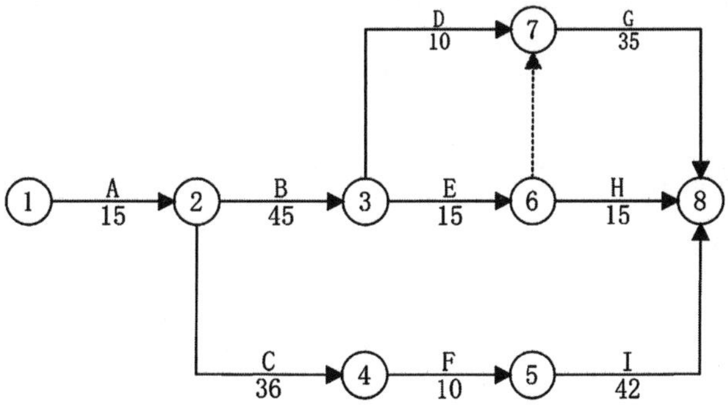

图5-7　施工网络计划图

工作B和工作I共同使用一台施工机械，只能顺序施工，无法同时施工，台班单价为1000元/台班。

施工过程中发生了如下事件：

事件1：C工作施工中，因设计方案调整导致工作持续时间延长10天，造成施工单位人员窝工50个工日。

事件2：I工作施工开始前，施工单位为了获得工期提前奖励，拟定了I工作缩短2天作业时间的技术组织措施方案，发包方批准了该方案。为保证质量，I工作压缩2天后无法继续压缩，该项技术组织措施产生费用3500元。

事件3：H工作施工过程中，劳动力供应不足，使H工作拖延了5天。施工单位强调劳动力供应不足是因为天气过于炎热所致。

事件4：招标文件中G工作的清单工程量为1750m^3（综合单价为300元/m^3），与施工图纸不符，实际工程量为1900m^3。经承发包双方商定，在G工作工程量增加且不影响因事件1～3而调整的项目总工期的前提下，每完成1m^3增加的赶工工程量按综合单价60元计算赶工费（不考虑其他措施费）。

上述事件发生后，施工单位均及时向发包方提出了索赔，并得到了相应的处理。

问题：

（1）施工单位分别就事件1～4提出工期和费用索赔，是否应批准。

（2）事件1～4发生后，施工单位可得到的合理工期补偿为多少天？该工程项目的实际工期为多少天？

（3）事件1～4发生后，施工单位可得到的总费用追加额为多少？

解：

事件1：

提出工期和费用索赔应批准，设计变更是发包方应承担的责任，且C工作的总时差为7天，延误10天超过了其总时差，影响工期3天。

事件2：

提出工期和费用索赔不应批准，施工单位要求赶工是为了获得工期提前奖，或避免拖期罚款。

事件3：

提出工期和费用索赔不应批准，因劳动供应不足而增加的费用是施工单位应承担的责任。

事件4：

提出工期和费用索赔应批准，清单工程量与施工图纸不符是发包方应承担的责任，并且G工作在C工作延误10天和I工作赶工2天后，其总时差为1天，延误3天超过了其总时差。

合理工期补偿为3天。实际工期为110+3-2＝111（天）。

事件1：（50 × 50+1000 × 50% × 10）× 1.05 × 1.03＝8111.25（元）

事件2：3000 × 2＝6000（元）

事件3：0元

事件4：1900-1750=150m^3其中50m^3无需赶工。

（50 × 300+100 × 360）× 1.05 × 1.03＝55156.50（元）

合计：8111.25+6000+55156.50＝69267.75（元）。

第二节　工程项目进度管理

一、工程项目进度管理工作

（一）施工阶段总进度计划与专项进度计划的确定

1.目的

（1）明确施工阶段进度计划中的里程碑，便于施工阶段性控制。

（2）厘清施工阶段各关键节点活动的持续时间、逻辑关系及制约条件。

（3）明确现场施工阶段各关键节点进度目标，作为各关键节点进度下具体施工活动计划的编制依据。

（4）明确需建设单位配合的专项进度目标，避免影响施工进度。

2.任务

（1）项目管理机构根据建设单位已确定的项目总进度计划、施工合同、监理提出的施工总进度计划及项目前期准备情况等编制施工阶段总进度计划，确定各关键节点进度目标。

（2）审批经项目监理机构审核的由施工单位编制的施工总进度计划。

（3）结合施工总进度计划，进一步制定专项进度计划（如甲供设备、材料及专业分包等），并进行整体调整、优化，最终用于控制的施工阶段总进度计划。

（4）针对施工阶段总进度计划，落实各参与方进度控制责任。

3.流程

施工进度计划流程如图5-8所示。

4.参考表格

（1）进度控制计划见表5-15。

（2）进度各方职责分工表见表5-16。

5.相关知识

进度计划编制方法。

编制进度计划前要进行详细的项目结构分析，系统地剖析整个项目结构构成，包括实施过程和细节，系统规则地分解项目。

项目结构分解的工具是工作分解结构WBS原理，它是一个分级的树型结构，是将项目按照其内在结构和实施过程的顺序进行逐层分解而形成的结构示意图。

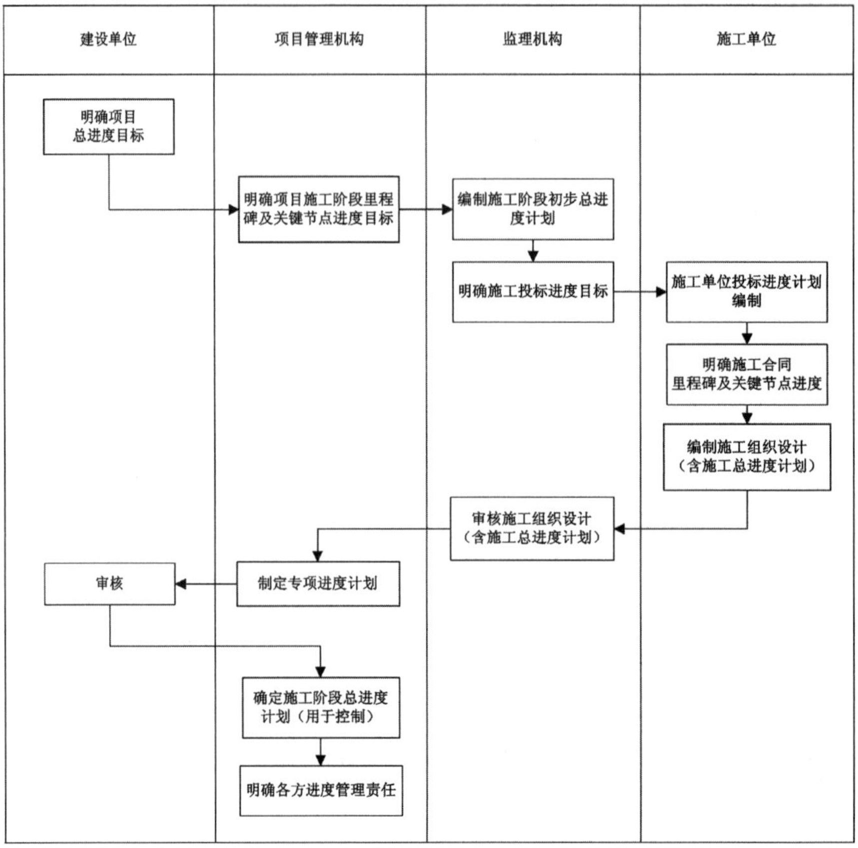

图 5-8 施工阶段总进度计划流程图

进度控制计划表 表 5-15

序号	工作任务	任务编码	责任方	计划持续时间	开始时间	结束时间

进度各方职责分工表 表 5-16

序号	工作任务	工作人员					
		建设单位	项目管理机构	监理	总包	设计单位	其他方

通过项目WBS分解做到将项目分解到内容单一的、相对独立的、易于成本核算与检查的项目单元，做到明确单元之间的逻辑关系与工作关系，做到每个单元具体地落实到责任者，并能进行各部门、各专业的协调。

进度计划编制的主要依据是：项目目标范围；工期的要求；项目特点；项目的内外部条件；项目结构分解单元；项目对各项工作的时间估计；项目的资源供应状况等。

进度计划编制要与费用、质量、安全等目标相协调，充分考虑客观条件和风险预计，确保项目目标的实现。

编制项目进度计划要遵循下列要求：

（1）符合实际的要求。

要掌握有关工程项目的合同、规定、协议，设计、施工技术资料、工程性质规模、工期要求。了解交通、材料供应、运输能力等各种变化着的施工技术条件和劳动力、机械设备、材料等情况。

（2）均衡、科学地安排计划。

编制进度计划要统筹兼顾全面考虑，做好施工任务与劳动力、机械设备、材料供应之间的平衡，科学合理地安排人力、物力。一般施工单位在编制施工作业进度计划时，大多采用横道图形式，绘图简便明了，但它不能准确反映工程中各工序之间的相互关系，科学性不强。而流水作业、网络计划能准确反映这些关系，并能体现主次关系，便于管理人员进行综合调整，确保工程按期完成。

（3）积极可行，留有余地。

所谓积极，就是既要尊重规律，又要在客观条件允许的情况下充分发挥主观能动性，挖掘潜力，运用各种技术组织措施，使计划指标具有先进性。建筑行业的施工作业进度计划安排一般要求抓好结构施工，结构进度抓住了，泥、木、水电、油漆等工种就能形成大流水施工，从而也能对安全生产起促进作用。所谓可行，就是要从实际出发，充分考虑计划的可行性，使计划留有充分余地。如对确定争创优良工程的项目，就必须考虑这一具体要求指标，在保证工期的前提下，进度不能要求提前过多，用工上要适当增加。同时，不仅要从管理上着手抓好，而且在时间上也要留有充分余地，这样才能实现预期的目标。

6.进度计划编制主要方法

进度计划编制主要工具是网络计划图和横道图（甘特图），通过绘制网络计划图，确定关键路线和关键工作。根据总进度计划，制定出项目资源总计划，费用总计划，把这些总计划分解到每年、每季度、每月、每旬等各阶段，从而进行项目实施过程的依据与控制。

（1）横道图。

横道图又称为甘特图（Gantt chart）、条状图（Bar chart），甘特图以提出者亨利·劳伦斯·甘特（Henry Laurence Gantt）的名字命名，它通过条状图来显示项目、进度和其他时间相关的系统进展的内在关系随着时间进展的情况，如图5-9所示。

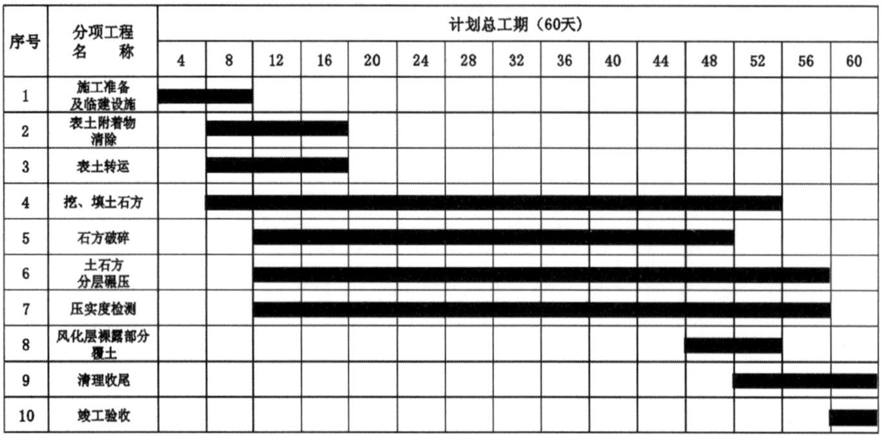

序号
分项工程名称
计划总工期（60天）
4
8
12
16
20
24
28
32
36
40
44
48
52
56
60
1
施工准备及临建设施
2
表土附着物清除
3
表土转运
4
挖、填土石方
5
石方破碎
6
土石方分层碾压
7
压实度检测
8
风化层裸露部分覆土
9
清理收尾
10
竣工验收

图5-9　常见横道图

1）横道图绘制步骤。

横道图的绘制步骤一般如下所示。

①明确项目牵涉到的各项活动、项目。

该步骤内容包括项目名称（包括顺序）、开始时间、工期，任务类型（依赖/决定性）和依赖于哪一项任务。

②创建横道图草图。

将所有的项目按照开始时间、工期标注到横道图上。

③确定项目活动依赖关系及时序进度。

利用草图，按照项目的类型将项目联系起来，并安排项目进度。

这一步骤将保证在未来计划有所调整的情况下，各项活动仍然能够按照正确的时序进行，也就是确保所有依赖性活动能并且只能在决定性活动完成之后按计划展开。

同时避免关键性路径过长。关键性路径是由贯穿项目始终的关键性任务所决定的，它既表示了项目的最长耗时，也表示完成项目的最短可能时间。需要注意的是，关键性路径会由于单项活动进度的提前或延期而发生变化。而且要注意不要滥用项目资源；同时，对于进度表上的不可预知事件要安排适当的富裕时间。

但是，富裕时间不适用于关键性任务，因为作为关键性路径的一部分，它们的时序进度对整个项目至关重要。

④计算单项活动任务的工时量。

⑤确定活动任务的执行人员及适时按需调整工时。

⑥计算整个项目时间。

横道图优点十分明显，主要有：A.十分直观，一目了然，易于理解。B.绘图简单，应用广泛，可以手工绘制，也可以采用计算机各种商业软件绘制。C.可将工作简要说明放在横道图上，这样一条横道就可表示多项工作，简化绘图。D.有专业软件和绘制工具支持，无须担心复杂计算和分析。

2）横道图绘制软件。

下面介绍几种常见的横道图绘制工具和软件。

①Excel。Excel是最常见的绘图工具，是微软办公套装软件office的一个重要的组成部分，它可以进行各种数据的处理、统计分析和辅助决策操作，广泛地应用于管理、统计财经、金融等众多领域。Excel 中大量的公式函数可以应用选择，使用 MicroSoft Excel 可以执行计算，分析信息并管理电子表格或网页中的数据信息列表，可以实现许多方便的功能，带给使用者方便。随着计算机的普及，Excel 在办公自动化应用的领域越来越广泛。

②MicroSoft Office Project。微软出品的通用型项目管理软件，在国际上享有盛誉，凝集了许多成熟的项目管理现代理论和方法，可以帮助项目管理者实现时间、资源、成本的计划、控制。

③Gantt Project。AVA开源的项目管理软件，支持可用资源、里程碑、任务/子任务，以及任务的起始日期、持续时间、相依性、进度、备注等，可输出PNG/JPG图片格式、HTML网页，或是PDF档案格式。

④VARCHART XGantt。NET甘特图控件，支持以甘特图、柱状图的形式来编辑、打印以及图形化地表示数据，能够实现与Project或P/6相似界面效果，并支持集成到项目管理、生产排程等应用程序中。甘特图控件VARCHART XGantt让您能够以横道图、柱状图的形式来编辑、打印以及图形化地表示您的数据，它能在几分钟之内实现您想要的甘特图开发，而且只需要通过简单设计模式下的属性页配置，您可以不写一行代码就能快速让VARCHART XGantt控件适应您的客户的各种需求，其强大的功能可与MicroSoft的project系列产品媲美。

⑤jQuery. Gantt。基于jQuery的一个甘特图图表插件，可以实现甘特图。功能包括：读取JSON数据、结果分页、对每个任务用不同颜色显示、使用一个简

短的描述作为提示、标注节假日等。

3）横道图案例。

已知某道路工程某标段施工工期为2020年4月至2020年9月，主要施工内容为：组织材料进场、测量放线、软基处理、清表、道路基层、道路面层、土方工程、附属设施、绿化和竣工验收，试合理绘制施工进度计划横道图。

根据实际施工顺序及施工所需时间估算和工期要求，绘制如图5-10所示。

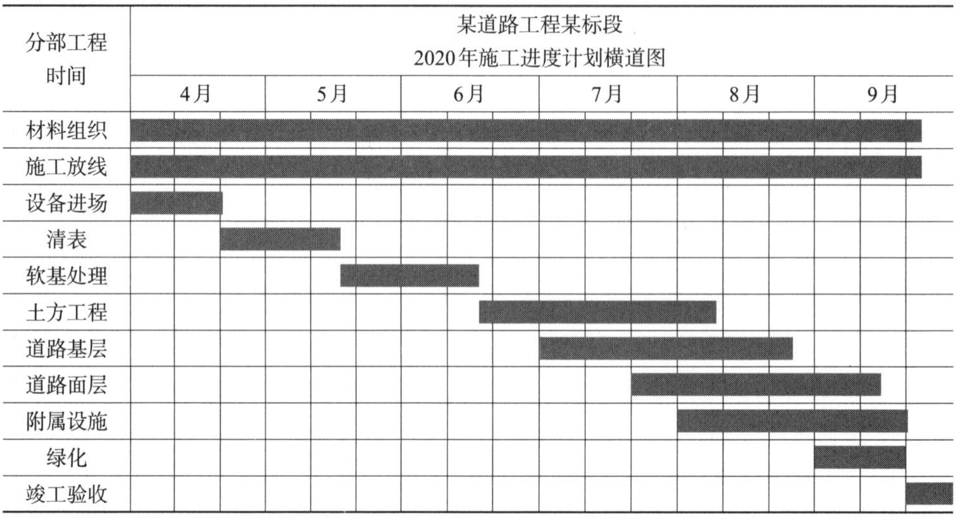

图5-10　施工进度计划横道图

但是，横道图也有一定的局限和不足，主要是：

①工序之间的逻辑关系可以表达，但是不易表达清楚。

②不能通过参数计算，确定关键工作、关键路线和时差。

③计划调整只能用手工方式进行，工作量较大，一般而言也仅适用于手工编织。

④难以应用在大型、复杂项目进度计划系统。

⑤横道图主要关注进程管理（时间），因此事实上它仅仅部分反映了项目管理的三重约束（时间、成本和范围）之一。

（2）网络计划图。

国际上，工程网络计划有许多名称，如CPM、PERT等。网络计划技术是一种计划管理方法，在工业、农业、国防和复杂的科学研究等计划管理中有着广泛的应用。网络计划技术是以网络图的形式制定计划，求得计划的最优方案，并据以组织和控制生产，达到预定目标的一种科学管理方法。

编制切实可行的网络计划，同时在一定的约束条件下，按既定目标对网络计划进行不断的检查、评价、调整和完善，使其更有效地控制项目进度，即优化网络计划。力求以最小的资源消耗取得最大的经济效益，确保工程项目目标顺利实现。网络计划技术作为现代建筑企业管理中一项重要内容，随着我国经济改革的深入和工程管理现代化的推进，它在工程项目控制与管理中，将发挥越来越大的作用。

网络计划图具有清晰地表示工作的内在逻辑关系的优点，在编制计划时得到广泛的应用。网络计划图分双代号网络计划和单代号网络计划。双代号网络计划是以箭线及其两端节点的编号表示工作的网络图，单代号网络计划图则以节点及其编号表示工作。在建筑工程中，主要以双代号网络计划图为主。双代号网络图以其包含因素多，能够准确反映关键线路，是一种应用最广泛的网络计划图。

1）双代号网络图。

双代号网络图是以箭线及其两端节点的编号表示工作的网络图。双代号网络图中，每一条箭线应表示一项工作。箭线的箭尾节点表示该工作的开始，箭线的箭头节点表示该工作的结束，如5-11所示。

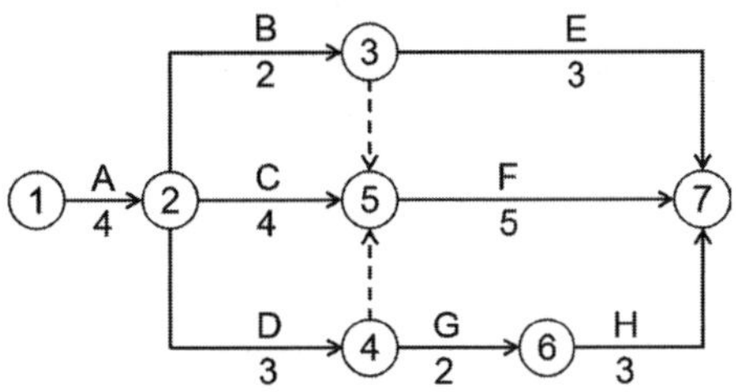

图5-11　双代号网络图

双代号网络图的绘制表示方法如下：

①箭线：在双代号网络中，工作一般使用箭线表示，每一条箭线都表示一项工作，任意一条箭线都需要占用时间，消耗资源，工作名称写在箭线的上方，而消耗的时间则写在箭线的下方。

②虚箭线：是实际工作中不存在的一项虚设工作，因此一般不占用资源，不消耗时间，虚箭线一般用于正确表达工作之间的逻辑关系。

③节点：反映的是前后工作的交接点，接点中的编号可以任意编写，但应保证后续工作的结点比前面结点的编号大，即图中的i＜j，且不得有重复。

A.起始节点：即第一个节点，它只有外向箭线（即箭头离向接点）。

B.终点节点：即最后一个节点，它只有内向箭线（即箭头指向接点）。

C. 中间节点：即，既有内向箭线又有外向箭线的节点。

④线路：即网络图中从起始节点开始，沿箭头方向通过一系列箭线与节点，最后达到终点节点的通路，称为线路。一个网络图中一般有多条线路，线路可以用节点的代号来表示，比如①→②→③→④→⑥线路的长度就是线路上各工作的持续时间之和。

在各条线路中，有一条或几条线路的总时间最长，称为关键线路，一般用双线或者粗线表示，其他线路长度均小于关键线路，称为非关键线路。

绘制双代号网络图时，需要遵守以下几条规则，以免绘制错误：

①双代号网络图严禁出现循环回路。

②节点之间不能出现带双向箭头或无箭头的连线。

③不能出现没有箭头节点或没有箭尾节点的箭线。

④某些节点有多条外向箭线或多条内向箭线时，可使用母线法绘制。

⑤一项工作用一条箭线和相应的一对节点表示。

⑥箭线不宜交叉，当交叉不可避免时，可用过桥法或指向法。

⑦双代号网络图中应只有一个起点节点和一个终点节点。

网络计划图最重要的是进行有关时间参数的计算和确定关键工作和关键线路。

一项工作从开始到完成的时间称为工作持续时间（Di-j）。

工期T则分为：

①计算工期（Tc），根据网络图计算出来的工期。

②要求工期（Tr），委托人所要求的工期。

③计划工期（Tp），根据要求工期和计算工期所确定的作为实施目标的工期。

当规定了要求工期Tr时，Tp≤Tr；当未规定要求工期Tr时，Tp=Tc。

在网络计划中，每项工作有6个时间参数，具体如下：

①最早开始时间（ES），指有可能开始的最早时刻。

②最早完成时间（EF），指有可能完成的最早时刻。

③最迟开始时间（LS），在不影响整个任务前提下，必须开始的最迟时刻。

④最迟完成时间（LF），在不影响整个任务前提下，必须完成的最迟时刻。

⑤总时差（TF），在不影响总工期的前提下，该工作可以利用的机动时间。

⑥自由时差（FF），在不影响其紧后工作最早开始的前提下，该工作可以利用的机动时间。

双代号网络计划各个时间参数计算可以按照如下顺序和步骤进行。

①从起始节点开始按从左往右的顺序进行各项工作最早开始时间ES、最早

完成时间EF的计算。

A.起点节点最早开始时间和最早完成时间均为0。

B.当某工作有多个紧前工作时，该工作最早开始时间等于各紧前工作最早完成时间的最大值。

C.任意一项工作的最早完成时间等于最早开始时间加持续时间。

②确定计算工期Tc。

A.计算工期等于终点节点的各个工作的最早完成时间的最大值。

B.当无要求工期时，取计划工期等于计算工期。

③从终点节点开始按从右往左的顺序进行各项工作最迟完成时间LF、最迟开始时间LS的计算。

A.终点节点的最迟开始时间和最迟完成时间均为计划工期，其各紧前工作的最迟完成时间等于计划工期。

B.当某工作有多个紧后工作时，则该工作最迟完成时间等于各紧后工作最迟开始时间的最小值。

C.最迟开始时间等于最迟完成时间减去持续时间。

④计算工作总时差TF。

总时差等于最迟开始时间减去最早开始时间，或等于最迟完成时间减去最早完成时间。

⑤计算工作自由时差FF。

A.以终点节点为箭头节点的工作，其自由时差为计划工期减去最早完成时间；

B.当工作有紧后工作时，其自由时差应为紧后工作的最早开始时间减去本工作的最早结束时间。

完成有关时间参数的计算，就可以确定关键工作和关键线路。关键工作是网络计划中总时差最小的工作。当计划工期等于计算工期时（Tp=Tc），总时差为零的工作为关键工作。关键线路是自始至终全部由关键工作组成的线路或线路上总的工作持续时间最长的线路。时间参数、关键工作和关键线路是进行进度管理控制的重要依据。

具体案例如下：

已知某分部工程施工的双代号网络计划图如图5-12所示，确定关键线路以及工期并计算其各项工作时间参数。

首先，确定关键线路和工期。从图中确定共有几条线路，并计算各线路的总持续时间，其中总持续时间最长的一条（或多条）线路即为关键线路，其持续时

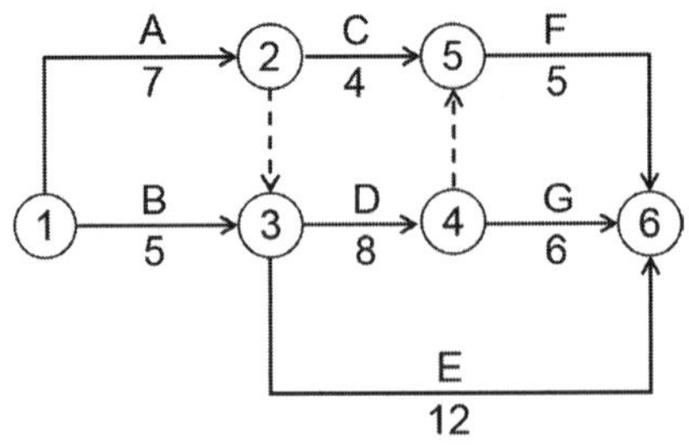

图5-12 某分部工程双代号网络图（天）

间即为工期。例如，其中一条线路为A→C→F（或①→②→⑤→⑥），其总持续时间为16天；依次确定计算其他各条线路的持续时间，比较可知关键线路只有一条，为A→D→G（或①→②→③→④→⑥），其总持续时间为21天，故工期为21天。

然后，从左至右正向计算，确定各工作最早开始时间ES和最早完成时间EF。先计算最早开始时间ES，再利用EF=ES+D可求得最早完成时间EF。各工作最早开始时间ES等于所有紧前工作最早完成时间EF的最大值。例如工作D，其紧前工作有两项A和B，A和B的最早完成时间分别为7天和5天，取二者之大值7天，故工作D的最早开始时间为7天。依次计算各工作的最早时间，结果如图5-13所示。

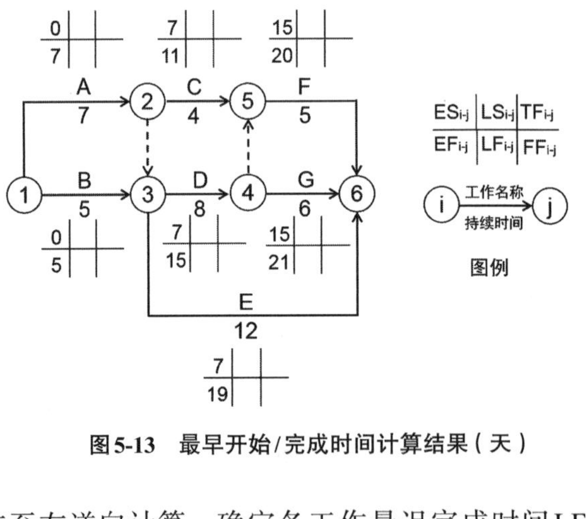

图5-13 最早开始/完成时间计算结果（天）

接着，从右至左逆向计算，确定各工作最迟完成时间LF和最迟开始时间LS。先计算最迟完成时间LF，再利用LS=LF−D可求得最迟开始时间LS。各工作最迟完成时间LF等于所有紧后工作最迟开始时间LS的最小值。例如工作D，其紧后工作有两项F和G，F和G的最迟开始时间分别为16天和15天，取二者之小值15天，故工作D的最迟完成时间为15天。依次计算各工作的最迟时间，结果如图5-14所示。

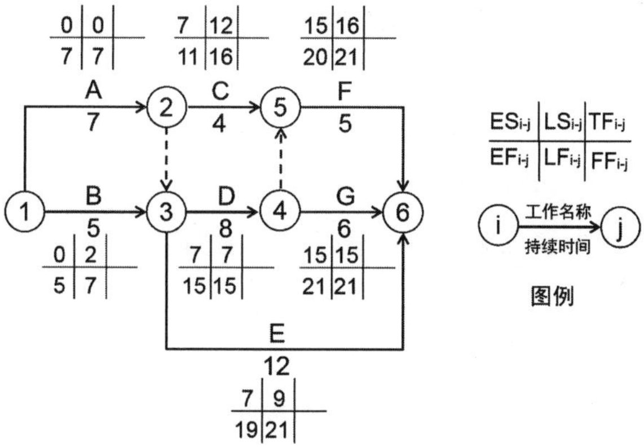

图5-14　最迟完成/开始时间计算结果（天）

最后，计算各工作总时差TF和自由时差FF。总时差TF是在不影响计划总工期的条件下某工作可以利用的机动时间，即某工作总时差=该工作最迟时间-该工作最早时间，其计算公式为$TF_{i-j}=LS_{i-j}-ES_{i-j}=LF_{i-j}-EF_{i-j}$；自由时差FF是在不影响紧后工作最早开始的情况下某工作可以利用的机动时间，即某工作自由时差=紧后工作最早开始时间-某工作最早完成时间，其计算公式为$FF_{i-j}=\min\{ES_{j-k}-EF_{i-j}\}$。完成计算，并标出关键线路，最终结果如图5-15所示。

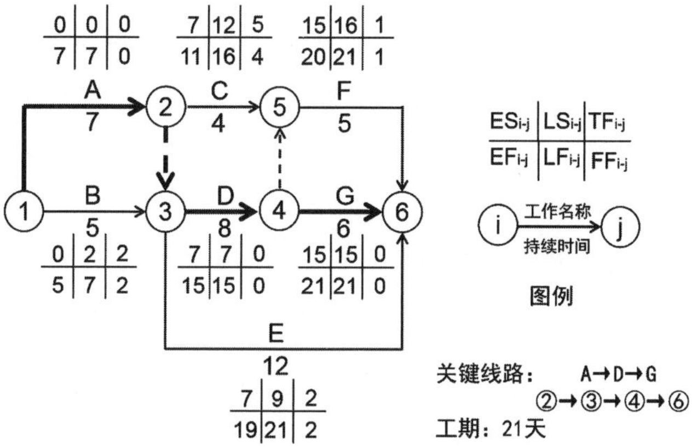

图5-15　总时差和自由时差计算结果（天）

2）双代号时标网络计划

双代号时标网络计划（或时标网络计划）是以时间坐标为尺度编制的网络计划，时标网络计划中以实箭线表示工作，以虚箭线表示虚工作，以波形线表示工作的自由时差。

双代号时标网络计划的绘制应该遵循如下规定：

①双代号时标网络计划必须以水平时间坐标为尺度表示工作时间。时标的时间单位应根据需要在编制网络计划之前确定，可为时、天、周、月或季。

②时标网络计划中所有符号在时间坐标上的水平投影位置，都必须与其时间参数相对应。节点中心必须对准相应的时标位置。

③时标网络计划中虚工作必须以垂直方向的虚箭线表示，有自由时差时加波形线表示。

双代号时标网络计划具有如下特点：

①时标网络计划兼有网络计划与横道计划的优点，它能够清楚地表明计划的时间进程，使用方便。

②时标网络计划能在图上直接显示出各项工作的开始与完成时间、工作的自由时差及关键线路。

③在时标网络计划中可以统计每一个单位时间对资源的需要量，以便进行资源优化和调整。

④由于箭线受到时间坐标的限制，当情况发生变化时，对网络计划的修改比较麻烦，往往要重新绘图。但在使用计算机以后，这一问题可以较容易解决。

双代号时标网络计划的时间参数计算较为简单。在时标网络计划中，关键线路是从始至终均没有波形线的线路；工作的自由时差以波形线表示，因此波形线长度即为工作自由时差；最后一项工作的总时差等于该工作的自由时差，对于其他工作，其总时差等于该工作的自由时差加上自该工作完成节点至终点节点所有线路中波形线之和的最小值。

案例分析：

某工程双代号时标网络如图5-16所示，确定关键线路和计算各工作自由时差和总时差。

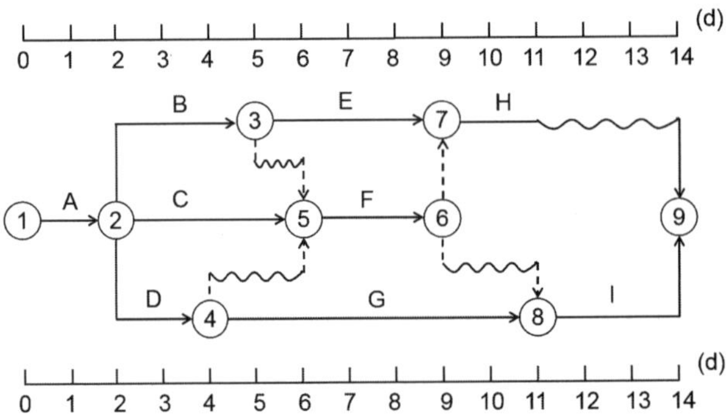

图5-16　某工程双代号时标网络计划图

首先确定关键线路，关键线路为无波形线的线路，从图中已知为A→D→G→I(①→②→④→⑧→⑨)。

然后对各项工作计算其自由时差和总时差。例如工作F，它没有波形线，故自由时差为0；工作F的完成节点⑥至终点节点⑨共有⑥→⑦→⑨和⑥→⑧→⑨2条线路，波形线长度分别是3和2，取最小值，因此工作F的总时差为2。对各项工作逐一计算，结果见表5-17。

各工作自由时差和总时差计算结果　　表5-17

工作	A	B	C	D	E	F	G	H	I
自由时差	0	0	0	0	0	0	0	3	0
总时差	0	3	2	0	3	2	0	3	0

3）单代号网络图。

单代号网络图用一个圆圈代表一项活动，并将活动名称写在圆圈中。箭线符号仅用来表示相关活动之间的顺序，不具有其他意义，因其活动只用一个符号就可代表，故称为单代号网络图。

单代号网络图的基本符号同样包括节点、箭线和线路如图5-17所示。

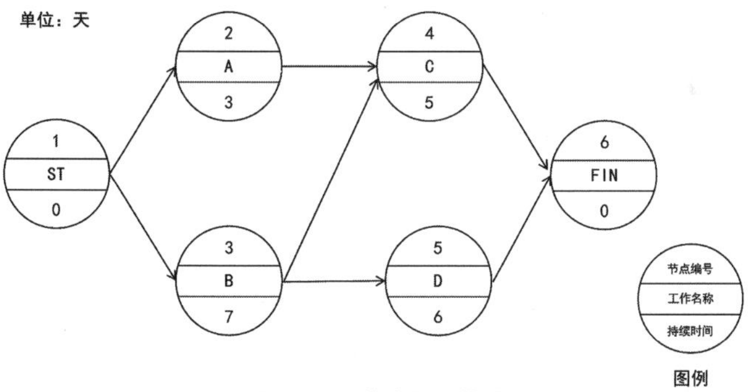

图5-17　单代号网络图

①节点：单代号网络图中每个节点表示一项工作，节点用圆圈或矩形表示；节点所表示的工作名称，持续时间和工作代号等应标注在节点内，单代号网络图中的节点必须编号。编号标注在节点内，其号码可间断，但是严禁重复。一项工作必须有唯一的一个节点及相应的一个编号，箭线的箭尾节点编号应小于箭头节点编号。

②箭线：单代号网络图中的箭线表示紧邻工作之间的逻辑关系，既不占用时间，也不消耗资源，箭线应画成水平的直线、折线或斜线。箭线水平投影方向应自左向右，表示工作的进行方向，工作之间的逻辑关系包括工艺关系和组织关系，在网络中均表现为工作之间的先后顺序。

③线路：单代号网络图中的各条线路应用线路上的节点编号从小到大依次表述。

单代号网络图与双代号网络图相比，也有其特点：

①单代号网络图用节点及其编号表示工作，而箭线仅表示工作间的逻辑关系。

②单代号网络图作图简便，图面简洁，由于没有虚箭线，产生逻辑错误的可能较小。

③单代号网络图用节点表示工作，没有长度概念，不够形象，不便于绘制时标网络图。

④单代号网络图更适合用计算机进行绘制、计算、优化和调整。最新发展起来的几种网络计划形式，如决策网络（DCPM）、图式评审技术（GERT）、前导网络（PN）等，都是采用单代号表示的。

4）单代号网络计划。

单代号网络计划与双代号网络计划的时间参数计算只是表现形式不同，它们所表达的内容和实质则完全一样。在进行单代号网络计划的时间参数计算时，可以参照如图5-18所示标注方式进行具体计算。

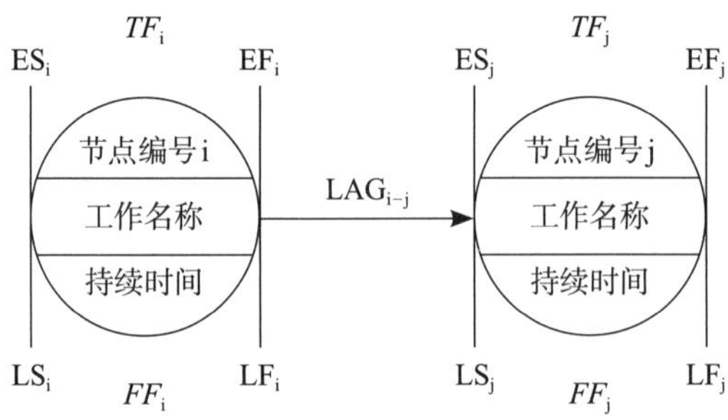

图5-18 单代号网络计划时间参数标注

案例分析：

某单代号网络计划如图5-19所示，计算其时间参数和确定关键线路。

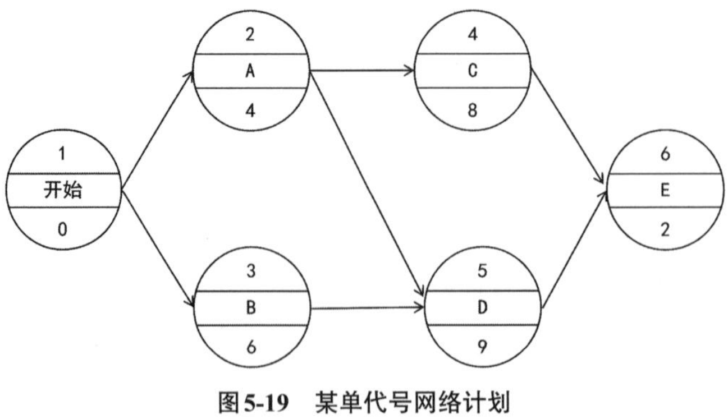

图5-19 某单代号网络计划

①计算工作的最早开始时间和最早完成时间。

工作最早时间的计算应从网络计划的起点节点开始，顺着箭线方向按节点编号从小到大的顺序依次进行，如图5-20所示。

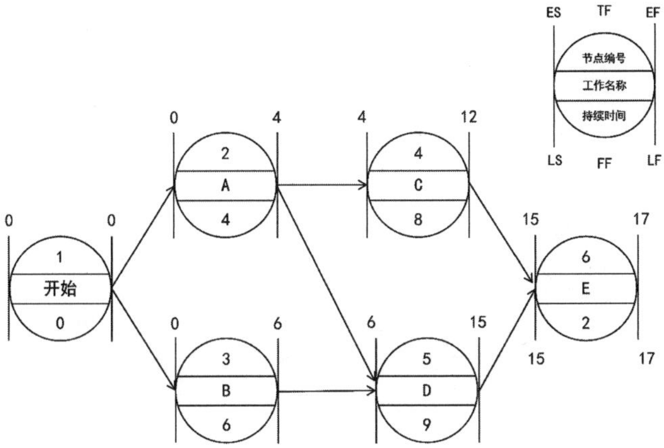

图5-20　计算工作最早开始/完成时间

A.网络计划起点节点所代表的工作，其最早开始时间未规定时取值为0。

B.工作的最早完成时间应等于本工作的最早开始时间与其持续时间之和。

C.其他工作的最早开始时间应等于其紧前工作最早完成时间的最大值。

②网络计划的计算工期等于其终点节点所代表的工作的最早完成时间。

③计算相邻两项工作之间的时间间隔（LAG_{i-j}）。

相邻两项工作之间的时间间隔是指其紧后工作的最早开始时间与本工作最早完成时间的差值，如图5-21所示。

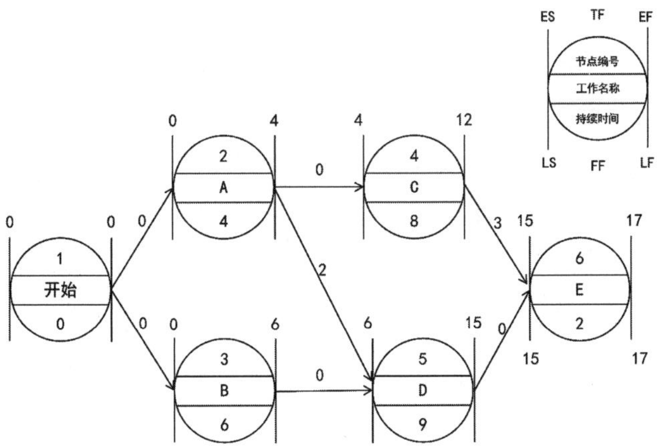

图5-21　计算工作时间间隔

④计算工作的总时差如图5-22所示 。

工作总时差的计算应从网络计划的终点节点开始，逆着箭线方向按节点编号从大到小的顺序依次进行。

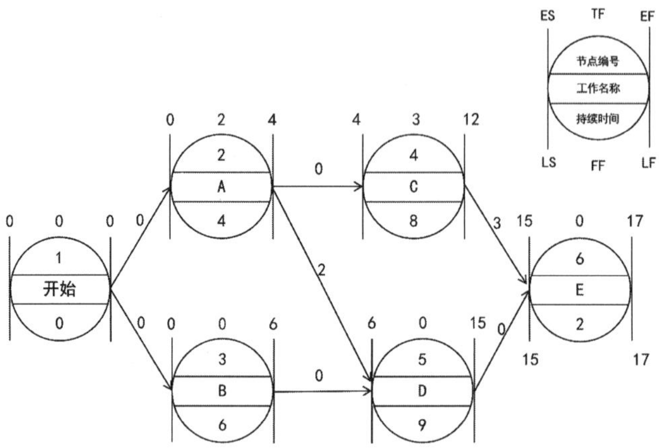

图5-22 计算工作总时差

A.网络计划终点节点*n*所代表的工作的总时差应等于计划工期与计算工期之差。

当计划工期等于计算工期时，该工作的总时差为零。

B.其他工作的总时差应等于本工作与其他紧后工作之间的时间间隔加该紧后工作的总时差所得之和的最小值。

⑤计算工作的自由时差如图5-23所示。

A.网络计划终点节点*n*所代表的工作的自由时差等于计划工期与本工作的最早完成时间之差。

B.其他工作的自由时差等于本工作与其紧后工作之间时间间隔的最小值。

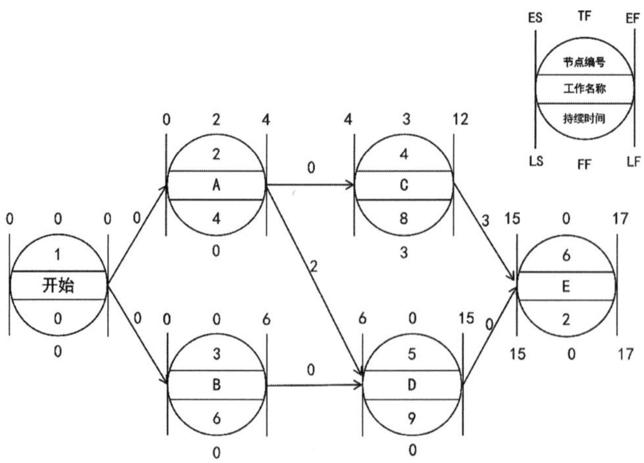

图5-23 计算工作自由时差

⑥计算工作的最迟完成时间和最迟开始时间如图5-24所示。

工作的最迟完成时间和最迟开始时间的计算可根据总时差计算。

A.工作的最迟完成时间等于本工作的最早完成时间与其总时差之和。

B.工作的最迟开始时间等于本工作的最早开始时间与其总时差之和。

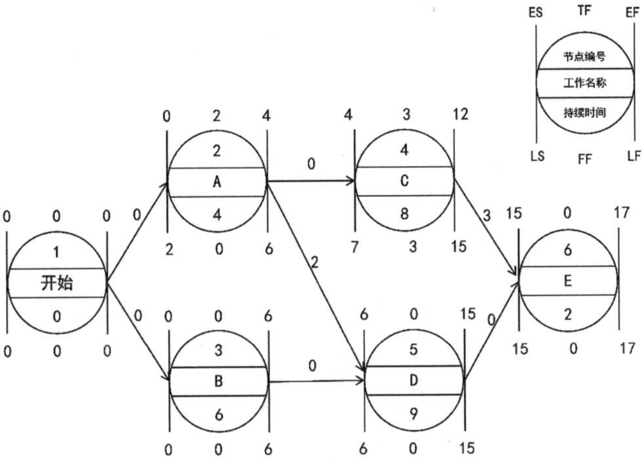

图5-24 计算工作最迟完成/开始时间

⑦确定网络计划的关键线路如图5-25所示。

A.利用关键工作确定关键线路。

如前所述，总时差最小的工作为关键工作。将这些关键工作相连，并保证相邻两项关键工作之间的时间间隔为零而构成的线路就是关键线路。

B.利用相邻两项工作之间的时间间隔确定关键线路。

从网络计划的终点节点开始，逆着箭线方向依次找出相邻两项工作之间时间间隔为零的线路就是关键线路。

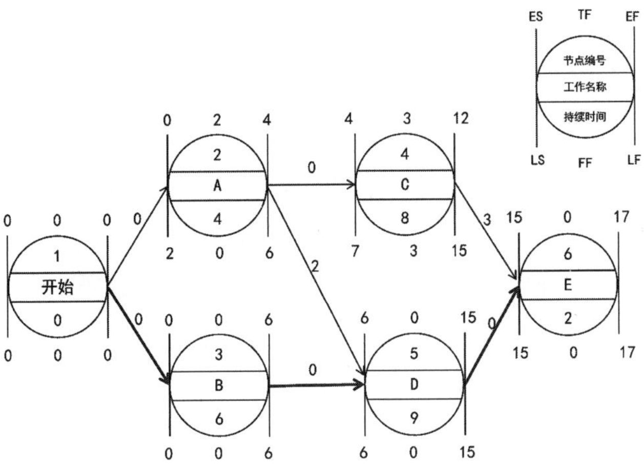

图5-25 确定关键线路

在网络计划中，关键线路可以用粗箭线或双箭线标出。

7.项目不同阶段的进度计划和各方管理职责

按照项目不同阶段的先后顺序，项目进度计划可以分为以下几种计划：

（1）项目实施计划。

承包商基于业主给定的重大里程碑时间（开工、完工、试运、投产），根据自己在设计、采办、施工等各方面的资源，综合考虑国内外局势以及项目所在国的社会及经济情况制定出的总体实施计划。

该计划明确了人员设备动迁、营地建设、设备与材料运输、开工、主体施工、机械完工、试运、投产和移交等各方面工作的计划安排。

（2）详细地执行计划（目标计划）。

由承包商在授标后一段时间内（一般是一个月）向工程师递交的进度计划。该计划是建立在项目实施计划基础之上，根据设计部提出的项目设计文件清单和设备材料的采办清单。以及施工部提出的项目施工部署，制定出详细的工作分解，再根据施工网络技术原理，按照紧前紧后工序编制完成。该计划在工程师批准后即构成正式的目标计划予以执行。

（3）详细地执行计划（更新计划）。

在目标计划的执行过程中，通过对实施过程的跟踪检查，找出实际进度与计划进度之间的偏差，分析偏差原因并找出解决办法。如果无法完成原来的目标计划，那么必须修改原来的计划形成更新计划。更新计划是依据实际情况对目标计划进行的调整，更新计划的批准将意味着目标计划中逻辑关系、工作时段、业主供货时间等方面修改计划的批准。

（4）各方进度管理职责。

1）建设单位进度管理职责。

①明确项目总体进度目标。

②审阅、批准项目项目管理机构编制的施工阶段总进度计划。

③监督、指导项目管理机构对于进度工作的监控和推进，保证进度计划各重大节点按时完成。

④组织、协调单独发包的材料、设备按照需求计划进场。

⑤审阅、批准项目竣工验收总进度节点计划。

⑥配合审计、纪检监察部门的监督工作。

2）项目管理机构进度管理职责。

①协助起草、编制项目施工阶段总进度节点计划。

②负责项目各单项工程总进度计划之间的协调、管理。

③负责审批监理审核的施工进度计划。

④组织、督促施工单位编制建设单位单独发包材料、设备总需求计划。

⑤督促监理单位与施工单位的施工阶段进度和计划管理，确保工程进度按计划进行。

⑥负责施工进度计划实施信息的收集、统计。

⑦配合索赔、反索赔工作中涉及工期的论证。

⑧配合招标采购、合同谈判中涉及工期（进度）的相关条款的制定、协商。

⑨协助制定项目竣工验收总进度节点计划。

⑩配合审计、纪检监察部门的监督工作。

⑪完成建设单位交办的其他相关工作。

3）项目监理机构进度管理职责。

①配合项目管理机构起草、编制项目施工阶段总进度计划。

②配合项目各单项工程总进度计划之间的协调、管理。

③配合编制建设单位单独发包材料、设备总需求计划。

④负责审查施工单位提供的施工进度计划，必须符合建设单位的总体进度计划。

⑤对项目进度计划实施监督、检查、汇报。协助并参与进度管理专题会议，提出纠偏措施建议，并督促纠偏措施的实施。

⑥配合索赔、反索赔工作中涉及工期的论证。

⑦配合制定项目竣工验收总进度节点计划。

⑧配合审计、纪检监察部门的监督工作。

⑨完成建设单位交办的其他相关工作。

4）施工单位进度管理职责。

①编制承包项目施工总进度计划。

②向项目监理机构申报总进度计划，并按照项目监理机构要求修改、调整计划。

②经批准后，执行施工总进度计划。

③编制建设单位单独发包材料、设备进场计划，并报工程监理机构审核。

④针对进度滞后，提出纠偏措施，按照全过程咨询单位（工程监理机构）审核的措施执行。

（二）现场进度控制与进度计划调整

1. 目的

（1）掌控实际进度情况，便于项目管理机构综合协调。

（2）通过实际进度与施工进度计划对比，可及时纠正进度偏差。

2. 任务

（1）项目管理机构可要求工程监理机构定期汇报施工阶段进度信息，包括现场实际施工进度情况、施工单位投入资源、材料设备供应、需建设单位配合事宜等，以及实际进度与进度计划的偏差情况。

（2）根据进度偏差情况进一步分析进度偏差原因及其对投资、质量、安全等主要目标的影响，并结合进度偏差原因及工程监理机构的进度纠偏通知或意见，采取合理的进度控制措施进行纠偏，主要包括例会协调、相关方主要负责人约谈、经济奖罚措施等。必要时，根据项目实际情况调整部分节点计划，确保实现施工总进度计划目标。

（3）由项目监理机构审核施工期间阶段性进度计划，并报项目管理机构批准，报建设单位备案。项目管理机构在批准阶段性进度计划时，应注意计划是否符合施工总进度计划的关键节点、里程碑的进度要求。

（4）当施工期间发生对进度影响较大的情况，如重大变更（合同变更、设计变更）、不可抗力或建设单位提出的大幅度调整时，使得原施工总进度计划无法实现，项目管理机构应重新组织相关单位对施工总进度计划及关键节点、里程碑计划等进行调整。

3. 相关流程

现场进度控制流程如图5-26所示。

4. 参考表格

（1）形象进度见表5-18。

（2）项目进度状况分析见表5-19。

5. 相关知识

（1）项目进度检查方法。

项目进度检查主要是通过定期地、经常地收集由承包单位提交的有关进度报表资料进行，进度报表可以由监理单位指定其格式等有关要求，内容一般应包括：工作的开始时间、完成时间、持续时间、逻辑关系、实物工程量和工作量，以及工作时差的利用情况等。另外，驻地监理人员现场也必须及时跟踪检查建设工程

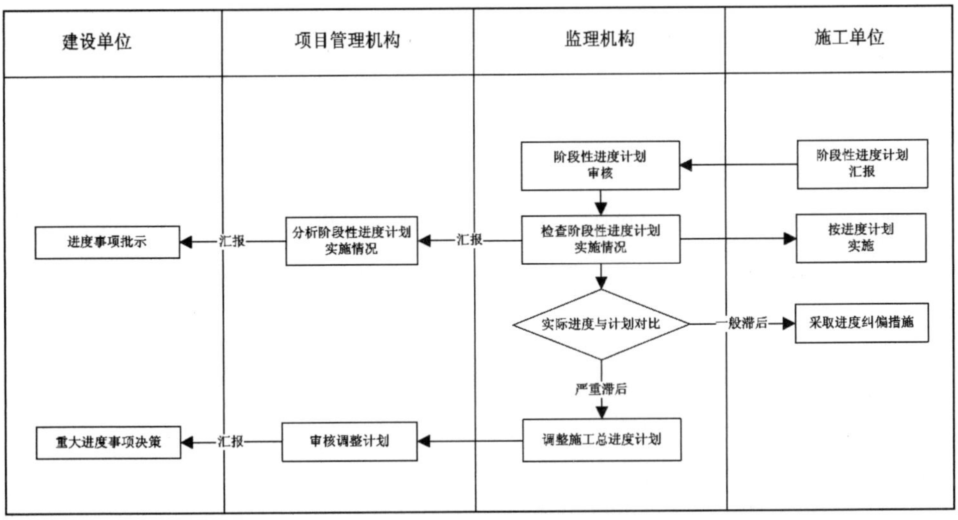

图 5-26 现场进度控制流程图

形象进度表 表 5-18

序号	任务编号	任务名称	总工程量	单位	本月完成数量		至本月累计数量		下月计划完成数量		至下月累计数量		备注
					工程量	百分比	工程量	百分比	工程量	百分比	工程量	百分比	

项目进度状况分析表 表 5-19

序号	工作任务	任务编码	责任方	计划持续时间	计划进度		实际进度			进度分析
					最早开始时间	最迟结束时间	开始时间	已进展时间	结束时间（或可能结束时间）	

的实际进展情况。进度检查的间隔时间应视建设工程的类型、规模、监理范围及施工现场的条件等多方面的因素而定。除上述两种方式外，由监理工程师定期组织现场施工负责人召开现场会议，也是获得建设工程实际进展情况的一种方式。

（2）项目进度比较方法。

项目进度比较主要采用对比法，即通过对比实际进度和计划进度情况，确定当前实际进度与计划进度是否一致，实际进度是超前、滞后还是正常，以便进行相关的进度管理工作。

项目进度比较方法主要有横道图比较法、S曲线比较法、香蕉曲线比较法、前锋线比较法、列表比较法等。

1）横道图比较法。

横道图比较法是指将在项目实施中检查实际进度收集的信息，经整理后直接用横道线并列标于原计划的横道线处，进行直观比较的方法。横道图比较法通过项目施工进度情况的记录与比较，为进度控制者提供了实际施工进度与计划进度之间的偏差，为采取调整措施提供了明确的方向。这一比较法形象直观，编制方法简单，使用方便，应用广泛，是人们施工中进行施工项目进度控制经常用的一种最简单、最熟悉的方法。但是它仅适用于施工中的各项工作都是按均匀的速度进行的情况，即每项工作在单位时间里完成的任务量都是各自相等的。完成任务量可以用实物工程量、劳动消耗量和工作量3种物理量表示，为了比较方便，一般用它们实际完成量的累计百分比与计划的应完成量的累计百分比进行比较。

根据施工项目施工中各项工作的速度不一定相同，以及进度控制要求和提供的进度信息不同，可以采用以下几种方法：

①匀速施工横道图比较法。

匀速施工是指施工项目中，每项工作的施工进展速度都是匀速的，即在单位时间内完成的任务量都是相等的，累计完成的任务量与时间呈线性变化。横道图比较法，是把在项目施工中检查实际进度收集的信息，经整理后直接用横道线并列标于原计划的横道线一起，进行直观比较的方法。

②非匀速进展横道图比较法。

当工作在不同的单位时间里的进展速度不同时，可以采用非匀速进展横道图比较法。该方法在表示工作实际进度的涂黑粗线同时，并标出其对应时刻完成任务的累计百分比，将该百分比与其同时刻计划完成任务的累计百分比相比较，判断工作的实际进度与计划进度之间的关系。

③双比例单侧横道图比较法。

双比例单侧横道图比较法是适用于工作的进度按变速进展的情况下，工作实际进度与计划进度进行比较的一种方法。它是在表示工作实际进度的涂黑粗线同时，在表上标出某对应时刻完成任务的累计百分比，将该百分比与其同时刻计划完成任务累计百分比相比较，判断工作的实际进度与计划进度之间的关系的一种方法。

④双比例双侧横道图比较法。

双比例双侧横道图比较法，是双比例单侧横道图比较法的改进和发展，它是将表示工作实际进度的涂黑粗线，按照检查的期间和完成的累计百分比交替地绘制在计划横道线上下两面，其长度表示该时间内完成的任务量。工作的实际完成累计百分比标于横道线的下面的检查日期处，通过两个上下相对的百分比相比较，判断该工作的实际进度与计划进度之间关系。这种比较方法从各阶段的涂黑粗线的长度看出各期间实际完成的任务量及其本期间的实际进度与计划进度之间关系。

案例分析：

某土方施工工期为10天，其要求的施工进度计划累计完成百分比见表5-20。

土方施工进度计划累计完成百分比　　表5-20

时间（天）	1	2	3	4	5	6	7	8	9	10
计划累计完成百分比	10%	25%	30%	40%	55%	60%	70%	80%	90%	100%

实际施工中，第三天下午因机械故障停工半天，第六天因天气原因停工一天，且各天记录的实际完成情况见表5-21。

土方施工进度实际累计完成百分比　　表5-21

时间（天）	1	2	3	4	5	6	7	8	9	10
计划累计完成百分比	15%	30%	40%	55%	65%	65%	80%	90%	100%	100%

根据以上信息，利用横道图比较法对本项施工作业进度情况进行分析。

本项土方施工作业的实际进度与计划进度横道图对比如图5-27所示。

从比较图中可以看出，在第1天末进行施工进度检查时，进度实际累计完成百分比为15%，计划累计完成百分比为10%，实际进度超前5%；在第5天末进行施工进度检查时，进度实际累计完成百分比为65%，计划累计完成百分比为55%，实际进度超前10%；第6天未进行施工，故横道图为涂白粗线；在第9天

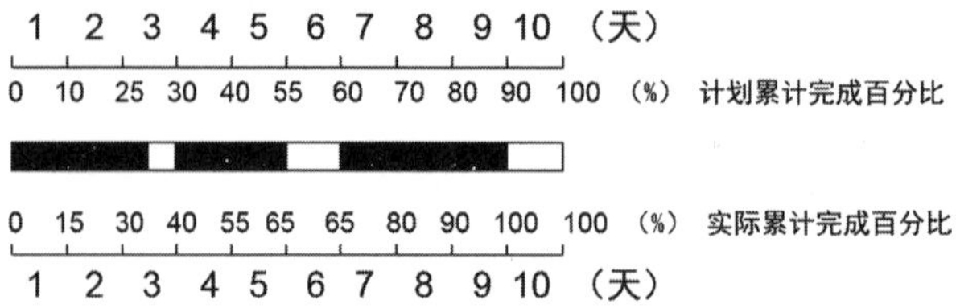

图5-27　某工程实际进度与计划进度横道图

末进行施工进度检查时，进度实际累计完成百分比为100%，计划累计完成百分比为90%，实际进度超前10%，且本项工作提前1天完成。

2）S曲线比较法。

一般而言，通常情况下从整个工程项目实施进展全过程看，单位时间投入的资源量一般是开始和结束时较少，中间阶段较多。与其相对应，单位时间完成的任务量也呈同样的变化规律。若以横坐标表示时间、纵坐标表示累计完成任务量，可以绘制一条按时间累计完成任务量的时间-进度曲线。由于其形似英文字母“S”，因此而得名S曲线，如图5-28所示。

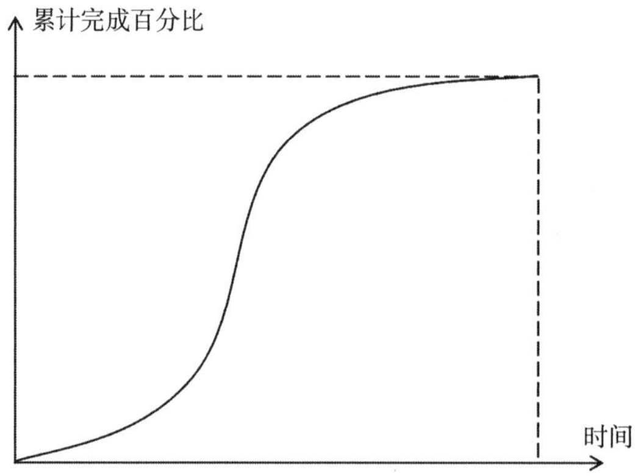

图5-28　进度S曲线

S曲线比较法即是在图上进行工程项目实际进度与计划进度的直观比较的进度检查比较方法。一般情况下，进度控制人员在工程项目施工前根据进度计划绘制出相应的S曲线，以作为进度控制的参照和依据。在工程项目实施过程中，再按照规定时间将检查收集到的实际累计完成任务量绘制在原计划S曲线图上，即可得到实际进度S曲线，如图5-29所示。

比较计划进度S曲线和实际进度线可以得到如下信息：

①项目实际进度与计划进度比较，如果工程实际进展点落在计划S曲线左侧，表明此时实际进度比计划进度超前；如果工程实际进展点落在S计划曲线右

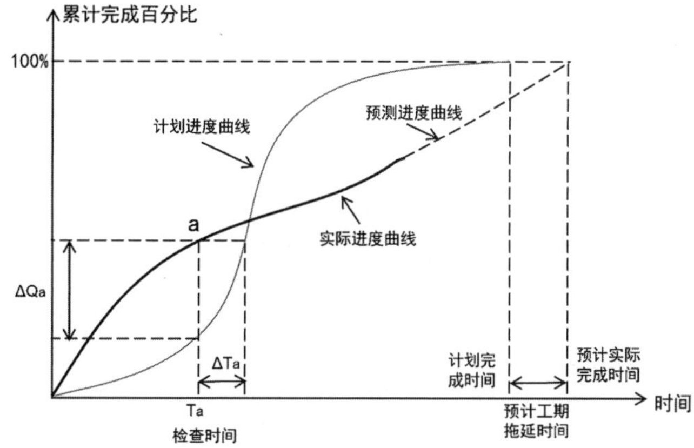

图5-29　S曲线比较法

侧，表明此时实际进度拖后；如果工程实际进展点正好落在计划S曲线上，则表示此时实际进度与计划进度一致。

②项目实际进度比计划进度超前或拖后的时间。

③任务量完成情况，即工程项目实际进度比计划进度超额或拖欠的任务量。

④后期工程进度预测。

3）香蕉曲线比较法。

香蕉曲线是两条S曲线组合成的闭合曲线，从S曲线比较法中得知，按某一时间开始的施工项目的进度计划，其计划实施过程中进行时间与累计完成任务量的关系都可以用一条S曲线表示。对于一个施工项目的网络计划，在理论上总是分为最早和最迟两种开始与完成时间的。因此，一般情况，任何一个施工项目的网络计划，都可以绘制出两条曲线：其一是计划以各项工作的最早开始时间安排进度而绘制的S曲线，称为ES曲线。其二是计划以各项工作的最迟开始时间安排进度，而绘制的S曲线，称为LS曲线。

两条S曲线都是从计划的开始时刻开始和完成时刻结束，因此两条曲线是闭合的。一般情况，其余时刻ES曲线上的各点均落在LS曲线相应点的左侧，形成一个形如香蕉的曲线，故此称为香蕉曲线，如图5-30所示。利用香蕉曲线，可以进行进度的合理安排，进行施工实际进度与计划进度比较，确定在检查状态下后期工程的ES曲线和LS曲线的发展趋势。在项目的实施和进度管理过程中，进度控制的理想状况是任一时刻按实际进度描绘的点，应落在该香蕉曲线的区域内。

香蕉曲线：

香蕉曲线的作图方法与S曲线的作图方法基本一致，所不同之处在于它是分别以工作的最早开始时间和最迟开始时间而绘制的两条S曲线的结合。其具体步

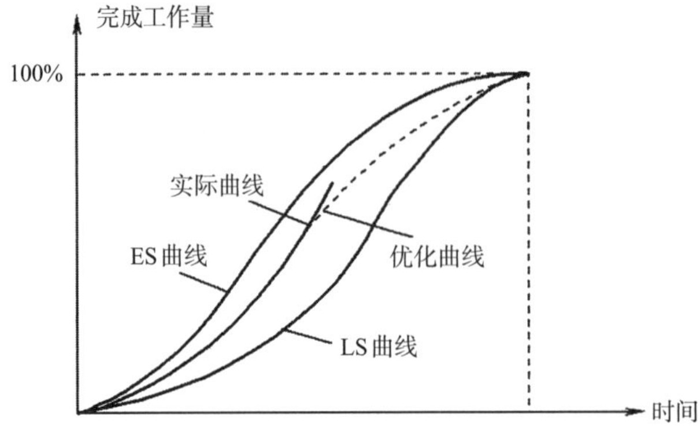

图5-30　香蕉曲线

骤如下：

①以施工项目的网络计划为基础，确定该施工项目的工作数目n和计划检查次数m，并计算时间参数ES_i和LS_i（i=1，2，…，n）。

②确定各项工作在不同时间，计划完成任务量。

分为两种情况：

A.以施工项目的最早时标网络图为准，确定各工作在各单位时间的计划完成任务量，常用q_{ij}表示，即第i项工作按最早时间开工，在第j时间完成的任务量（i=1，2，…，n；j=1，2，…，m）。

B.以施工项目的最迟时标网络图为准，确定各工作在各单位时间的计划完成任务量用q_{ij}表示，即第i项工作按最迟开始时间开工，在第j时间完成的任务量（i=1，2，…，n；j=1，2，…，m）。

③计算施工项目总任务量。

④计算在j时刻完成的总任务量分为两种情况。

⑤计算在j时刻完成项目总任务量百分比也分为两种情况。

⑥绘制香蕉曲线。

按（j=1，2，…，m）描绘各点，并连接各点得出ES曲线；按（j=1，2，…，m）描绘各点，并连接各点得出LS曲线，由ES曲线和LS曲线组成“香蕉”曲线。

在项目实施过程中，按同样的方法，将每次检查的各项工作实际完成的任务量，代入上述各相应公式，计算出不同时间实际完成任务量的百分比，并在香蕉型曲线的平面内给出实际进度曲线，便可以进行实际进度与计划进度的比较。

4）前锋线比较法。

前锋线比较法，即通过绘制某检查时刻工程项目实际进度前锋线，进行工程实际进度与计划进度比较的方法，它主要适用于时标网络计划。所谓前锋线，是指在原时标网络计划上，从检查时刻的时标点出发，用点划线依此将各项工作实际进展位置点连接而成的折线。前锋线比较法就是通过实际进度前锋线与原进度计划中各工作箭线交点的位置来判断工作实际进度与计划进度的偏差，进而判定该偏差对后续工作及总工期影响程度的一种方法。前锋线比较法既适用于工作实际进度与计划进度之间的局部比较，又可用来分析和预测工程项目整体进度状况。

采用前锋线比较法进行实际进度与计划进度的比较，其步骤如下：

① 绘制时标网络计划图。

工程项目实际进度前锋线是在时标网络计划图上标示，为清楚起见，可在时标网络计划图的上方和下方各设一时间坐标。

② 绘制实际进度前锋线。

一般从时标网络计划图上方时间坐标的检查日期开始绘制，依次连接相邻工作的实际进展位置点，最后与时标网络计划图下方坐标的检查日期相连接。

工作实际进展位置点的标定方法有两种：

A. 按该工作已完任务量比例进行标定。

假设工程项目中各项工作均为匀速进展，根据实际进度检查时刻该工作已完任务量占其计划完成总任务量的比例，在工作箭线上从左至右按相同的比例标定其实际进展位置点。

B. 按尚需作业时间进行标定。

当某些工作的持续时间难以按实物工程量来计算而只能凭经验估算时，可以先估算出检查时刻到该工作全部完成尚需作业的时间，然后在该工作箭线上从右向左逆向标定其实际进展位置点。

③ 进行实际进度与计划进度的比较。

前锋线可以直观地反映出检查日期有关工作实际进度与计划进度之间的关系。对某项工作来说，其实际进度与计划进度之间的关系可能存在以下3种情况：

A. 工作实际进展位置点落在检查日期的左侧，表明该工作实际进度拖后，拖后的时间为二者之差。

B. 工作实际进展位置点与检查日期重合，表明该工作实际进度与计划进度一致。

C. 工作实际进展位置点落在检查日期的右侧，表明该工作实际进度超前，超前的时间为二者之差。

④ 预测进度偏差对后续工作及总工期的影响。

通过实际进度与计划进度的比较确定进度偏差后，还可根据工作的自由时差和总时差预测该进度偏差对后续工作及项目总工期的影响。

案例分析：

某分部工程施工时，其网络计划如下图所示。在第4天末时检查，C工作完成了该工作的1/3的工作量，D工作完成了该工作的1/4工作量，E工作已全部完成该工作的工作量，则实际进度前锋线为图5-31中所示点划线构成的折线。

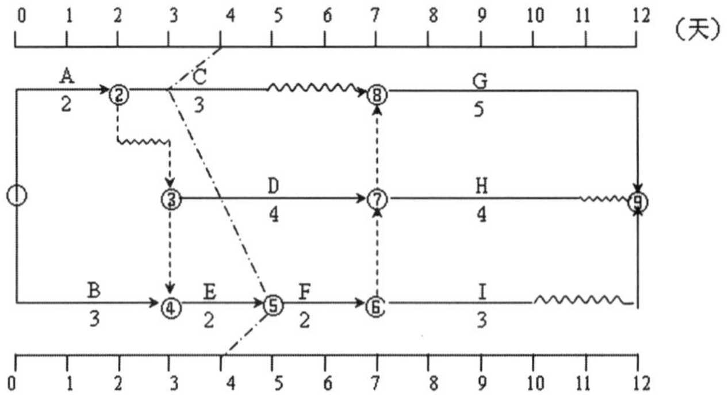

图5-31　某分部工程前锋线比较图

通过比较可以看出：

①工作C实际进度拖后1天，其总时差和自由时差均为2天，既不影响总工期，也不影响其后续工作的正常进行。

②工作D实际进度与计划进度相同，对总工期和后续工作均无影响。

③工作E实际进度提前1天，对总工期无影响，将使其后续工作F、I的最早开始时间提前1天。

综上所述，该检查时刻各工作的实际进度对总工期无影响，将使工作F、I的最早开始时间提前1天。

5）列表比较法。

列表比较法，是指记录检查时正在进行的工作名称和已进行的天数，然后列表计算有关参数，根据原有总时差和尚有总时差进行实际进度与计划进度相比较的方法。

当采用此方法时，主要步骤为：

①计算检查时正在进行的工作。

②计算工作最迟完成时间。

③计算工作时差。

④填表分析工作实际进度与计划进度的偏差。

在运用列表比较法时，工作实际进度与计划进度的偏差可能有以下几种情况：

①若工作尚有总时与原有总时相等，则说明该工作的实际进度与计划进度一致。

②若工作尚有总时差小于原有总时差，但仍为正值，则说明该工作的实际进度比计划进度拖后，产生偏差值为二者之差，但不影响总工期。

③若尚有总时差为负值，则说明对总工期有影响，应当进行调整。

（三）现场进度计划调整要求和方法

一个工程项目在实施过程中，往往是计划赶不上变化，实际进展情况与计划进展情况不符甚至出现重大的偏差，都是经常会出现的现象。因此，根据实际情况，重新调整和更新优化进度计划也是进行进度管理工作的一项经常性工作和重要内容，这也体现了进度管理工作动态控制的原理和要求。

根据实际进度与计划进度比较分析结果，以保持项目工期不变、保证项目质量和所耗费用最少为目标，进行项目进度更新调整，这是进行进度控制和进度管理的宗旨。

1.进度计划的调整要求

进度计划执行过程中如发生实际进度与计划进度不符，则必须修改与调整原定计划，从而使之与变化以后的实际情况相适应。

由于一项工程任务系由多个工作过程组成，且每一工作过程的完成往往均可以采用不同的施工方法与组织方法，而不同方法对工作持续时间、费用和资源投入种类、数量均可具有不同要求，这样从客观上讲，工程进度的计划安排往往可以存在多种方案，对处于执行过程中的进度计划进行的调整而言，则同样也会因此而具有充分的时空余裕，进度计划执行过程中对原定计划进行调整不但是必要的，而且也是可行的。

更为准确地讲，进度计划执行过程中的调整究竟有无必要还应视进度偏差的具体情况而定，不是进度超前了就好，滞后了就不好，进度的超前和滞后都可能对最终能否达到预期进度目标有影响，不能一概而论，需要具体问题具体分析，对此分析说明如下：

（1）当进度偏差体现为某项工作的实际进度超前，由网络计划技术原理可知，作为网络计划中的一项非关键工作，其实际进度的超前事实上不会对计划工期形成任何影响，换言之，计划工期不会因非关键工作的进度提前而同步缩短。由于加快某些个别工作的实施进度，往往可导致资源使用情况发生变化，管理过程中稍有疏忽甚至可能打乱整个原定计划对资源使用所作的合理安排，特别是在有多个平行分包单位施工的情况下，由此而引起的后续工作时间安排的变化往往会给项目管理者的协调工作带来许多麻烦，这就使得加快非关键工作进度所付出的代价并不能够收到缩短计划工期的相应效果。另一方面，对网络计划中的一项关键工作而言，尽管其实施进度提前可引起计划工期的缩短，但基于上述原因，往往同样也会使缩短部分工期的实际效果得不偿失。因此，当进度计划执行过程中产生的进度偏差体现为某项工作的实际进度超前，若超前幅度不大，此时计划不必调整；当超前幅度过大，则此时计划必须调整。

（2）进度计划执行过程中，当进度偏差体现为某项工作的实际进度滞后，此种情况下是否调整原定计划通常应视进度偏差和相应工作总时差及自由对差的比较结果而定。由网络计划原理定义的工作时差概念可知，当进度偏差体现为某项工作的实际进度滞后，决定对进度计划是否作出相应调整的具体情形可分述如下：

1）若出现进度偏差的工作为关键工作，则由于工作进度滞后，必然会引起后续工作最早开工时间的延误和整个计划工期的相应延长，因而必须对原定进度计划采取相应调整措施。

2）当出现进度偏差的工作为非关键工作，且工作进度滞后天数已超出其总时差，则由于工作进度延误同样会引起后续工作最早开工时间的延误和整个计划工期的相应延长，因而必须对原定进度计划采取相应调整措施。

3）若出现进度偏差的工作为非关键工作，且工作进度滞后天数已超出其自由时差而未超出其总时差，则由于工作进度延误只引起后续工作最早开工时间的拖延而对整个计划工期并无影响，因而此时只有在后续工作最早开工时间不宜推后的情况下才考虑对原定进度计划采取相应调整措施。

4）若出现进度偏差的工作为非关键工作，且工作进度滞后天数未超出其自由时差，则由于工作进度延误对后续工作的最早开工时间和整个计划工期均无影响，因而不必对原总进度采取任何调整措施。

2.进度计划的调整方法

按上述进度计划的调整要求和原则，计划工作进展超前或滞后均可引起对进度计划进行调整。

针对工作进度超前的情况显然其调整目的是适当放慢工作进度，为此该情况下进度计划的调整方法是适当延长某些后续工作的持续时间。在工程进度计划的如期完成不受影响的情况之下，适当延长某些计划工作的持续时间往往不但可使工程质量得到更为可靠的保证，而且相应降低工程成本。

针对工作进度滞后引起后续工作开工时间或计划工期延误的情况下，进度计划的调整方法则相对复杂，这里主要概括说明计划工期延误情况下进行计划调整的两种主要方法：

（1）改变某些后续工作之间的逻辑关系若进度偏差已影响计划工期，并且有关后续工作之间的逻辑关系允许改变，此时可变更位于关键线路或位于非关键线路但延误时间已超出其总时差的有关工作之间的逻辑关系，从而达到缩短工期的目的。例如可将按原计划安排依次进行的工作关系改变为平行进行、搭接进行或分段流水进行的工作关系。通过变更工作逻辑关系缩短工期往往相对简便易行且效果显著。

（2）缩短某些后续工作的持续时间当进度偏差已影响计划工期，进度计划调整的另一方法是不改变工作之间的逻辑关系而只是压缩某些后续工作的持续时间，以借此加快后期工程进度从而使原计划工期仍然能够得以实现。应用本方法需注意被压缩持续时间的工作应是位于因工作实际进度拖延而引起计划工期延长的关键线路或某些非关键线路上的工作，且这些工作应切实具有压缩持续时间的余地。该方法通常是在网络图中借助图上分析计算直接进行，其基本思路是通过计算到计划执行过程中某一检查时刻剩余网络时间参数的计算结果确定工作进度偏差对计划工期的实际影响程度，再以此为据反过来推算有关工作持续时间的压缩幅度，其具体计算分析步骤一般为：

1）删去截止计划执行情况检查时刻业已完成的工作，将检查计划时的当前日期作为剩余网络的开始日期形成剩余网络。

2）将正处于进行过程中的工作的剩余持续时间标注于剩余网络图中。

3）计算剩余网络的各项时间参数。

4）据剩余网络时间参数的计算结果推算有关工作持续时间的压缩幅度。

顺便指出，上述计划调整过程如果仅采用手算往往可带来较大的计算工作量，而且还会使计算过程十分复杂，而利用电算方法却可以非常容易地解决进度计划调整过程中有关分析计算工作的操作繁复性问题。一些著名的工程管理软件如美国Primavera公司的P3和美国微软公司的MicroSoft Proiect4.0和MicroSoft Project 8.0都具有较强的网络计算处理功能，与此同时国内也陆续推出了不少优秀的同类项目管理软件，所有这些都大大方便了工程网络进度计划的调整工作。需要说明的是，采用压缩计划工作持续时间的方法缩短工期不仅可能会使工程建设项目在质量、费用和资源供应均衡性保持方面蒙受损失，而且还要受到必要的技术间歇时间、气候、施工场地、施工作业空间及施工单位的技术能力和管理素质等诸多条件的限制，因此应用这一方法必须注重从工程具体实际情况出发，以确保方法应用的可行性和实际效果。

通常而言，具体进行进度计划的调整应包括以下内容：工作量的调整；关键工作和非关键工作的调整；工作关系的调整；资源提供条件的调整；必要目标的调整。

1）工作量的调整，主要是增减工作项目。

由于编制计划时考虑不周，或因某些原因需要增加或取消某些工作，则需重新调整网络计划，计算网络参数。增减工作项目不应影响原计划总的逻辑关系，以便使原计划得以实施。因此，增减工作项目只能改变局部的逻辑关系。

增加工作项目，只对原遗漏或不具体的逻辑关系进行补充；减少工作项目，只是对提前完成的工作项目或原不应设置的工作项目予以消除。增减工作项目后，应重新计算网络时间参数，以分析此项调整是否对原计划工期产生影响，若有影响，则应采取措施使之保持不变。

2）关键工作和非关键工作的调整。

关键工作无机动时间，其中任一关键工作持续时间的缩短或延长都会对整个项目工期产生影响。因此，关键工作的调整是项目进度调整更新的重点。

关键工作的调整通常有以下两种情况：

①第一种情况。

关键工作的实际进度较计划进度提前时的调整：若仅要求按计划工期执行，则可利用该机会降低资源强度及费用。实现的方法是，选择后续关键工作中资源消耗量大或直接费用高的予以适当延长，延长的时间不应超过已完成的关键工作提前的量；若要求缩短工期，则应将计划的未完成部分作为一个新的计划，重新计算与调整，按新的计划执行，并保证新的关键工作按新计算的时间完成。

②第二种情况。

关键工作的实际进度较计划进度落后时的调整：调整的目标就是采取措施将耽误的时间补回来，保证项目按期完成。调整的方法主要是缩短后续关键工作的持续时间。这种方法是指在原计划的基础上，采取组织措施或技术措施缩短后续工作的持续时间以弥补时间损失。

非关键工作的调整则需视情况而定。当非关键线路上某些工作的持续时间延长，但不超过其时差范围时，则不会影响项目工期，进度计划不必调整。为了更充分地利用资源、降低成本，必要时可对非关键工作的时差作适当调整，但不得超出总时差，且每次调整均需进行时间参数计算，以观察每次调整对计划的影响。

非关键工作的调整方法有三种：在总时差范围之内延长非关键工作的持续时间、缩短工作的持续时间、调整工作的开始或完成时间。

当非关键线路上某些工作的持续时间延长且超出总时差范围时，则必然会影响整个项目工期，关键线路就会转移。这时，其调整方法与关键线路的调整方法相同。

3）工作关系的调整。

主要指改变某些工作的逻辑关系。若实际进度产生的偏差影响了总工期，则在工作之间的逻辑关系允许改变的条件下，改变关键线路和超过计划工期的非关键线路上有关工作之间的逻辑关系，可以达到缩短工期的目的。这种方法调整的效果是显著的。例如，可以将依次进行的工作变为平行或互相搭接的关系，以缩短工期。但这种调整应以不影响原定计划工期和其他工作之间的顺序为前提，调整的结果不能形成对原计划的否定。

4）资源提供条件的调整。

若资源供应发生异常时，则应进行资源调整。资源供应发生异常是指因供应满足不了需要，如资源强度降低或中断，影响到计划工期的实现。资源调整的前提是保证工期不变或使工期更加合理。资源调整的方法是进行资源优化。

5）必要目标的调整。

必要目标的调整同时还应该重新编制计划。当采用其他方法仍不能奏效时，则应根据工期要求，将剩余工作重新编制网络计划，使其满足工期要求。例如，某项目在实施过程中，由于地质条件的变化，造成已完工程的大面积塌方，耽误工期6个月。为保证该项目在计划工期内完成，应在认真分析研究的基础上，重新编制网络计划，并按新的网络计划组织实施，以保证工期和工程项目的顺利实施。

二、工程项目进度管理案例分析

（一）工程概况

三峡工程是一个具有防洪、发电、航运等综合效益的巨型水利枢纽工程。枢纽主要由大坝、水电站厂房、通航建筑物三部分组成。其中大坝最大坝高181m；电站厂房共装机26台，总装机容量18200MW；通航建筑物由双线连续五级船闸、垂直升船机、临时船闸及上、下游引航道组成，如图5-32所示。

三峡工程规模宏伟，工程量巨大，其主体工程土石方开挖约1亿m^3，土石方填筑4000多万m^3，混凝土浇筑2800多万m^3，钢筋46万t，金属结构安装约26万t。

图5-32　三峡大坝

根据审定的三峡工程初步设计报告，三峡工程建设总工期定为1993～2009年，共17年，工程分三个阶段实施。其中：

1.第一阶段

工程工期为5年（1993～1997年）。

主要控制目标是：1997年5月导流明渠进水；1997年10月导流明渠通航；1997年11月实现大江截流；1997年年底基本建成临时船闸。

2.第二阶段

工程工期为6年（1998～2003年）。

主要控制目标是：1998年5月临时船闸通航；1998年6月二期围堰闭气开始抽水；1998年9月形成二期基坑；1999年2月左岸电站厂房及大坝基础开挖结束，并全面开始混凝土浇筑；1999年9月永久船闸完成闸室段开挖，并全面进入混凝土浇筑阶段；2002年5月二期上游基坑进水；2002年6月永久船闸建完开始调试，2002年9月二期下游基坑进水；2002年11～1 2月三期截流；2003年6月大坝下闸水库开始蓄水，永久船闸通航；2003年4季度第一批机组发电。

3.第三阶段

工程工期为6年（2004～2009年）。

主要控制目标是：2009年年底全部机组发电和三峡枢纽工程建设完成。

（二）进度管理实施过程

1.管理特点

针对三峡工程特点、进度计划编制主体及进度计划涉及内容的范围和时段等具体情况，确定三峡工程进度计划分三个大层次进行管理，即业主层、监理层和施工承包商层。通常业主在工程进度控制上要比监理更宏观一些，但鉴于三峡工程的特性，三峡工程业主对进度的控制要相对深入和细致。这是因为三峡工程规模大、工期长，参与工程建设的监理和施工承包商多。参与三峡工程建设的任何一家监理和施工承包商所监理的工程项目和施工内容都仅仅是三峡工程一个阶段中的一个方面或一个部分，而且业主是设备、物资供应及标段交接和协调上的中介人，形成了进度计划管理的复杂关系。这里面施工承包商在编制分标段进度计划时，受其自身利益及职责范围的限制，除原则上按合同规定实施并保证实现合同确定的阶段目标和工程项目完工时间外，在具体作业安排上、公共资源使用上是不会考虑对其他施工承包商的影响的。也就是说各施工承包商的工程进度计划在监理协调之后，尚不能完全、彻底地解决工程进度计划在空间上、时间上和资源使用上的交叉和冲突矛盾。为满足三峡工程总体进度计划要求，各监理单位控制的工程进度计划还需要协调一次，这个工作自然要由业主来完成，这也就是三峡工程进度计划为什么要分三大层次进行管理的客观原因和进度计划管理的特点。

2. 管理措施

（1）统一进度计划编制办法。

业主根据合同要求制订统一的工程进度计划编制办法，在办法里对工程进度计划编制的原则、内容、编写格式、表达方式、进度计划提交、更新的时间及工程进度计划编制使用的软件等作出统一规定，通过监理转发给各施工承包商，照此执行。

（2）确定工程进度计划编制原则。

三峡工程进度计划编制必须遵守以下原则：

分标段工程进度计划编制必须以工程承包合同、监理发布的有关工程进度计划指令以及国家有关政策、法令和规程规范为依据；分标段工程进度计划的编制必须建立在合理的施工组织设计的基础上，并做到组织、措施及资源落实；分标段工程进度计划应在确保工程施工质量、合理使用资源的前提下，保证工程项目在合同规定工期内完成；工程各项目施工程序要统筹兼顾、衔接合理和干扰少；施工要保持连续、均衡；采用的有关指标既要先进，又要留有余地；分项工程进度计划和分标段进度计划的编制必须服从三峡工程实施阶段的总进度计划要求。

（3）统一进度计划内容要求。

三峡工程进度计划内容主要有两部分，即上一工程进度计划完成情况报告和下一步工程进度计划说明，具体如下：

对上一工程进度计划执行情况进行总结，主要包括以下内容：主体工程完成情况；施工手段形成；施工道路、施工栈桥完成情况；混凝土生产系统建设或运行情况；施工工厂的建设或生产情况；工程质量、工程安全和投资计划等完成情况；边界条件满足情况。

对下一步进度计划需要说明的主要内容有：

为完成工程项目所采取的施工方案和施工措施；按要求完成工程项目的进度和工程量；主要物资材料计划耗用量；施工现场各类人员和下一时段劳动力安排计划：物资、设备的订货、交货和使用安排；工程价款结算情况以及下一时段预计完成的工程投资额；其他需要说明的事项；进度计划网络。

（4）统一进度计划提交、更新的时间。

三峡工程进度计划提交时间规定如下：三峡工程分标段总进度计划要求施工承包商在接到中标通知书后35天内提交，年度进度计划在前一年的12月5日前提交。

三峡工程进度计划更新仅对三峡工程实施阶段的总进度计划和三峡工程分项工程及三峡工程分标段工程总进度计划和年度进度计划进行，并有具体的时间要求。

（5）统一软件、统一格式。

为便于进度计划网络编制主体间的传递、汇总、协调及修改，首先对工程进度计划网络编制使用的软件进行了统一。即三峡工程进度计划网络编制统一使用Primavera Project Planner for Windows（以下简称P3）软件。同时业主对P3软件中的工作结构分解、作业分类码、作业代码及资源代码作出了统一规定。通过工作结构分解的统一规定对不同进度计划编制内容的粗细作出具体要求，即三峡工程总进度计划中的作业项目划分到分部分项目工程。三峡工程分标段进度计划中的作业项目划分到单元工程，甚至到工序。通过作业分类码、作业代码及资源代码的统一规定，实现进度计划的汇总、协调和平衡。

3.进度控制

（1）贯彻、执行总进度计划。

业主对三峡工程进度的控制首先是通过招标文件中的开工、完工时间及阶段目标来实现的；监理则是在上述基础上对工期、阶段目标进一步分解和细化后，编制出三峡工程分标段和分项工程进度计划，以此作为对施工承包商上报的三峡工程分标段工程进度计划的审批依据，确保工程施工按进度计划执行；施工承包商三峡工程分标段工程总进度计划，是在确定了施工方案和施工组织设计后，对招标文件要求的工期、阶段目标进一步分解和细化编制而成。它提交给监理用来响应和保证业主的进度要求。施工承包商的三峡工程分标段工程年度、季度、月度和周进度计划则是告诉监理和业主，如何具体组织和安排生产，并实现进度计划目标的。这样一个程序可以保证三峡工程总进度计划一开始就可以得到正确的贯彻和实施。

上述过程仅仅是进度控制的开始，还不是进度控制的全部，作为完整的进度控制还需要按照动态控制原理和PDCA原理将进度实际执行情况反馈，然后对原有进度计划进行调整，作出下一步计划，这样周而复始，才可能对进度起到及时、有效的控制。

(2)控制手段。

三峡工程用于工程进度控制的具体手段是：建立严格的进度计划会商和审批制度；对进度计划执行进行考核，并实行奖惩；定期更新进度计划，及时调整偏差；通过进度计划滚动(三峡工程分标段工程年度、季度、月度及周度的进度计划编制)编制过程的远粗、近细，实现对工程进度计划动态控制；对三峡工程总进度计划中的关键项目进行重点跟踪控制，达到确保工程建设工期的目的；业主根据整个三峡工程实际进度，统一安排而提出的指导性或目标性的年度、季度总进度计划，用于协调整个三峡工程进度。

(三)进度计划编制辅助支持系统

1.计算机网络建设

为提高工作效率、加强联系并及时互通信息，由业主出资在坝区设计、监理、施工承包商和业主之间建立了计算机局域网，选择Lotus Notes作为信息交换和应用平台，这些基础建设为进度计划编制和传递提供了强有力的手段。

2.混凝土施工仿真系统

三峡水利枢纽主要由混凝土建筑物组成，其混凝土工程量巨大，特别是二阶段工程中的混凝土施工更是峰高、量大。在进度计划编制安排混凝土施工作业程序时，靠过去的手工排块方法，很难在短时间内得出一个较优的混凝土施工程序。在编制进度计划时，为了能够及时、高效地得到一个较优的混凝土施工程序，业主与电力公司成都勘测设计研究院，共同研制三峡二阶段工程厂坝混凝土施工仿真系统和永久船闸混凝土仿真系统，用于解决上述问题。三峡二阶段工程厂坝混凝土施工仿真系统在进度计划编制过程中发挥了巨大作用。

3.工程进度日报系统

要做好施工进度动态控制并及时调整计划部署，就必须建立传递施工现场施工信息的快速通道。针对这样一个问题，业主组织人力利用Notes开发三峡工程日报系统。该系统主要包括实物工程量日完成情况、大型施工设备工作状况、工程施工质量及安全统计结果、物资（主要是水泥和粉煤灰）仓储情况等。利用该系统，业主和监理等有关单位就可及时掌握和了解到工程进展状况。如再通过分析和加工处理，就可为下一步工作提供参考和决策依据。

第三节　工程项目质量管理

一、工程项目质量管理工作

（一）质量控制体系建立

1.目的

（1）能够有效进行系统、全面的质量控制，使项目工作质量体系全面面向项目各参与方。

（2）控制工程质量，使之符合质量技术要求，达到施工阶段质量目标。

2.任务

（1）明确项目总体质量标准体系框架，并确定各层面工程质量控制负责人，形成项目质量控制责任者的关系网络架构。这些工程质量管理负责人包括但不限于项目管理机构人员（负责人、质量部门负责人）、项目监理机构人员（总监理工程师、专业监理工程师）、设计单位（设计负责人、专业设计师等）、施工单位（项目经理、质量员）等。

（2）制定质量控制制度，作为承担建设工程项目实施任务各方主体共同遵循的管理依据。质量控制制度包括质量控制例会制度、协调制度、报告审批制度、质量验收制度和质量信息管理制度等，形成建设工程项目质量控制体系的管理文件或手册。

（3）项目管理机构结合项目管理规划、各参建方合同等内容，明确各参建方施工阶段质量目标以及各参建方之间管理界面分工、各参建方质量责任。

（4）项目管理机构负责人主持编制施工阶段总质量控制计划，并要求各质量责任主体编制与其承担任务范围相符合的各专业质量计划，并按规定程序完成质量计划的审批，作为其实施自身工程质量控制的依据。

3.流程

(1)项目质量控制体系文件编写流程如图5-33所示。

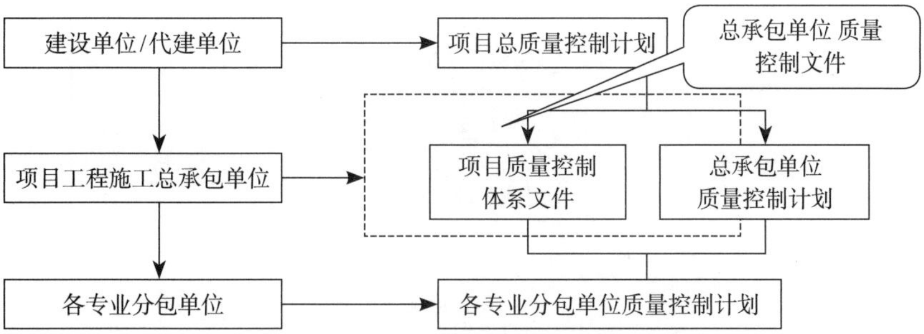

图5-33　项目质量控制体系文件编写流程图

(2)项目质量控制体系运行流程如图5-34所示。

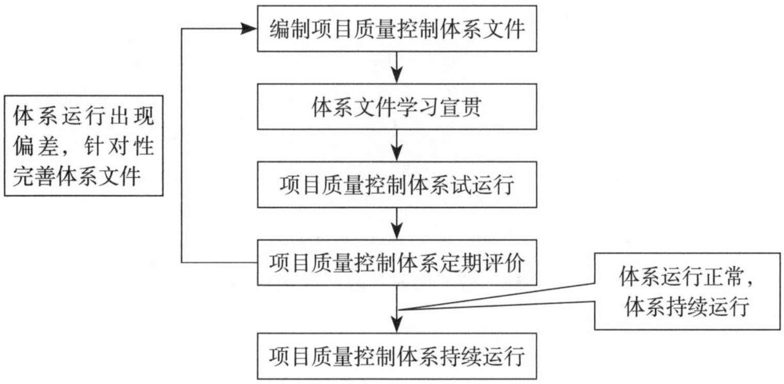

图5-34　项目质量控制体系运行流程图

(3)项目质量控制体系组织架构如图5-35所示。

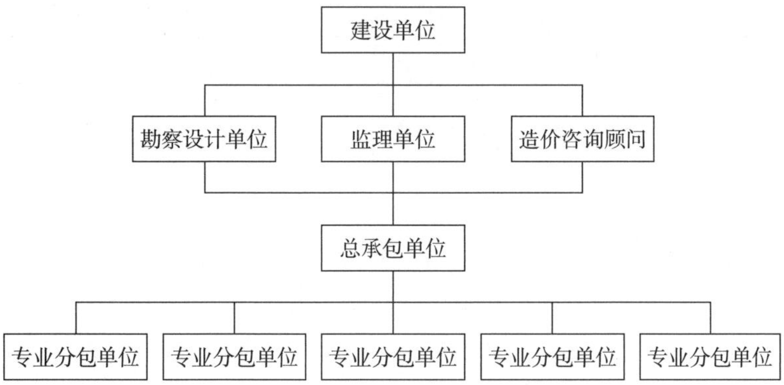

图5-35　施工阶段质量控制体系组织架构图

(4)施工阶段质量控制流程图如图5-36所示。

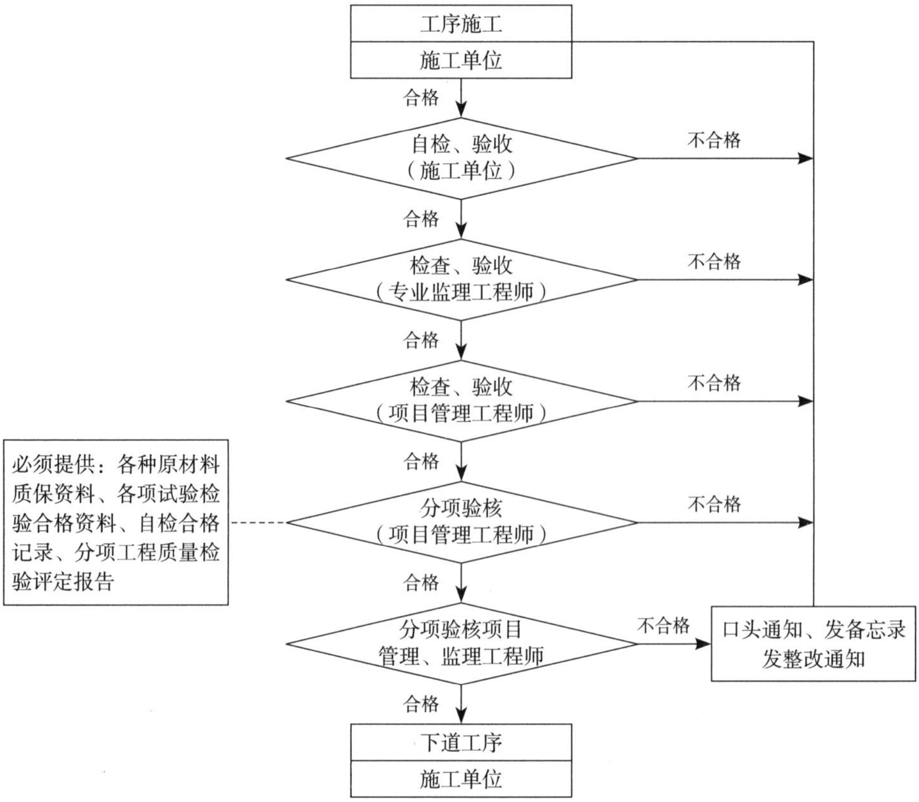

图5-36　施工阶段质量控制流程图

4.参考表格

（1）项目主要参与方质量职责划分表见表5-22。

项目主要参与方质量职责划分表　　　　表5-22

各参与方 工作任务		建设单位	项目管理机构	监理单位	总包单位	监理单位	设计单位	各专业施工单位	其他方
类别	任务名称								

（2）专业施工单位各职能部门的质量职责分工表见表5-23。

专业施工单位各职能部门的质量职责分工表　　表5-23

序号	工作内容	内部各部门质量岗位职责分工						
		项目经理	施工管理	技术管理	质量管理	合约成本	劳务管理	物资采购

（3）质量管理体系要求分配表（供参考），见表5-24。

质量管理体系要求分配表　　表5-24

部门/岗位 要素	项目经理	施工管理	技术管理	质量管理	合约成本	劳务管理	物资采购	……
4.质量管理体系								
4.1总要求								
4.2文件要求								
4.2.1总则								
4.2.2质量手册	★	☆	☆	☆	☆	☆	☆	☆
4.2.3文件控制	☆	☆	☆	☆	☆	☆	☆	☆
4.2.4记录控制		★	☆	☆	☆	☆	☆	☆
5.管理职责								
5.1管理承诺	★	☆	☆	☆	☆	☆	☆	☆
5.2以顾客为关注焦点	★	☆	☆	☆	☆	★	☆	☆
5.3质量方针	★	☆	☆	☆	☆	☆	☆	☆
……								

注：“★”表示主控，“☆”表示相关

5.相关知识

（1）项目质量控制体系的建立原则。

项目质量控制体系的建立应遵循以下原则对于质量目标的规划、分解和有效实施控制是非常重要的。

1）分层次规划原则。

项目质量控制体系的分层次规划，是指项目管理的总组织者（建设单位或代建制项目管理企业）和承担项目实施任务的各参与单位，分别进行不同层次和范围的建设工程项目质量控制体系规划。

2）目标分解原则。

项目质量控制系统总目标的分解，是根据控制系统内工程项目的分解结构，将工程项目的建设标准和质量总体目标分解到各个责任主体，明示于合同条件，由各责任主体制定出相应的质量计划，确定其具体的控制方式和控制措施。

3）质量责任制原则。

项目质量控制体系的建立，应按照《建筑法》和《建设工程质量管理条例》有关工程质量责任的规定，界定各方的质量责任范围和控制要求。

4）系统有效性原则。

项目质量控制体系，应从实际出发，结合项目特点、合同结构和项目管理组织系统的构成情况，建立项目各参与方共同遵循的质量管理制度和控制措施，并形成有效的运行机制。

（2）项目质量控制体系概念与其他。

1）项目质量控制体系概念。

其是特定项目为控制产品质量水准，满足产品的质量要求，而进行的质量测量和监督检查、纠偏控制系统。它是企业质量管理体系在实际项目质量管理中的落实。故一般由项目管理者根据企业质量管理体系文件要求结合项目实际状况和特点编制适合的质量控制体系文件。

2）项目质量控制体系组成。

一般包括实施作业质量标准文件、质量管理制度、管理流程要求、质量记录文件以及质量组织机构。其组织及关系如图5-37所示。

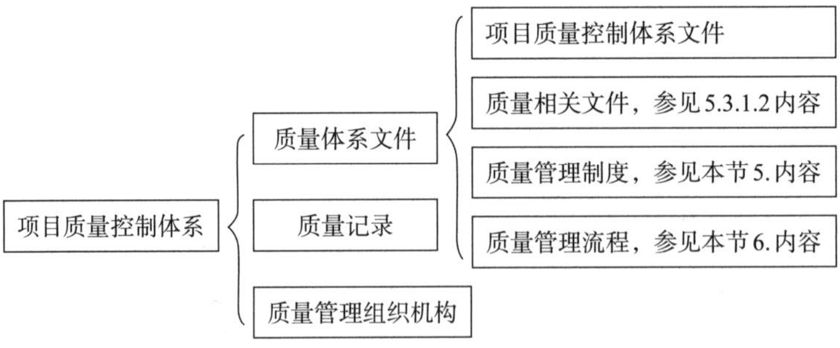

图5-37　项目质量控制体系图

（3）各参与方主要质量责任，见表5-25。

（4）项目质量管理关键人员责任与要求。

项目质量管理关键人员主要指建筑工程项目建设的建设单位项目负责人、勘察单位项目负责人、设计单位项目负责人、施工单位项目经理、监理单位总监理工程师。上述关键人员在工程设计使用年限内对工程质量承担相应责任。

建设项目工程相关参建方的质量责任和义务（部分）　　表5-25

建设单位	勘察、设计单位	施工单位	监理单位
1.应将工程发包给持有相应资质的单位，不得将建设工程肢解发包。 2.应当依法对工程项目的勘察、设计、施工、监理等进行招标。 3.不得迫使承包方以低于成本的价格竞标，不得任意压缩合理工期。 4.实行监理的建设工程，应当委托具有相应资质的监理单位进行监理。 5.领取施工许可证前，应当按照国家有关规定办理工程质量监督。 6.收到建设工程竣工报告后，应当组织相关单位进行竣工验收。 7.应当严格按照国家有关档案管理的规定，及时收集、整理工程项目各环节的文件资料，建立、建全工程项目档案	1.依法取得资质证书，并在其资质等级许可的范围内承揽工程。 2.必须按照工程建设强制性标准进行勘察、设计，并对其质量负责。 3.设计单位应当根据勘察成果文件进行建设工程设计。 4.设计单位在设计文件中选用的建筑材料、建筑构配件和设备，应当注明规格、型号、性能等技术指标。 5.设计单位应当就审查合格的施工图设计文件向施工单位做出详细说明。 6.设计单位应当参与建设工程质量事故分析，并对因设计造成的质量事故，提出相应的技术处理方案	1.依法取得资质证书，并在其资质等级许可的范围内承揽工程。 2.对建设工程的施工质员负责。 3.按照工程设计图纸和施工技术标准施工，不得擅自修改工程设计。 4.必须按照工程设计要求及相关规定，对建筑材料等进行检验，检验应当有书面记录和专人签字。 5.建立、健全施工质量的检验制度，做好隐蔽工程的质量检查和纪录。 6.对施工中出现质量问题的建设工程或者竣工验收不合格的建设工程，应当负责返修。 7.建立、健全教育培训制度，加强对职工的教育培训	1.依法取得资质证书，并在其资质等级许可的范围内承揽业务。 2.与被监理工程的施工承包单位以及建筑材料、设备供应等单位有隶属关系或者其他利害关系的，不得承担该项建设工程的监理业务。 3.应当依照法律、法规以及有关技术标准、设计文件和建设工程承包合同，代表建设单位对施工质量实施监理，并对施工质量承担监理责任。 4.应当选派具备相应资格的总监理工程师和监理工程师进驻施工现场。 5.监理工程师应当按照工程监理规范的要求，采取旁站、巡视和平行检验等形式，对建设工程实施监理

1）建设单位项目负责人。

建设单位项目负责人对工程质量承担全面责任，不得违法发包、肢解发包，不得以任何理由要求勘察、设计、施工、监理单位违反法律法规和工程建设标准，降低工程质量，其违法违规或不当行为造成工程质量事故或质量问题应当承担责任。

2）勘察、设计单位项目负责人。

勘察、设计单位项目负责人应当保证勘察设计文件符合法律法规和工程建设强制性标准的要求，对因勘察、设计导致的工程质量事故或质量问题承担责任。

3）施工单位项目经理。

施工单位项目经理应当按照经审查合格的施工图设计文件和施工技术标准进行施工，对因施工导致的工程质量事故或质量问题承担责任。

4）监理单位总监理工程师。

监理单位总监理工程师应当按照法律法规、有关技术标准、设计文件和工程承包合同进行监理，对施工质量承担监理责任。

（5）质量控制制度。

1）项目质量控制制度（部分目录，供参考）。

2）施工样板管理制度。

3）施工图审核及交底制度。

4）设计协调会及例会会议纪要制度。

5）设立备忘录签发制度。

6）施工组织设计及重大施工专项方案审核制度。

7）工程开工申请审核制度。

8）工程材料半成品质检制度。

9）隐蔽工程及分部分项工程质量验收制度。

10）设计变更处理制度。

11）技术经济签证制度。

12）现场协调会及会议纪要签发制度。

13）施工备忘录签发制度。

14）施工现场紧急情况处理制度。

15）工程款支付审核制度。

16）工程索赔审核制度。

17）项目质量会议制度。

18）质量工作日志制度。

19）周报、月报制度。

（6）质量控制程序。

项目质量控制程序部分目录（供参考），见表5-26。

项目质量控制程序部分目录表（供参考） **表5-26**

程序编号	质量管理程序
QP02	施工组织设计及施工方案审核程序
QP03	材料（设备）样品审批及管理程序
QP04	施工工艺样板管理程序
QP05	现场质量检查及验收程序
QP06	质量不符合项管理程序
QP07	监理工作管理程序

续表

程序编号	质量管理程序
QP08	成品保护工作程序
QP11	设计变更管理程序
QP12	设计交底、图纸会审管理程序

（二）项目质量相关文件评估与管理

1. 目的

（1）确保质量相关文件满足项目质量控制的实际要求。

（2）指导项目实际质量控制管理工作。

（3）确保设备、材料标准统一，利于质量控制和验收。

（4）适应建设单位对于项目具体变更，适时调整相关项目质量指导文件。

2. 任务

（1）项目监理机构对于施工单位提交施工组织设计及专项方案进行审核，审核通报后并报建设单位。

（2）项目监理机构总监理工程师主持、专业监理工程师参加编制项目监理规划专业监理工程师编制监理各专业实施细则，并报总监理工程师审批。

（3）控制、减少、避免不必要的设计变更，减少因设计变更对现场施工造成不利影响。

（4）加强图纸及设计文件收（发）、存管理，做好设计资料管理的可追溯性。

3. 流程

（1）施工组织设计及专项施工方案的审核流程如图5-38所示。

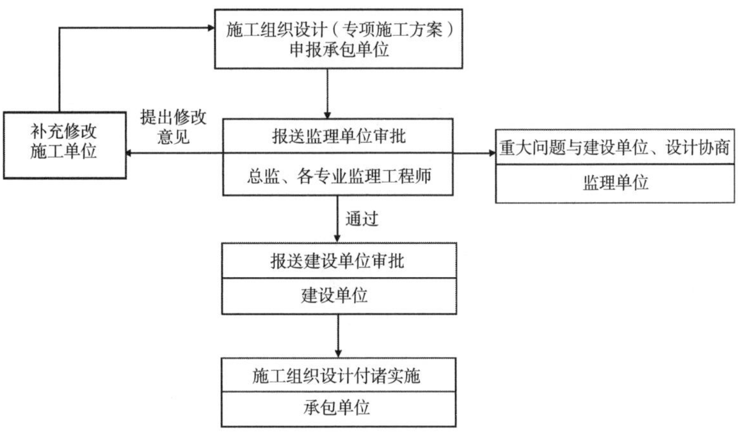

图5-38　施工组织设计及专项施工方案审核流程

(2) 设计变更流程如图5-39所示。

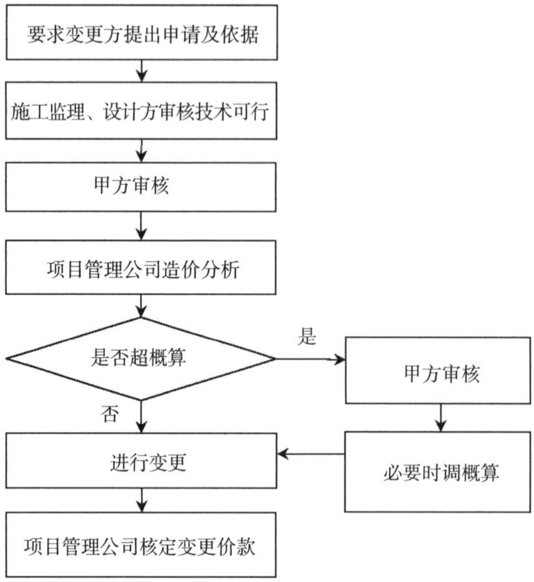

图5-39　设计变更流程

(3) 设计交底（图纸会审）工作流程如图5-40所示。

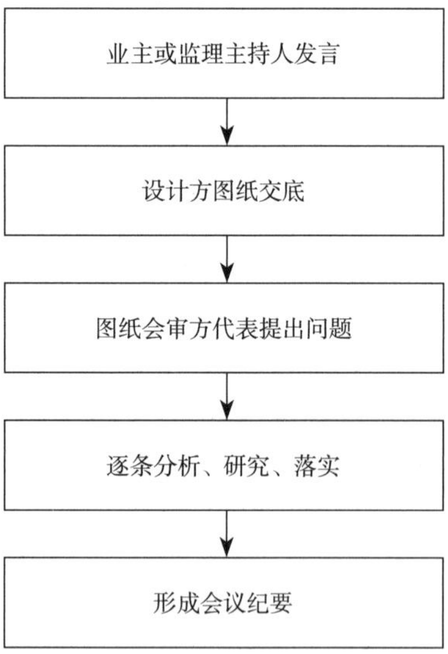

图5-40　设计交底（图纸会审）工作流程

4.参考表格

（1）施工组织设计（专项施工方案）审核意见表（供参考）见表5-27。

施工组织设计（专项施工方案）审核意见表（例表） **表5-27**

<table>
<tr><td>工程名称</td><td>×××工程</td></tr>
<tr><td>编制单位</td><td>×××工程有限公司</td></tr>
<tr><td>编制日期</td><td>××××年××月××日</td></tr>
<tr><td colspan="2">致：新建××××工程项目管理部
我监理项目部已经完成了施工组织设计（施工方案）的审核工作，现将审核意见表上报，请予以审批（备案）。

监理机构（盖章）：
总监理工程师（签字）：
年　月　日</td></tr>
<tr><td colspan="2">建设单位意见：

盖章/签字：　　　　日期</td></tr>
</table>

（2）图纸会审审核意见表（供参考）见表5-28。

图纸会审审核意见表（编号012） **表5-28**

工程名称		×××	日期	××××年×月××日
地点		×××建设单位会议室	专业名称	结构
序号	图号	图纸问题		设计回复
1	结施01	《结构楼层标高混凝土等级示意》中层高以结构标高为准还是以标注尺寸为准		以结构标高为准
2	结施01	《后浇带构造图》中“止水带仅在－4.8m地下室顶板设置”请明确代表的意思		露天的顶板设置止水带，室内的地下室楼板可不设
3	结施01	圈梁、过梁、构造柱混凝土强度等级是C20还是C25，说明中相矛盾		是C25
4	结施01	请明确地下室填充墙砌筑砂浆的强度等级和砂浆类型		按总说明七，3条（M5.0）
5	结施01	请明确填充墙的砌体材料：蒸压砂加气混凝土砌块还是蒸压粉煤灰加气混凝土砌块、水泥砖砌块、陶粒混凝土砌块？卫生间、内墙、外墙、地下室等填充墙砌块材料是否一致		填充墙砌块材料满足建筑节能要求，满足结构的质量及厚度控制、强度等级要求即可
6	结施01	请明确墙、柱、梁所有受力筋均采用机械连接		机械连接、焊接均可
签字栏	建设单位	监理单位	设计单位	施工单位

注：审核意见如填写不下，可另附页。

相关专业单位：工程监理、财务监理、建设方。

（3）监理规划（细则）审核表（供参考）见表5-29。

监理规划（细则）审核表（供参考） **表5-29**

<table>
<tr><td>工程名称</td><td>×××工程</td></tr>
<tr><td>编制单位</td><td>×××监理咨询工程有限公司</td></tr>
<tr><td>编制日期</td><td>xxxx年xx月xx日</td></tr>
<tr><td colspan="2">致：新建×××工程项目管理部（建设单位）
我监理项目部已经完成了监理规划（细则）的编制工作，现上报贵部请予审核批准为盼（备案）。
附件：

监理机构：
总监理工程师
日期：</td></tr>
<tr><td>建设单位意见</td><td>签字/盖章：
日期：</td></tr>
</table>

5. 相关知识

（1）施工组织设计（专项施工方案）审核要点。

1）编审程序应符合相关规定，施工组织设计的基本内容是否完整。

2）应符合施工合同要求。

3）资金、劳动力、材料、设备等资源供应计划应满足工程施工需要，施工方法及技术措施应可行与可靠；施工总体布置及施工安排应科学合理。

4）施工组织设计应遵守工程建设有关的法律法规，应符合同家现行有关技术标准和技术经济指标。充分考虑施工合同约定的条件、施工现场条件和工程设计文件的要求；应针对工程的特点、难点及施工条件，具有可操作性，质量措施切实能保证工程质量目标，采用的新技术、新工艺、新材料和新设备应先进。

（2）图纸会审审核要点。

1）审查设计图纸是否满足项目立项的功能、技术可靠、安全、经济的需求。

2）图纸是否已经审查机构签字、盖章。

3）地质勘探资料是否齐全，设计图纸与说明是否齐全，设计深度是达到规范要求。

4）设计地震烈度是否符合当地要求。

5）总平面与施工图的几何尺寸、平面位置、标高等是否一致。

6）人防、消防、技防等特殊设计是否满足要求。

7）各专业图纸本身是否有差错及矛盾，结构图与建筑图的平面尺寸及标高是否一致，建筑图与结构图的表示方法是否清楚、是否符合制图标准及预留、预埋件公开表示。

8）工程材料来源有无保证，新工艺、新材料、新技术的应用问题。

（3）设计变更控制要点。

1）强化限额设计管理根据项目决策确认的项目估算总投资，分责任、分部门划分目标控制成本，设计合约订立时必须明确约定设计造价，分专业落实到位；建筑、安装、室外工程等全专业统一进行建设成本约束，初设完成必须配套提供设计概算及主材控制价，并且作为衡量设计是否超标以及变更控制的依据。

2）施工阶段尽可能避免不必要的变更：明确“三变，五不变”原则。

①三变：

- 原有设计缺漏必须要变的可变。
- 建设单位的要求可变。

- 政府及规范调整经协调必须变的可变。

②五不变：

- 变更的必要性考虑，可变可不变的——不变。
- 变更的源头考虑，非缺陷和遗漏的且可变——不变。
- 施工单位投标漏项的——不变。
- 合约包干的图纸深化内容的——不变。
- 合约包干的工艺优化的——不变。

（4）设计变更控制要点。

1）根据项目特点、设计文件确定材料设备相关要素，包括：

①用途及部位。

②质量要求（包括材料设备品种、规格、需符合的技术规范、验收标准等）。

③绿色、环保、节能要求。

④安全使用要求。

⑤美观、舒适要求。

⑥与其他材料、设备的衔接或工艺要求。

⑦数量。

⑧进场计划时间。

⑨控制价格。

2）可对供应商（分包单位）进行考察，包括但不限于：

①供应商质量保证体系。

②产品技术论证。

③供应能力。

④堆放管理。

⑤运输保障能力。

⑥相关性能实验等。

3）由供应商提供样品进行确认，确认后封存，待材料进场后予以对比检查。

（三）现场质量控制工作督促和检查

1. 目的

（1）确保工程质量水准处于可控范围。

（2）对质量控制体系的各要素进行检查复核，确保质量控制体系运行正常。

2.流程

（1）施工单位（承包单位）现场管理体系审核工作流程如图5-41所示。

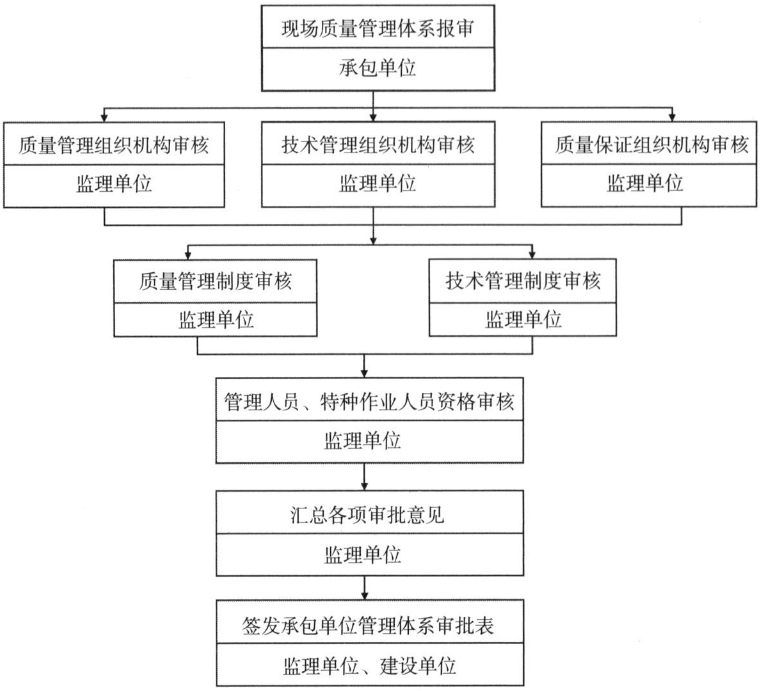

图5-41　承包单位现场管理体系审核工作流程

（2）全过程质量检验控制流程如图5-42所示。

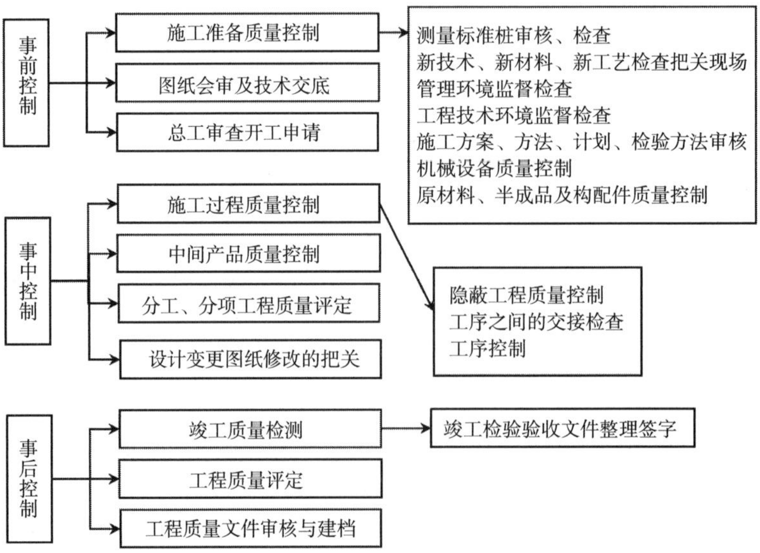

图5-42　全过程质量检验控制流程

（3）工序交接检验流程如图5-43所示。

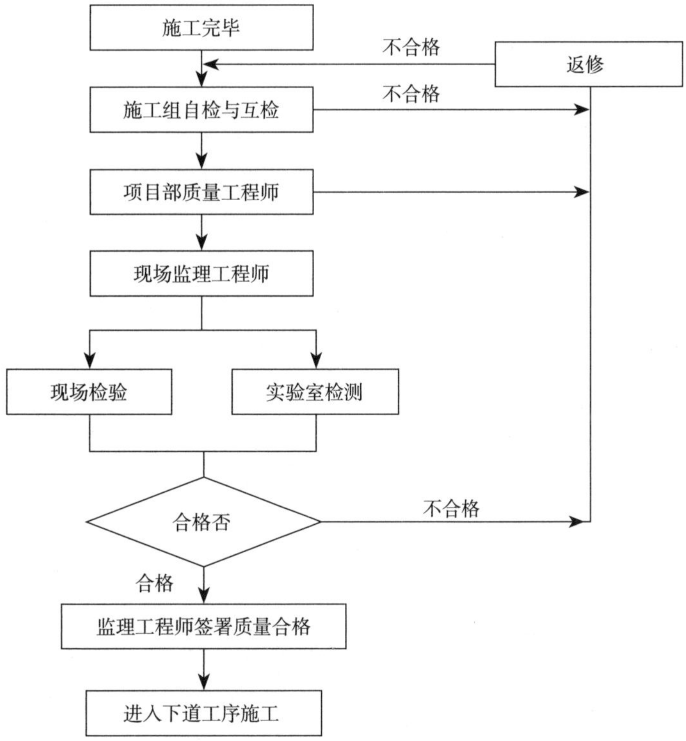

图5-43　工序交接检验流程图

（4）原材料、成品、半成品（设备）进场验收流程如图5-44所示。

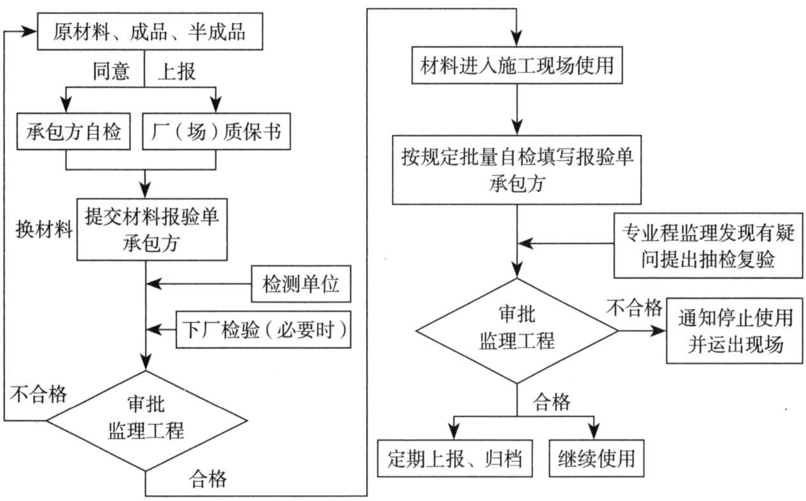

图5-44　原材料、成品、半成品（设备）进场验收流程图

（5）隐蔽工程验收流程如图5-45所示。

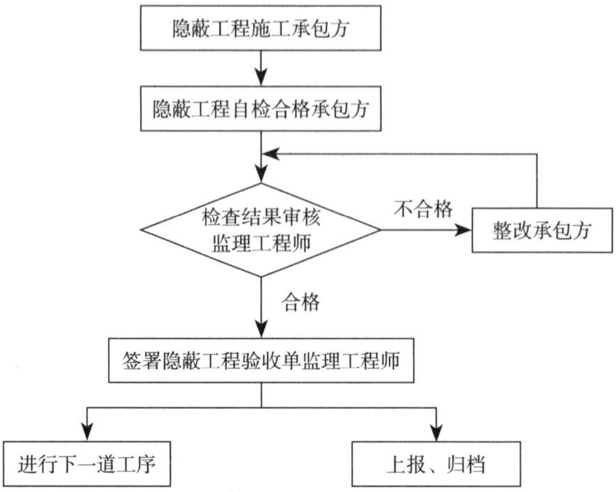

图5-45　隐蔽工程验收流程图

（6）工程竣工验收流程如图5-46所示。

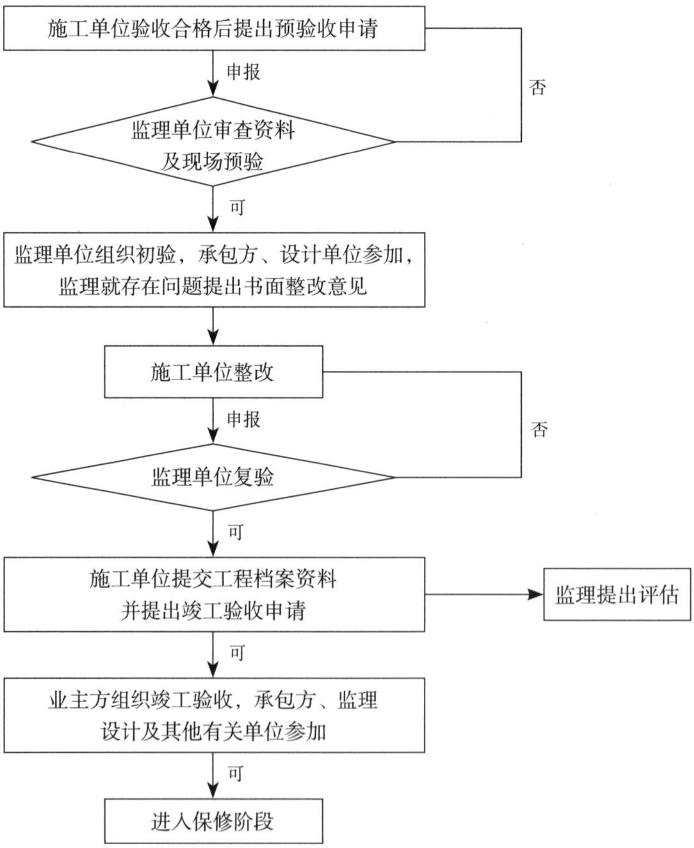

图5-46　工程竣工验收流程图

3.参考表格

（1）材料／构配件进场报验单（供参考）见表5-30。

CB07 **材料／构配件进场报验单** **表5-30**

（承包【 】材验 号）

合同名称： 合同编号：

<table>
<tr><td colspan="10">致：（监理机构）
我方于______年___月___日进场的工程材料／构配件如下表。拟用于下述部位：
1. ____________________；2. ____________________；3. ____________________。
经自检，符合技术规范和合同要求，请贵方审核，并准予进场使用。</td></tr>
<tr><td rowspan="2">序号</td><td rowspan="2">材料／构配件名称</td><td rowspan="2">材料/构配件来源、产地</td><td rowspan="2">材料/构配件规格</td><td rowspan="2">用途</td><td rowspan="2">本批材料/构配件数量</td><td colspan="4">承包人试验</td></tr>
<tr><td>试样来源</td><td>取样地点、日期</td><td>试验日期、操作人</td><td>试验结果</td></tr>
<tr><td></td><td></td><td></td><td></td><td></td><td></td><td></td><td></td><td></td><td></td></tr>
<tr><td></td><td></td><td></td><td></td><td></td><td></td><td></td><td></td><td></td><td></td></tr>
<tr><td></td><td></td><td></td><td></td><td></td><td></td><td></td><td></td><td></td><td></td></tr>
<tr><td colspan="10">附件：1.出厂合格证。 2.检验报告。 3.质量保证书。
4.其他。

承包人：（全称及盖章）
项目经理：（签名）
日期： 年 月 日</td></tr>
<tr><td colspan="10">监理机构将另行签发审批意见。

监理机构：（全称及盖章）
监理工程师：（签名）
日期： 年 月 日</td></tr>
</table>

说明：本表一式____份，由承包人填写。监理机构审签后，承包人2份，监理机构、发包人各1份。

（2）材料 / 构配件进场报验单（供参考）见表5-31。

施工设备进场报验单 **表5-31**

（承包【 】设备 号）

合同名称： 合同编号：

<table>
<tr><td colspan="11">致：×××监理有限责任公司
我方于________年____月____日进场的施工设备如下表。拟用于下述部位：
1.整个项目工程施工。
2.经自检，符合技术规范和合同要求，请贵方审核，并准予进场使用。</td></tr>
<tr><td>序号</td><td>设备名称</td><td>规格型号</td><td>数量</td><td>进场日期</td><td>计划</td><td>完好状况</td><td>拟用工程项目</td><td>设备权属</td><td>生产能力</td><td>备注</td></tr>
<tr><td>1</td><td></td><td></td><td></td><td></td><td></td><td></td><td></td><td></td><td></td><td></td></tr>
<tr><td>2</td><td></td><td></td><td></td><td></td><td></td><td></td><td></td><td></td><td></td><td></td></tr>
<tr><td>3</td><td></td><td></td><td></td><td></td><td></td><td></td><td></td><td></td><td></td><td></td></tr>
<tr><td>4</td><td></td><td></td><td></td><td></td><td></td><td></td><td></td><td></td><td></td><td></td></tr>
<tr><td colspan="11">附件：

承包人：（全称及盖章）
项目经理：（签名）
日期： 年 月 日</td></tr>
<tr><td colspan="11">（审核意见）

监理机构：（全称及盖章）
监理工程师：（签名）
日期： 年 月 日</td></tr>
</table>

说明：本表一式____份，由承包人填写。监理机构审签后，承包人、监理机构、发包人各1份。

（3）施工放样报验单（供参考）见表5-32。

施工放样报验单 **表5-32**

（承包【 】放样 号）

合同名称： 合同编号：

致：（监理机构）

根据施工合同要求，我方已完成________________________________的施工放样工作，请贵方核验。

附件：测量放样资料。

序号或位置	工程或部位名称	放样内容	备注

（自检结果）

承包人：（全称及盖章）

技术负责人：（签名）

项目经理：（签名）

日期： 年 月 日

（核验意见）

监理机构：（全称及盖章）

总监理工程师：（签名）

日期： 年 月 日

说明：本表一式____份，由承包人填写。监理机构审签后，承包人2份、监理机构、发包人各1份。

（4）施工测量成果报验单（供参考）见表5-33。

施工测量成果报验单 **表5-33**

（承包【 】测量 号）

合同名称： 合同编号：

<table>
<tr><td colspan="4">致：（监理机构）
我方测量成果经审查合格，特此申报，请贵方核验。</td></tr>
<tr><td>单位工程名称及编码</td><td></td><td>分部工程名称及编码</td><td></td></tr>
<tr><td>单元工程名称及编码</td><td></td><td>施测部位</td><td></td></tr>
<tr><td>施测内容</td><td colspan="3"></td></tr>
<tr><td>施测单位</td><td></td><td colspan="2">施测单位负责人：（签名）
日期： 年 月 日</td></tr>
<tr><td>施测说明</td><td colspan="3"></td></tr>
<tr><td colspan="4">承包人复查记录：

复检人：（签名）
日期： 年 月 日</td></tr>
<tr><td colspan="4">附件：1.________ 2.________
3.________

承包人：（全称及盖章）
项目经理：（签名）
日期： 年 月 日</td></tr>
<tr><td colspan="4">（核验意见）

监理机构：（全称及盖章）
总监理工程师：（签名）
日期： 年 月 日</td></tr>
</table>

说明：本表一式____份，由承包人填写。监理机构审签后，承包人、监理机构、发包人各1份。

（5）工程（分部）开工申请表（供参考）见表5-34。

工程（分部）开工申请表 **表5-34**

（承包【 】开工 号）

合同名称： 合同编号：

<table>
<tr><td colspan="5">致：（监理机构）
本分部工程已具备开工条件，施工准备工作已就绪，请贵方审批。</td></tr>
<tr><td colspan="2">申请开工分部工程名称、编码</td><td colspan="3"></td></tr>
<tr><td colspan="2">申请开工日期</td><td></td><td>计划工期</td><td>____年___月___日至
____年___月___日</td></tr>
<tr><td rowspan="10">承包人施工准备工作自检记录</td><td>序号</td><td colspan="2">检查内容</td><td>检查结果</td></tr>
<tr><td>1</td><td colspan="2">施工图纸、技术标准、施工技术交底情况</td><td></td></tr>
<tr><td>2</td><td colspan="2">主要施工设备到位情况</td><td></td></tr>
<tr><td>3</td><td colspan="2">施工安全和质量保证措施落实情况</td><td></td></tr>
<tr><td>4</td><td colspan="2">材料、构配件质量及检验情况</td><td></td></tr>
<tr><td>5</td><td colspan="2">现场施工人员安排情况</td><td></td></tr>
<tr><td>6</td><td colspan="2">风、水、电等必需的辅助生产设施准备情况</td><td></td></tr>
<tr><td>7</td><td colspan="2">场地平整、交通、临时设施准备情况</td><td></td></tr>
<tr><td>8</td><td colspan="2">测量及试验情况</td><td></td></tr>
<tr><td></td><td colspan="2"></td><td></td></tr>
<tr><td colspan="5">附件：□ 工程进度计划 □ 工程施工工法方案

承包人：（全称及盖章）
项目经理：（签名）
日期： 年 月 日</td></tr>
<tr><td colspan="5">开工申请通过审批后另行签发开工通知。

监理机构：（全称及盖章）
签收人：（签名）
日期： 年 月 日</td></tr>
</table>

说明：本表一式____份，由承包人填写。监理机构审签后，随同“分部工程开工通知”，承包人、监理机构、发包人、设代机构各1份。

（6）单位工程施工质量报验表（供参考）见表5-35。

单位工程施工质量报验表 **表5-35**

（承包【 】质报 号）

合同名称： 合同编号：

<table>
<tr><td>致：（监理机构）
__________________单位工程（及编码）已按合同要求完成施工，经自检合格，报请贵方核验。
附：____________________单位工程质量评定表。

承包人：（全称及盖章）
项目经理：（签名）
日期： 年 月 日</td></tr>
<tr><td>（核验意见）

监理机构：（全称及盖章）
监理工程师：（签名）
日期： 年 月 日</td></tr>
</table>

说明：本表一式____份，由承包人填写。监理机构审签后，承包人2份、监理机构、发包人各1份。

4. 相关知识

（1）工程项目质量控制依据。

工程项目质量控制的依据主要有以下几类：

1）工程合同文件。

建设工程监理合同、建设单位与其他相关单位签订的合同，包括与施工单位签订的施工合同，与材料设备供应单位签订的材料设备采购合同等。

2）工程勘察、设计文件、施工组织设计、专项施工方案等。

3）有关质量管理方面的法律法规、部门规章与规范性文件。

4）工程建设标准。

（2）施工样板管理控制。

根据住房和城乡建设部颁发的《工程质量安全手册》，施工单位应实行样板引路制度，设置施工样板在分项工程大面积施工前，以现场示范操作、视频影像、图片文字、实物展示、样板间等形式直观展示关键部位、关键工序的做法与要求，使施工人员掌握质量标准和具体工艺，并在施工过程中遵照实施。

施工样板分以下几类：

1）工艺样板：在分部工程施工前，对其中的重要节点施工工序、工艺做法等进行展示并交底，统一质量验收标准，提升项目工程质量。

2）实体样板：大面积施工前，完成实体样板建设，通过多部门联合验收，提前发现大面施工前的系统性问题，切实提升产品质量。

（3）现场工程质量控制主要内容。

1）材料、构配件实验和施工试验控制管理。

2）施工工序质量控制。

3）过程质量检验。

（4）工程材料、构配件、设备质量控制的要点。

1）对用于工程的主要材料，在材料进场专业监理工程师应核查厂家生产许可证、出厂合格证、材质化验单及性能检测报告，审查不合格者一律不准用于工程。专业监理工程师应参与建设单位组织的对施工单位负责采购的原材料、半成品、构配件的考察，并提出考察意见。对于半成品、构配件和设备，应按经通过审批认可的设计文件和图纸要求采购订货，质量应满足有关标准和设计的要求。某些材料，诸如瓷砖等装饰材料，要求订货时最好一次性备足货源，以免由于分批而出现色泽不一的质量问题。

2）在现场配制的材料，施工单位应进行级配设计与配合比试验，经试验合格后才能使用。

3）对于进口材料、构配件和设备，专业监理工程师应要求施工单位报送进口商检证明文件，并会同建设单位、施工单位、供货单位等相关单位有关人员按合同约定进行联合检查验收。联合检查由施工单位提出申请，项目监理机构组织，建设单位主持。对于工程采用新设备、新材料还应核查相关部门鉴定证书或工程应用的证明材料、实地考察报告式专题论证材料。

4）原材料、（半）成品、构配件进场时，专业监理工程师应检查其尺寸、规格、型号、产品标志、包装等外观质量，并判定其是否符合设计、规范、合同等要求。

5）质量合格的材料、构配件进场后，到其使用或安装时通常要经过一定的时间间隔。在此时间里，专业监理工程师应对施工单位在材料、半成品、构配件的存放、保管及使用期限实行监控。

（5）施工工序质量控制主要内容。

1）严格遵守工艺规程。

对施工操作或工艺过程的控制，主要是指在工序施工过程中，通过旁站监督方式监督、控制施工操作或工艺过程，检验人员严格按规定和要求的操作中规程或工艺标准进行施工监控。

2）主动控制工序活动条件的质量。

施工管理人员应在众多影响工序质量的因素中，找出对特定工序重要的或关键的质量特征性能指标起支配性作用或具有重要影响的那些主要因素，并能在工序施工中针对这些主要因素制定出控制措施及标准，进行主动的、预防的重点控制，严格把关。

3）及时检验工序活动效果的质量。

工序活动效果是评价工序质量是否符合标准的尺度。因此，施工管理者应在整个工序活动中，连续地实施动态跟踪控制，通过对工序产品的抽样检验，对质量状况进行综合统计和分析，及时掌握质量动态。如工序活动处于异常状态，应及时查找原因，研究处理，从而保证工序活动及其产品的质量。

（6）分部工程验收工作。

主要由总监理工程师（建设单位项目负责人）组织施工单位项目负责人和技术、质量负责人等进行验收；地基与基础、主体结构分部工程的勘察、设计单位工程项目负责人和施工单位技术、质量部门负责人也应参加相关分部工程验收。其合格标准为：所含分项工程的质量均验收合格；质量控制资料完整；地基与基础、主体结构和设备安装等分部工程有关安全及功能的检验和抽样检测结果符合有关规定；观感质量验收符合要求。

（7）质量奖罚措施。

为使本工程的施工质量能顺利达到预期制定的质量目标，将积极开展质量顽症治理工作，对每个分部分项的每道工序进行严格的检查，对为施工质量的提高作出贡献的施工单位、班组及个人进行奖励；对于质量管理不到位以及不按图纸、方案施工造成质量问题或质量事故的施工单位及个人按照情节严重程度分别处以警告、罚款、退场的处罚。由总承包单位制定奖惩措施（方案）并报监理单位、建设单位备案。某项目质量奖惩条款（供参考）见表5-36。

质量顽症专项整治处罚条款（供参考） **表5-36**

项目	序号	质量顽症分类	罚扣款
现场管理	1	项目经理部或专业分包单位现场专职质量管理人员配备不到位或无上网，对过程检查中发现的质量问题采取有效的整改闭合措施	2000元
	2	施工组织和专项施工方案编制审批日期滞后于实际施工，工程现场施工采用的工艺和技术措施与放缓或专项方案中的内容不符	2000元
	3	施工现场未按要求设置经试块标准养护室，标养室内设施配置不全，管理不到位，达不到标准养护要求，标养室内养护送样记录不符合要求，不能反映真实情况	1000元
	4	工程原材料检测及其他试验发现不合格未及时上报，并且未及时采取整改闭合措施，对工程质量造成隐患	1000元
	5	工程技术质量内业资料与施工不同步，滞后报验，在施工过程中由于人员自身主观原因编制和收集不及时，资料存在弄虚作假情况（竣工档案应在工程竣工验收完成三个月内完成编制工作，具备档案验收条件）	1000元
结构工程	6	预应力张拉施工，波纹管、铺垫板定位及固定不符合设计和规范要求，外露的钢纹管未采取有效的保护措施。张拉及压浆设备表具未进行计量未标定检测	2000元
	7	钢筋及钢纹线等未采用机械进行断料，而采用对钢筋有损伤的电焊或氧气乙炔断料，钢筋焊接撒拉长度不足、电流偏大有咬肉现象，焊溢未及时清除	1000元
	8	钢筋保护层垫块设置位置和数量不到位（应不少于3个/m^3）钢筋有碰模现象，钢筋间距数量不符合设计要求	2000元
	9	模板陈旧、变形破损严重未及时更换，模板拼缝间隙和高差不符合规范要求，造成混凝土拆模后存在漏浆、平整度垂直度超标、色差等问题	2000元
	10	在浇筑振捣有漏振或振不到位的情况，造成结构表面大量气泡、麻面、蜂窝和施工冷缝等外观质量缺陷	2000元
公路道路工程	11	路基含水量、掺灰量、粒径用路面各结构层摊铺厚度不符合设计和规范和规定，达不到分层碾压的要求，造成压实度或弯沉等检测不合格	1000元

续表

项目	序号	质量顽症分类	罚扣款
排管工程	12	沟槽开挖由于边坡放量不足、坡面趋陡或围护施工措施不符合要求，存在塌方、滑坡或沟槽失稳等质量隐患	2000元
	13	排管施工中沟槽回填土质量较差（含水量高、建筑垃圾、未分层夯实），回填砂厚度及坞磅等不符合设计和规范要求	1000元
	14	排管施工中窨井施工随意，砌筑、粉刷和流槽等施工质量不符合规范要求	1000元
地下工程	15	基坑围护结构施工过程中，泥浆指标抽检、地墙接缝刷壁质量、浇筑混凝土前的沉渣厚度、桩长等不符合要求;地基加固施工水泥掺量不符合设计要求	3000元
	16	深基坑开挖过程中，支撑施工不及时，钢围檩接缝处未用钢板焊接连成整体，钢围檩与围护结构的间隙未填充密实，钢支撑的安装及预应力施加不符合要求	2000元
	17	盾构施工中，管片拼装螺栓拧紧不到位，螺栓两端露出丝牙长度不够；同步注浆原材、库壁用注浆量不符合要求；管片碎裂现象严重（连续超过5环），区间渗漏现象严重（100环内管片接缝漏水超过10条）	2000元

（四）工程质量问题及事故处理

1.目的

（1）减少因工程质量问题及缺陷造成的经济损失或功能缺损等不利影响。

（2）探究发生工程质量问题及缺陷的原因，制定针对措施。

（3）校核质量控制体系运行状况，发现运行中可能存在隐患，并及时矫正。

2.任务

（1）深入调查质量问题/缺陷/事故实际状况，明确质量问题发生的原因。

（2）根据质量问题/缺陷/事故原因分析，制定针对性整改措施及方案。

（3）督促各方落实整改措施及方案，并整改完成后进行必要复查和复验。

（4）将质量问题/缺陷/事故具体状况和原因、整改措施等内容汇总成宣贯资料，对相关涉及人员进行质量问题专项宣传教育。

3.流程

（1）工程质量事故处理流程如图5-47所示。

（2）不合格品处理流程如图5-48所示。

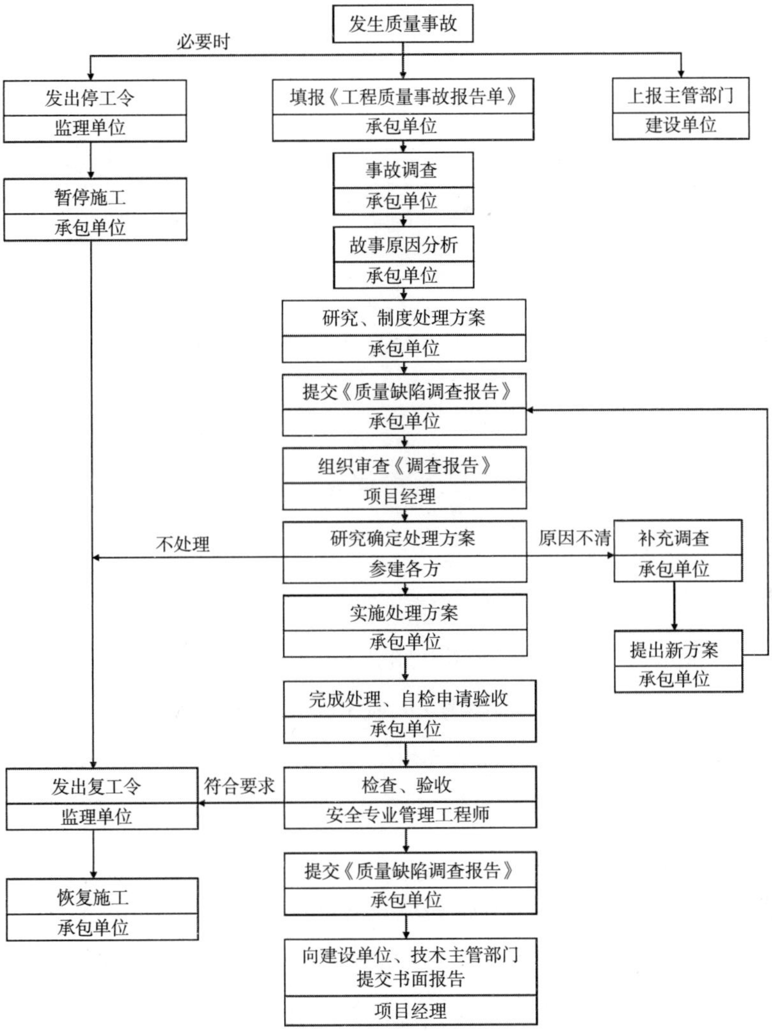

图 5-47　工程质量事故处理流程图

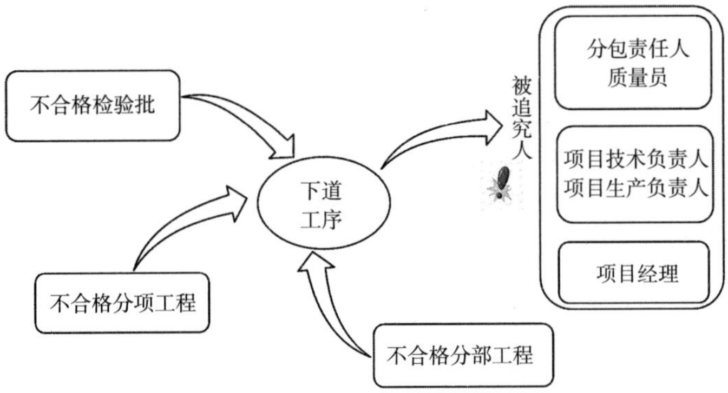

图 5-48　不合格品处理流程图

（3）质量问题会诊流程如图5-49所示。

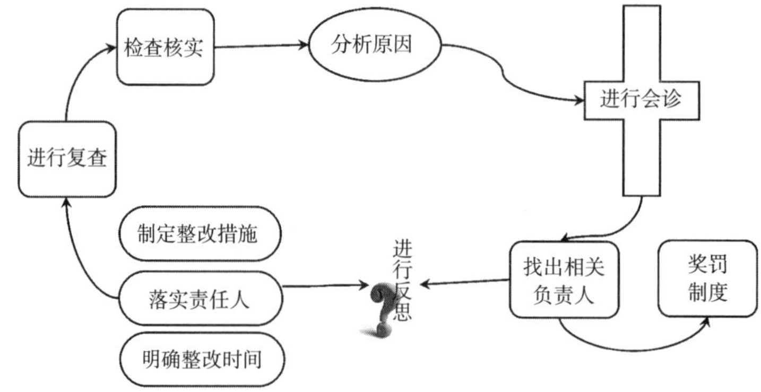

图5-49　质量问题会诊流程图

4.参考表格

（1）施工质量缺陷处理措施报审表（供参考）见表5-37。

（2）事故报告单（供参考）见表5-38。

（3）暂停施工申请报告（供参考）见表5-39。

（4）复工申请表（供参考）见表5-40。

5.相关知识

（1）不合格品的控制要点。

项目施工过程中，发现不合格品应及时标识，并记录在相应的检验记录中或者专门的不合格品报告中，条件允许时应对不合格品进行隔离，根据不合格的具体情况予以控制和处置，不合格品的评审和处置根据规定程序进行，不合格品经施工后要重新并通知有关部门。检验和试验，检验和试验合格后才能进行下道工序，返工或返修，重新检验和试验情况均应以记录。

（2）施工质量缺陷处理的基本方法。

当工程的某些部分的质量虽未达到规定的规范、标准或设计规定的要求，存在一定的缺陷，根据不同情况进行处理：

1）不影响结构安全和使用功能的；后道工序可以弥补的质量缺陷；法定检测单位鉴定合格的；出现的质量缺陷，经检测鉴定达不到设计要求，但经原设计单位核算，仍能满足结构安全和使用功能的，则可不做处理。

2）如经过采取整修等措施后可以达到要求的质量标准，又不影响使用功能或外观的要求时，可采取返修处理的方法。

3）如建筑使用功能、等级、结构无法满足原有设计要求，但仍具有一定可

施工质量缺陷处理措施报审表（供参考） **表5-37**

（承包【 】缺陷 号）

合同名称： 合同编号：

<table>
<tr><td colspan="4">致：（监理机构）
我方今提交________________工程质量缺陷的处理措施，请贵方审批。</td></tr>
<tr><td>单位工程名称</td><td></td><td>分部工程名称</td><td></td></tr>
<tr><td>单元工程名称</td><td></td><td>单元工程编码</td><td></td></tr>
<tr><td>质量缺陷
工程部位</td><td colspan="3"></td></tr>
<tr><td>质量缺陷情
况简要说明</td><td colspan="3"></td></tr>
<tr><td>拟采用的处
理措施简述</td><td colspan="3"></td></tr>
<tr><td>附件目录</td><td>□ 处理措施报告
□ 修复图纸</td><td>计划施工时段</td><td>____年___月___日至
____年___月___日</td></tr>
<tr><td colspan="4">承包人：（全称及盖章）
项目经理：（签名）
日期： 年 月 日</td></tr>
<tr><td colspan="4">（审批意见）

监理机构：（全称及盖章）
总监理工程师／监理工程师：（签名）
日期： 年 月 日</td></tr>
</table>

说明：本表一式____份，由承包人填写。监理机构审签后，承包人、监理机构、发包人各1份。

事故报告单(供参考)

表5-38

(承包【 】事故 号)

合同名称: 合同编号:

致:(监理机构) ____年__月__日__时,在________发生________事故,现将事故发生情况报告如下,待调查结果出来后,再另行作详情报告。	
事故简述	
已采取的应急措施	
下步处理意见	
承包人:(全称及盖章) 项目经理:(签名) 日期: 年 月 日	
监理机构将另行签发批复意见。 监理机构:(全称及盖章) 签收人:(签名) 日期: 年 月 日	

说明:本表一式____份,由承包人填写。随同监理机构批复意见,承包人、监理机构、发包人各1份。

暂停施工申请报告（供参考） **表5-39**

（承包【 】暂停 号）

合同名称： 合同编号：

<table>
<tr><td colspan="2">致：（监理机构）
由于发生本报告所列原因，造成工程无法正常施工，依据施工合同约定，我方申请对所列工程项目暂停施工。</td></tr>
<tr><td>暂停施工
工程项目
范围／部位</td><td></td></tr>
<tr><td>暂停施工原因</td><td></td></tr>
<tr><td>引用合同条款</td><td></td></tr>
<tr><td>附注</td><td></td></tr>
<tr><td colspan="2">承包人：（全称及盖章）
项目经理：（签名）
日期： 年 月 日</td></tr>
<tr><td colspan="2">监理机构将另行签发批复意见。

监理机构：（全称及盖章）
签收人：（签名）
日期： 年 月 日</td></tr>
</table>

说明：本表一式____份，由承包人填写。监理机构审签后，随同审批意见，承包人、监理机构、发包人各1份。

复工申请表（供参考） **表5-40**

（承包【 】复工 号）

合同名称： 合同编号：

<table>
<tr><td>致：（监理机构）
____________工程项目，接到暂停施工通知（监理【 】停工 号）后，已于____年__月__日__时暂停施工，鉴于致使该工程的停工因素已经消除，复工准备工作已就绪，特报请贵方批准于____年__月__日__时复工。
附件：具备复工条件的情况说明。

承包人：（全称及盖章）
项目经理：（签名）
日期： 年 月 日</td></tr>
<tr><td>监理机构将另行签发审批意见。

监理机构：（全称及盖章）
签收人：（签名）
日期： 年 月 日</td></tr>
</table>

说明：本表一式____份，由承包人填写。监理机构审签后，随同审批意见，承包人、监理机构、发包人各1份。

范围内使用性，经检测单位鉴定并由原设计单位确认，可对其限制范围使用。

4）出现质量事故的项目，通过分析或实践，采取各类处理后仍不能满足规定的质量要求或标准，且不具备限制使用的必要，则必须予以报废处理。

二、工程项目质量管理案例分析

（一）项目背景

某住宅项目位于嘉兴市××区，北临××路（在建）、南临××路（已建成，未交付），西临××路、东临××路.总用地面积63312m²，容积率1.8，总建面积172495.75m²，地上计容建筑面积113878.38m²。建筑类型为高层、洋房、联排及幼儿园，其中高层建筑8幢（4幢为27层，2幢为24层，1幢22层，1幢20层，地下1层），洋房3幢（6层，地下1层），联排19幢（3层，地下1层），幼儿园1幢（3层，地下1层）。结构设计使用年限为50年。

项目建设单位由三家股东合资组建，施工图纸已齐备，监理单位、总承包单位已进场。

（二）建立项目质量控制体系（部分）

（1）明确项目各参与方质量管理权责体系见表5-41。

项目各参与方质量管理权责体系表　　表5-41

管理工作内容	甲方项目经理	总承包单位项目经理	甲方专业工程师	工程管理办公室	总监理工程师	专业监理工程师	施工单位项目经理	施工单位总工程师	施工单位生产副经理
建立质量管理体系	★	○	○	★	★	○	○	★	○
管理职责的确定	★	○			★		★		
设计图纸优化与会审	○	★	○		★	○			
合同招标质量技术要求	○	★	○	★					
审核施工组织设计		★	○	★	★	○	○	★	○
重大技术方案评审	○	★	○	★	★	○	○	★	○
审核专项施工方案		○	★	★	★	○	○	★	○
质量管控要点及措施		○	★	★	○	★		○	○
质量通病防治措施		○	★	★	★	○	○	★	○
防渗漏措施	○	★	○	★	★	○		○	
材料封样管理		★	○			★		○	

续表

管理工作内容	甲方项目经理	总承包单位项目经理	甲方专业工程师	工程管理办公室	总监理工程师	专业监理工程师	施工单位项目经理	施工单位总工程师	施工单位生产副经理
工艺样板制度		★	○	★		★		★	
成品保护方案和实施		○	★		○	★	★	○	○
质量检查验收制度		★	○	★	★	○	○	★	○
材料送检和材料试验			○			○		★	
提供质量报告			○			○		★	
处理质量事故		★	○	★	★	○	★	○	○
施工技术资料管理			★	○		★		★	
技术交底		○	★	○	★	○	○	★	○

（2）各参建单位编制各自范围的质量控制计划。

各参建单位依据总质量控制计划、合同具体约定、当地建设工程质量管理法规规范、文件等要求编制质量控制计划。

施工总承包单位进场挖土过程中发现桩基存在重大隐患：部分桩长不足；经检测桩荷载力不够，未满足设计要求。现场启动质量缺陷（事故）处理程序。

1）建设单位、桩基施工单位、总包单位、监理单位召开协调会，对于发现质量缺陷进行处理：

①现场施工暂停；第一时间将事故情况速报当地质监站。

②桩基检测单位根据规范要求扩大测区、增加检测，继续补充检测。

③如结果合格，则由设计单位针对现不合格桩基出具解决方案，并报当地质监站后施工。

④如不合格，则现有桩基全数检测，设计单位针对桩基检测状况出具相应解决方案，并报当地质监站。

⑤整改方案实施后，再次按规定进行检测工作，如合格则报请当地质监站复工，并进行下一道工序工作。

2）各相关单位根据质量处理方案跟进落实。监理单位对于二次施工的人员、材料、设备等加强审核和验收；施工过程中强化旁站管理，对下钢筋笼等关键施工节点、关键部位，监理单位派有专人进行旁站检查。最终各方较为合理地处理该起质量事故。

第四节　工程项目合同管理

一、工程项目合同管理工作

（一）合同交底及施工阶段合同管理计划制定

1. 目的

（1）促进项目管理机构团队人员熟悉合同内容，统一对合同的理解与认识。

（2）了解合同当事人权利和义务范围、工作程序、关键事项要求及争议解决措施。

（3）能够对合同中的关键事项予以事先关注，做好计划，便于过程中的合同跟踪管理。

2. 任务

（1）由项目管理负责人对各项目管理组成员进行合同交底，组织大家学习和分析合同文件，对合同的主要内容做出解释和说明，使团队成员熟悉合同主要内容、各种规定、管理程序，了解当事人的合同责任和范围、各种行为法律后果及争议解决措施等，从全局出发，协调一致，避免执行中的违约行为，同时便于跟踪其他当事人合同行为。

（2）基于对合同文件及主要条款的分析，落实各项合同管理制度，制定具体的合同管理计划。

（3）落实项目管理机构合同管理责任人员。

3. 参考表格

（1）合同交底记录表，见表5-42。

合同交底记录表　　　　**表5-42**

合同交底记录编号：

合同编号		签订日期	年　月　日
合同名称		交底日期	年　月　日
当事人1名称		工程名称	
当事人2名称		交底地点	

续表

交底主要内容					
相关部门名称	（参加）接收交底人员签字		相关部门名称	（参加）接收交底人员签名	
			……		
			……		
			……		

（2）合同条款分析表，见表5-43。

合同条款分析表 **表5-43**

序号	合同重要条款	管理要点	责任人

（3）项目合同关键事件表，见表5-44。

项目合同关键事件表 **表5-44**

<table>
<tr><td>子项目名称</td><td></td><td>最近变更日期</td><td></td><td>事件名称</td><td></td></tr>
<tr><td>子项目编号</td><td></td><td>变更次数</td><td></td><td>事件编号</td><td></td></tr>
<tr><td colspan="6">事件内容说明（目标）：</td></tr>
<tr><td colspan="6">前提条件：</td></tr>
<tr><td colspan="6">本事件主要活动：</td></tr>
<tr><td colspan="6">事件参与方及负责人：</td></tr>
<tr><td colspan="3">预算：

实际费用：</td><td colspan="3">计划工期：

实际工期：</td></tr>
</table>

4.相关知识

（1）合同定义与分类。

1）合同的定义。

合同是指根据法律规定和合同当事人约定具有约束力的文件，构成合同的文件包括合同协议书、中标通知书（如果有）、投标函及其附录（如果有）、专用合同条款及其附件、通用合同条款、技术标准和要求、图纸、已标价工程量清单或预算书以及其他合同文件。合同条款的制定详细与准确有助于减少项目执行过程中产生的风险。

2）工程合同的分类。

①按合同标的分。

根据合同中的内容可划分为勘察合同、设计合同、施工承包合同、工程监理合同、咨询合同、代理合同等。根据《中华人民共和国合同法》，勘察合同、设计合同、施工承包合同属于建设工程合同，工程监理合同、咨询合同等属于委托合同。某工程项目相关单位合同结构图如图5-50所示。

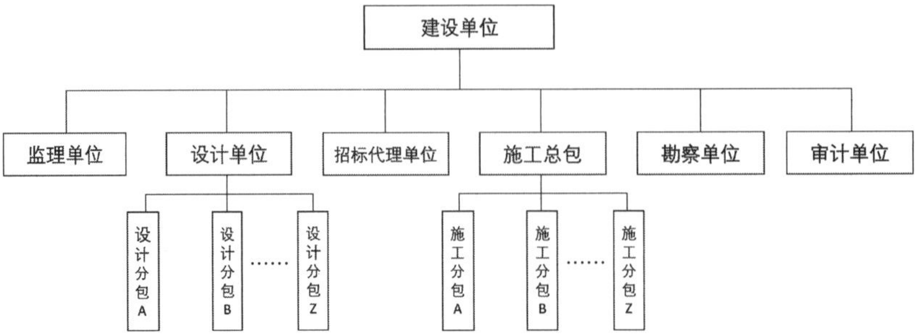

图5-50 合同类型（按合同标的分）

②按计价方式分。

根据计价方式的不同，可将工程项目合同分为总价合同、单价合同、成本加酬金合同。如图5-51所示。

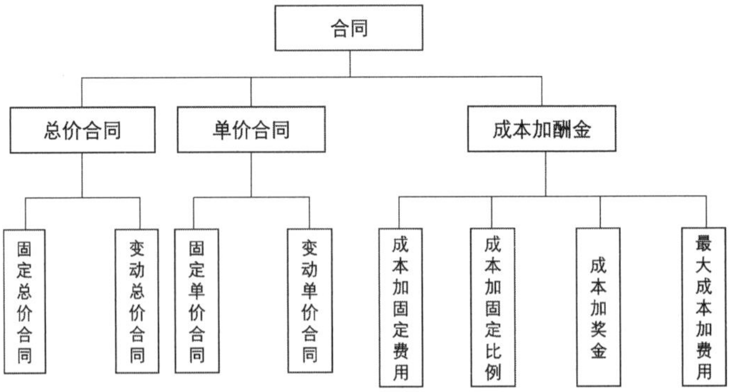

图5-51 合同类型（按计价方式分）

总价合同是指合同中确定一个完成项目的总价，施工单位据此完成项目全部内容的合同。采用总价合同类型招标，评标委员会评标时易于确定报价最低的投标人，评标过程较为简单，评标结果客观；建设单位易于进行工程造价的管理和控制，易于支付工程款和办理竣工结算。总价合同仅适用于工程量不大且能够精确计算、工期较短、技术不复杂、风险不大的项目。采用总价合同类型，要求建设单位应提供详细而全面的设计图纸，以及各项相关技术说明。

单价合同也称作“单价不变合同”，由合同确定的实物工程量单价，在合同有效期原则上不变，并作为工程结算时所用单价；而工程量则按照实际完成的数量结算，即量变价不变合同。

成本加酬金合同是由建设单位向施工单位支付工程项目的实际成本，并按照事先约定的某一种方式支付酬金的合同类型。对于酬金的约定一般有两种方式：一是固定酬金，合同明确一定额度的酬金，无论实际成本大小，建设单位都按照约定的酬金额度进行支付；二是按照实际成本的比率计取酬金。

成本加酬金合同的特点：可以通过分段施工，缩短工期，而不必等待所有施工图完成才开始投标和施工；可以减少施工单位对立情绪，施工单位对工程变更和不可预见条件的反应会比较积极和快捷；可以利用施工单位的施工技术专家，帮助改进或弥补设计中的不足；建设单位可根据自身力量和需要，较深入地介入和控制工程施工和管理。也可以通过确定最大保证价格约束工程成本不超过某一限值，从而转移一部分风险。

（2）建设工程合同的特征。

1）合同主体的严格性。

建设工程合同主体一般只能是法人。建设单位一般是经过批准进行工程项目建设的法人，具有国家批准的建设项目，投资计划已经落实，并具备相应的协调能力；施工单位则必须具备法人资格，而且应当具备相应的从事勘察，并具备相应的勘察、设计、施工等资质；无营业执照或无承包资质的单位不能作为建设工程合同的主体，资质等级低的单位不能越级申报建设工程。

2）合同标的的特殊性。

建设工程合同的标的是各类建筑产品，建筑产品是不动产，其基础部分与大地相连，不能移动，这就决定了每个建设个工程合同标的都是特殊的，相互间具有不可替代性。

3）合同履行期限的长期性。

建设工程由于结构复杂、体积大、建筑材料类型多、工作量大，使得合同履行期限较长。而且，建设工程合同的订立和履行一般都需要较长的准备期，在合同的履行过程中，还可能因为不可抗力、工程变更、材料供应不及时等原因而导致合同期限顺延。所有这些情况，决定了建设工程合同的履行期限具有长期性。

4）计划和程序的严格性。

由于工程建设对国家的经济发展、公民的工作和生活都有重大的影响。因此，国家对建设工程的计划和程序都有严格的管理制度。订立建设工程合同必须以国家批准的投资计划为前提，即便是国家投资以外的，以其他方式筹集的投资也要受到当年的贷款规模和批准限额的限制，纳入当年投资规模，并经过严格的审批程序。建设工程合同的订立和履行还必须符合国家关于建设程序的规定。

5）合同形式的特殊要求。

考虑到建设工程的重要性、复杂性和合同履行的长期性，同时在履行过程中经常会发生影响合同的纠纷，因此，《中华人民共和国合同法》明确规定，建设工程合同应当采用书面形式。

（3）合同交底管理。

1）合同交底的重要性。

合同交底是项目部技术和管理人员了解合同、统一理解合同的需要。合同是当事人正确履行义务、保护自身合法利益的依据。因此，项目部全体成员必须首先熟悉合同的全部内容，并对合同条款有一个统一的理解和认识，以避免不了解或对合同理解不一致带来工作上的失误。由于项目部成员知识结构和水平的差异，加之合同条款繁多，条款之间的联系复杂，合同语言难以理解，因此难于保证每个成员都能了解整个合同内容和合同关系，这样势必影响其在遇到实际问题时处理办法的有效性和正确性，影响合同的全面顺利实施。因此，在合同签订后，合同管理人员对项目部全体成员进行合同交底是必要的，特别是合同工作范围、合同条款的交叉点和理解的难点。

合同交底是规范项目部全体成员工作的需要，界定合同双方当事人（建设单位与监理、建设单位与施工单位）的权利义务界限，规范各项工程活动，提醒项目部全体成员注意执行各项工程活动的依据和法律后果，以便在工程实施中进行有效的控制和处理，是合同交底的基本内容之一，也是规范项目部工作所必需的。由于不同的公司对其所属项目部成员的职责分工要求不尽一致，工作习惯和组织管理方法也不尽相同，但面对特定的项目，其工作都必须符合合同的基本要求和合同的特殊要求，必须用合同规范自己的工作。要达到这一点，合同交底也是必不可少的工作。通过交底，可以让内部成员进一步了解自己权利的界限和义务的范围、工作的程序和法律后果，摆正自己在合同中的地位，有效防止由于权利义务的界限不清引起的内部职责争议和外部合同责任争议的发生，提高合同管理的效率。

2）合同交底的程序。

合同交底是公司合同签订人员和精通合同管理的专家向项目部成员陈述合同意图、合同要点、合同执行计划的过程，通常可以分层次按一定程序进行。层次一般可分为三级，即公司向项目部负责人交底，项目部负责人向项目职能部门负责人交底，职能部门负责人向其所属执行人员交底。常见合同交底流程如下：

①公司合同管理人员向项目负责人及项目合同管理人员进行合同交底，全面

陈述合同背景、合同工作范围、合同目标、合同执行要点及特殊情况处理，并解决项目负责人及项目合同管理人提出的问题最后形成书面合同交底记录。

②项目负责人或由其委派的合同管理人员向项目部职能部门负责人进行合同交底，陈述合同基本情况、合同执行计划、各职能部门的执行要点、合同风险防范措施等，并解答各职能部门提出的问题最后形成书面交底记录。

③各职能部门负责人向其所属执行人员进行合同交底，陈述合同基本情况、本部门的合同责任及执行要点、合同风险防范措施等，并答所属人员提出的问题，最后形成书面交底记录。

④各部门将交底情况反馈给项目合同管理人员，由其对合同执行计划，合同管理程序、合同管理措施及风险防范措施进行进一步修改完善，最后形成合同管理文件下发各执行人员指导其活动。

合同交底是合同管理的一个重要环节需要各级管理和技术人员在合同交底前，认真阅读合同，进行合同分析，发现合同问题，提出合理建议。避免走形式，以使合同管理有一个良好的开端。

3）合同交底的内容。

合同交底是以合同分析为基础、以合同内容为核心的交底工作，因此涉及到合同的全部内容，特别是关系到合同能否顺利实施的核心条款。合同交底的目的是将合同目标和责任具体落实到各级人员的工程活动中，并指导管理及技术人员以合同作为行为准则。合同交底一般包括以下主要内容：

①工程概况及合同工作范围。

②合同关系及合同涉及各方之间的权利、义务与责任。

③合同工期控制总目标及阶段控制目标，目标控制的网络表示及关键线路说明。

④合同质量控制目标及合同规定执行的规范、标准和验收程序。

⑤合同对本工程的材料、设备采购、验收的规定。

⑥投资及成本控制目标，特别是合同价款的支付及调整的条件、方式和程序。

⑦合同双方争议问题的处理方式、程序和要求。

⑧合同双方的违约责任。

⑨索赔的机会和处理策略。

⑩合同风险的内容及防范措施。

⑪合同进展文档管理的要求。

（二）项目合同执行情况跟踪与变更管理

1.目的

（1）注重合同履约的过程管理，对合同中的关键事项进行不间断的监督管理，确保合同管理工作与各项控制任务步调一致。

（2）跟踪合同实施信息，强化各参建方履约意识，严格按照合同约定实施各项任务，减少纠纷的发生。

2.任务

（1）在合同执行过程中，对各方合同责任落实情况进行经常性的检查、监督和协调，并做好对合同作解释工作，促进合同实施的顺利开展，减少各方的争议，确保各方工作满足合同要求。

（2）在施工过程中，根据施工进展、施工过程状况、环境的变化，可能需要进一步细化、完善、合同架构、合同界面，相应地动态调整合同管理计划。

（3）做好合同实施台账管理，记录工程范围变更、商务及法律条款变更和因此导致的投资、进度计划的变更；同时记录对合同的修订，收集、记录和保存实施过程中的各方报批和批准文件、通知、来往邮件等。

（4）通过合同实施情况分析，找出偏离，以便及时采取措施，调整合同实施过程，达到合同总目标要求。

（5）对合同变更原因、变更事项、变更对项目影响分析等内容进行分析，及时上报建设单位。

（6）按照合同文本审批流程要求对合同变更协议内容进行审核，并协助建设单位签订合同变更补充协议。

3.流程

流程图。合同变更管理流程如图5-52所示。

4.参考表格

合同变更参考表格见5-45。

5.相关知识

（1）合同跟踪。

1）合同跟踪依据。

合同跟踪依据主要包括以下几个方面：

①合同文件、合同分析结果及合同管理计划，包括招标文件、签订合同、变更合同、各种计划与方案等。

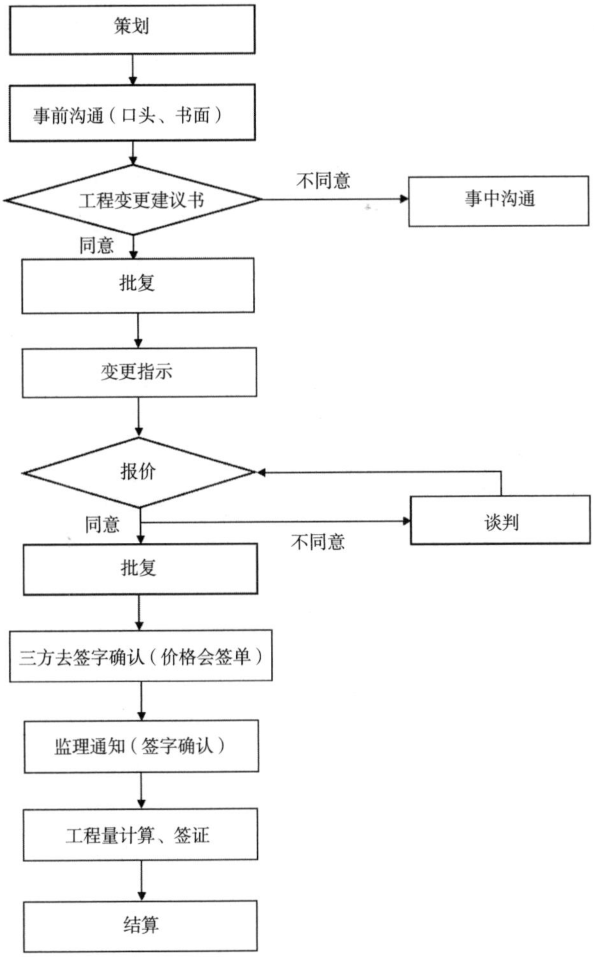

图 5-52　合同变更管理流程图

合同变更参考表格　　　　**表 5-45**

变更项目名称		变更类型		合同号	
变更申请人		变更涉及文件		申请表号	
变更说明（变更依据、原因、具体内容）：					
变更对工程的影响（提出变更预算、目标影响、对其他工程或参与方的影响）：					

续表

监理单位审查意见：
设计单位审查意见：
建设单位/项目管理机构审查意见：

②施工阶段中实际发生的各种工程文件。如工程记录、各种工程报表、报告等。

③项目管理人员对现场施工情况的了解，以及监理机构人员的检查、通知等信息。

2）合同跟踪对象。

合同跟踪对象主要包括以下几个方面：

①关键的合同事件。对照关键合同事件的具体内容，分析事件的实际完成情况，如完成质量、工期、数量以及变化原因（如有）等。

②合同当事人工作状态。合同当事人的责任履行情况、对合用履约能否及时提供条件或及时审批、合同履约的积极性、合同履约的不作为等。

③工程总体实施情况。工程质量、进度、投资计划的整体完成情况、目标重大偏差及纠偏措施等。

（2）合同变更。

1）合同变更管理原则。

①如果出现必须变更的情况，应当尽快变更。变更既已不可避免，不论是停止施工等待变更指令，还是继续施工，都会增加损失。

②工程变更后，应当尽快落实变更。工程变更指令发出后，应当迅速落实指令，全面修改相关的文件。承包人也应当抓紧落实，如果承包人不能全面落实变更指令，扩大的损失应当由承包人承担。

③对工程变更的影响应当作进一步分析。工程变更的影响往往是多方面的，影响持续的时间也往往较长，对此应当有充分的分析。

2）合同变更责任分析和补偿要求。

根据合同变更的具体情况可以分析确定合同变更的责任和费用补偿。

①由于建设单位要求、政府部门要求、环境变化、不可抗力、原设计错误等导致的设计修改，应该由建设单位承担责任。由此所造成的施工方案的变更以及工期的延长和费用的增加应该向建设单位索赔。

②由于承包人的施工过程、施工方案出现错误、疏忽导致设计的修改，应当由承包人承担责任。

③施工方案变更需经过工程师的批准，不论这种变更是否会对建设单位带来好处。

3）合同变更协议内容。

合同变更一般需签订变更协议，其内容涉及到以下部分：

①原合同相关的编号以及名称信息。

②原合同相关的签订日期情况。

③执行变革的条款构成。

④新拟订的条款信息。

⑤变更协议的生效日期。

⑥变更协议订立日期以及生效相关的要件构成。

⑦当事人签章。

（三）项目合同索赔管理

1.目的

（1）通过合同积极管理，尽量减少索赔事件发生。

（2）公正处理和解决建设单位与其他当事人之间的索赔事件，保持合同可持续履行。

2.任务

（1）预测干扰事件的发生可能性、发生规律及其可能带来的损失大小，并考虑相应的对策措施予以防范，降低被索赔的机会。

（2）组织和督促监理机构做好合同跟踪和控制工作，减少干扰事件的发生，降低干扰事件带来的损失。

（3）干扰事件一经发生，应及时督促监理机构及时做出相关指令，控制干扰事件的影响范围，并调整相应计划，与项目管理机构保持沟通。

（4）与工程监理机构一起协商，处理索赔方提交的索赔报审报表，对索赔要求和依据性文件进行分析、反驳，确定合理部分，并使得索赔方得到相应的合理费用。

（5）向建设单位上报初步的索赔处理结果，协调建设单位认可索赔方合理的索赔要求，以和谐方式解决争执。

（6）当建设单位有索赔意向时，项目管理机构应及时协助建设单位分析索赔原因、准备索赔资料，提出索赔报告，并跟踪索赔事件落实情况。

3.流程

工程索赔的处理流程如图5-53所示。

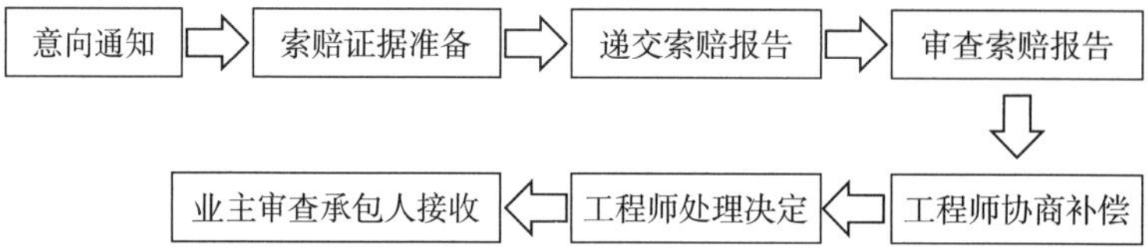

图5-53　工程索赔的处理程序

4.参考表格

费用索赔报审表格，见表5-9，表5-10。

5.相关知识

（1）合同索赔概念及分类。

1）概念。

通常是指工程建设实施过程中，合同当事人一方对于并非自身过错，而是应由对方承担责任或风险的情况造成经济损失或权利损害时，通过一定合法程序向对方提出经济赔偿和（或）时间补偿的要求。

2）工程合同索赔的理解。

①工程索赔的性质属于经济补偿行为，而不是惩罚。

②工程索赔是承发包商双方之间经常发生的管理业务，是双方合作的方式，而不是对立的行为。

③索赔既可以要求经济补偿，也可要求工期延长，或两者兼之。

④工期或费用索赔，必须是合同规定之外的额外工作、新增工程或干扰时间造成的。

3）工程索赔的分类，见表5-46。

（2）合同索赔的常规处理方法。

工程索赔分类表 **表5-46**

类别	内容
按索赔目的分类	1.工期索赔；2.费用索赔；3.综合索赔
按索赔当事人分类	1.发包人索赔；2.承包人索赔
按照索赔时间的性质分类	1.工程延期索赔；2.工程加速索赔；3.工程变更索赔；4.工程终止索赔；5.不可预见的外部障碍或条件索赔；6.不可抗力事件引起的索赔；7.其他索赔
按索赔依据分类	1.合同内索赔；2.合同外索赔

1）在索赔事件发生后，施工单位应在索赔事件发生后的28天内向建设单位（项目管理机构）或监理机构递交索赔意向通知。

2）发出索赔意向通知的28天内，施工单位应递交正式的索赔报告。

监理机构在收到施工单位送交的索赔报告和有关资料后，于28天内给予答复，或要求施工单位进一步补充索赔理由和证据。

3）监理机构判定施工单位索赔成立的条件为：

①与合同对照，事件已造成了施工单位成本的额外支出，或直接工期损失。

②造成费用增加或工期损失的原因，按合同约定不属于承包人的行为责任或风险责任。

③承包人按合同规定的程序提交了索赔意向通知和索赔报告。

在经过分析研究后，由监理机构与项目管理机构、施工单位讨论后，由监理机构对施工单位提出的索赔报表做出结论。若施工单位认为处理决定不公平的，可按合同中商定的争议解决办法处理，提起仲裁或诉讼。

二、工程项目合同管理案例分析

（一）某二级工程承包合同交底书记录案例

1.说明

本交底书（示范文本）针对《建筑工程施工合同》（GF-2017-0201）（示范文本）制作。制作正式交底书时应根据具体合同的实际内容。

2.正文

合同交底书制作人：________________________________制作完成时间：____________________

第一部分：工程概况描述

工程名称：某建设项目

合同价款：××××万元 质量标准：合格

发包方：某公司

承包方：某公司

承包范围：

合同工期：　　天　　工期控制情况：　　　以实际建设单位核定的实际开工日期为准

第二部分　合同履行的具体要求

合同履行的具体要求见表5-47～表5-49。

合同文件　　**表5-47**

序号	合同交底内容	目标	责任人	交底人
一	词语定义及合同文件			
3	关于法律、标准及规范			
①	1.《中华人民共和国合同法》 2.《中华人民共和国招标投标法》 ……	主控： 1.编制详细的网络计划工期； 2.根据标准确定质量验收程序； 3.采购执行标准； ……		

注：本合同依据的具体法律法规标准的名称，如果当地的文件较为特殊，需要附带全文。

工程师　　**表5-48**

序号	合同交底内容	目标	责任人	交底人
二	双方一般权利、义务			
5	工程师			
①	监理单位名称	1.某公司； 2.……		
②	工程师姓名	1.某公司某某某； 2.……		
③	监理单位在工地人员各自职权	1.委托权限：工程质量监督权 2.经建设单位批准行使的权力：下达停工令；重大项目设计加工项目变更		
……				

建设单位应完成的工作情况 **表5-49**

序号	合同交底内容	目标	责任人	交底人
二	双方一般权利、义务			
8	建设单位应完成的工作情况	1.施工现场具备施工条件的要求及完成时间：开工之日前5天完成； 2.将施工所需要的水、电、通信线路接至施工场地的时间、地点和供应要求。 ……		
①	施工场地	开工之日前5天完成并保证施工期间全天畅通		
②	水、电等四通	开工之日前5天完成，负责将水源、电源接至施工现场双方约定的地方。 ……		
……	……	……		

此外，应对应将施工单位应完成工作情况、施工组织设计与工期、合同价款与支付、工程量的确认与工程款（进度款）支付等内容进行合同交底。

（二）某工程合同管理分析及探讨分析

某公司主要运作形式为总经理、副总经理分工负责制，总经理主管办公室、财务两个内务部门，副总经理主管工程建设、招标、结算和商务区安保巡逻。其中办公室下设文秘、后勤保障和档案管理三个工作组，工程建设以项目组形式开展，道路、干渠、综合管廊、电力外网、自来水中水管道安装等每项成立项目管理组，项目管理组内负责本大项工程进度、质量、安全和进度款结算。组织结构如图5-54所示。

该公司合同管理阶段可分为前期咨询合同签订、工程合同签订与实施和工程合同验收与结算三个阶段，职能部门为招标结算部、工程部和财务部。该公司因工程合同管理存在个别领导和部门职能过于集中问题。单一的副总经理主管的工程部和招标结算部两部门，几乎囊括了该公司全部核心职能。部分合同仅经过副总经理一人签订完成，缺少专业法律人员对工程合同条款的审定与把关问题，导致某合同中因附加条款一项问题便增加了40%造价。

此外，该公司存在对档案工作重视不足的情况，因发生火灾，致使出现火灾后档案损失巨大，部分档案难以另行补充，造成难以挽回损失。

公司上下仅把档案室当作放置材料的仓库，未设专职档案员，也未按照档案

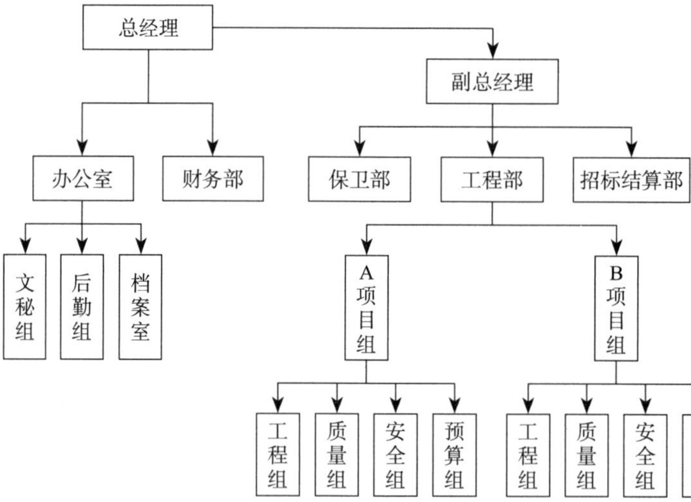

图5-54　项目组织结构

法有关规定专门建立合同管理制度，工程档案由工程部收集后随意堆放，公司上下各部门都缺少档案管理意识，是最终造成惨痛结果的原因。

1. 合同管理架构失衡

项目组制极大地增加项目组长权力，有利于提高工程建设效率，但同时存在一人身兼进度质量安全等多职管理，以进度为纲的大前提下，质量和安全监督无外部监审环节，实则形同虚设，如图5-55所示。

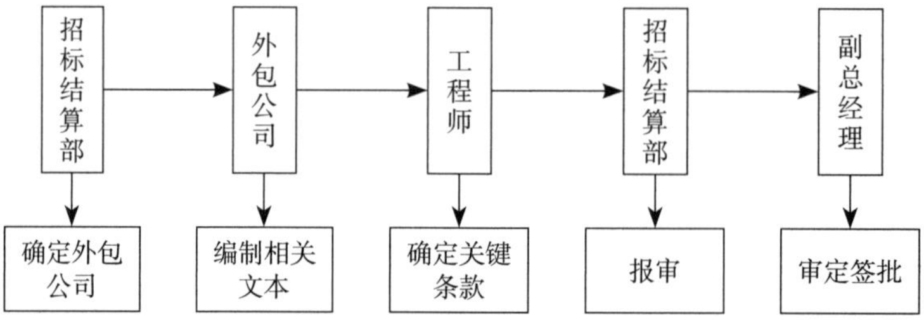

图5-55　合同文本管理

在工程合同全过程管理的链条中，按合同约定完成工程进度固然重要，但质量、安全等方面的按合同约定执行更为至关重要。未通过合理的管理组织架构设计将权力有效分散，使各部门职能相对平均并形成有效的制约监督，管理架构的失衡也导致公司各部门难以形成合力、各管理项目没有通过系统性地循环流转提升效率，致使出现上述问题。

因此，合同组织设计的制定和落实是合同管理中重要的组成部分，若存在组织结构设计不合理，必然将导致合同问题。必须优化工程合同组织结构，适当调整职能部门管理。

2.档案管理观念未建立

在信息化发展的今天,《电子公文归档管理暂行办法》已发布多年，应按照“归档的电子公文，应按本单位档案分类方案进行分类、整理，并拷贝至耐久性好的载体上，一式3套，一套封存保管，一套异地保管，一套提供利用”的方式进行归档，用于避免档案、资料丢失造成的损失。

3.专业合同文本审核流程缺失

因组织结构搭建不合理，合同审批流程形同虚设，建设合同签订过程中所需要的专业知识纷繁复杂，该公司的各建设项目并未建立合同审核体系和制度，未设立专门审核部门和专业法律人员。类似情况成为诸多混乱合同管理的缩影。

(三)某厂房建设工程合同管理

某厂房建设工程，由某合资企业(以下简称A方)投资，总投资约为1800万美元，总建筑面积22000m^2，其中土建总投资为3000 多万元人民币。该厂位于丘陵地区，原有许多农田及藕塘，高低起伏不平。土方工作量很大，主厂房主体结构为钢结构，生产工艺设备和钢结构，设计单位为某省纺织工业设计院，最终决定某承包公司(以下简称B方)中标。

工程在施工过程中由于：

(1)在当年八月份出现较长时间的阴雨天气。

(2)A方发出许多工程变更指令。

(3)B方施工组织失误、资金投入不够、工程难度超过预先的设想。

(4)B方施工质量差，被业主代表指令停工返工等；造成施工进度的拖延、工程质量问题和施工现场的混乱。

原计划工程合同工期共27周，但实际上，工程开工后的31周，还有大量的合同工作量没有完成。此时业主以如下理由终止了和B方的原合同关系：

(1)B方施工质量太差，不符合合同规定，又无力整改。

(2)工期拖延而又无力弥补。

(3)使用过多无资历的分包商，而且施工现场出现多级分包；将原属于B方工程范围内的一些未开始的分项工程删除，并另发包给其他承包商，并催促B方尽快施工，完成剩余工程该工程争议焦点为固定总价合同中，详细的施工图钢筋用量与预算报价之差能否给予补偿。

案例中，A方B方均存在合同管理中需要改进的地方。

对B方来说，本工程采用固定总价合同，招标图纸比较粗略，做标期短，地形和地质条件复杂，所使用的合同条件和规范是承包商所不熟悉的。对B方来说，几个重大风险集中起来，失败的可能性是很大的，承包商的损失是不可避免的。

工程结束时B方提出实际工程量的决算价格为1882万元（不包括许多索赔）。经过长达近十个月的商谈，A方最终认可的实际工程量决算价格为1416万元人民币。双方结算的差异主要在于工程招标图纸较粗略。对于业主来说，在合同签订阶段，若存在当双方对合同的范围和条款的理解明显存在不一致时，应在中标函发出前进行澄清，而不能留在中标后商谈。如果先发出中标函，再谈修改方案或合同条件，承包商要价就会较高，业主十分被动。

对A方来说，采用固定总价合同，则业主不仅应给承包商提供完备图纸、合同条件，而且应给承包商合理的做标期、施工准备期等，还应帮助承包商理解合同条件，双方及时沟通。但在本工程中业主及业主代表未能做好这些工作：

（1）工程合同风险及防范措施。

1）工程合同常见风险。

①合同条文不完整和不严密所引起的理解失误。

首先是合同双方对合同的风险都没有一个准确的认识，缺乏风险控制意识，没有预计到在工程施工中会发生的各种情况。这就会导致在建筑市场中的竞争过分激烈，合同的约定与签署都没有一个科学完善的流程，最终导致承包企业的损失，或者是由于合同中的条文不清而致使承包方不能清楚地理解合同内容，造成失误。例如在一些合同中会设置这样的条款“承包企业为施工方便而设置的任何设施，均由他自己付款。”这种提法对承包方很不利。

②建设工程合同对工期约定不明及影响工期的合同约定风险。

就发包人而言，工期是建设工程合同较为重要的部分，建设工程合同中约定不明必然给发包人带来巨大风险。《建设施工合同（示范文本）》对承包人有权顺延工期做出相应的规定。因此，发包人必须对此做出详尽的研究，避免承包人顺延工期的风险。比如，开工条件的约定，若对开工条件做出不利于发包人的约定，将导致承包人以施工场地达不到施工条件而要求顺延工期的风险。

③发包人提出的开脱条款带来的风险。

发包人为了转嫁风险，出单方面约束性的、过于苛刻的、责权利不平衡的合同条款，这些条款很明显是在为分包人开脱责任，这在合同中经常表现为“发包人不负任何责任。”这些内容对承包人来说都是极其不利的，也是不符合公平对等原则的。

④发包人违约带来的风险。

一些业主的合同履行能力差，无法支付工程款或者故意拖欠工程款；分包商（特别是发包人指定的分包商）违约，不能按质、按量、按时完工；由于发包人驻工地代表或监理工程师的工作效率低，没有及时解决存在的问题，或者发出错误的指令，都有可能给承包商带来巨大的损失。

2）合同风险的防范措施。

①建立和健全企业合同管理体系。

作为承包人，为了维护自身的合法权益，应建立专业的合同管理部门，将合同管理覆盖到企业生产经营各个层次，涉及工程施工、管理的每个细节中，这样设置专门的合同部门，明确合同管理职责范围、工作流程、规章制度，形成从投标预审、合同谈判、审核、履行到监督检查，保证合同的有效实施，并严格执行合同管理工作流程，确保合同从招标文件分析、文本审查、合同实施策略、保证体系、跟踪、对比分析、合同变更、索赔等过程均纳入企业经营日常工作程序，确保合同体系的有效运转，发挥应有的作用。

②签订完善的施工合同。

合同是发包人和承包人双方履行法律责任的依据，为减少和避免合同风险，在施工前进行合同洽谈是关键，双方要在平等自主，透明公平的环境下进行商议，共同对合同中的各项条款进行拾遗补缺，保证合同的完整性，防止不必要的风险，让双方利益能得到平衡，并显示公平。合同洽商时，承包人应从风险分析与风险管理的角度研究每一个条款，要善于在合同中限制自身承担过多的风险和尽可能转移风险，对合同中所规定的条款也要认真研究，做到心中有数，达到风险在双方中合理分配。

③做好合同的交底工作。

施工合同签订后，承包人合同管理部门要对项目部的相关人员做好针对性的合同交底，以便项目管理人员能及时对合同进行全面、完善地解释，明确合同条款的不利因素和有利因素，尤其是合同中的潜在风险，管理人员应首先做好预测分析，对合同中工期、质量、造价三要素的控制要求及相应违约责任心中有数，为合同的履行创造有利的条件。

④慎重处理索赔、纠纷风险。

由于业主无法按照规定提供应有的施工条件，常常造成承包商的索赔，甚至发生纠纷。关于索赔，在合同中应作出明确的规定，同时在实际操作中适时启动反索赔程序，这样可以有效减少索赔的发生，减少索赔损失。当纠纷发生后，合同双方也要按照合同的流程处理纠纷，尤其是涉及诉讼的，应选择有利于业主的有管辖权的法院受理。

⑤转移或分担不可抗力风险。

一旦发生不可抗力事件，合同的双方都会遭受损失。在合同中应明确不可抗力发生时工程本身、双方人员及自有设备的损失责任，而业主也可以选择投保对不可抗力事件带来的影响风险转移。

⑥严格执行合同，通过合同手段管理风险。

在施工前，合同双方要对合同进行确认，并通过特定的合同条款予以约定，或规避，或转移，或分担，或自留。在合同履行过程中，为了避免更多的风险发生，业主应严格执行合同，通过合同手段降低风险。签订合同时建立业主合同的评审和审计制度，在法律的框架内将业主风险管理预案在合同中约定。在项目实施时，按照全面合同管理的要求定期总结合同的履行情况。

第五节　工程项目安全与环境管理

一、工程项目安全与环境管理工作

（一）安全生产管理体系确定与专项施工方案论证

1. 目的

（1）贯彻“安全第一，预防为主，综合治理”方针，建立健全安全保证体系，确保工程安全、环境管理目标。

（2）确保专项施工方案审查或论证手续完备，方案科学、合理。

2. 任务

（1）建立工程项目安全文明管理、控制工作制度流程，明确建设单位及各参建单位的工程安全文明管理责任。

（2）组织项目组成员编制施工阶段安全生产、文明施工管理计划。

（3）参加超过一定规模的危险性较大的分部分项工程专项施工方案专家论证会，督促监理机构审批相应专项施工方案。

3. 相关知识

（1）各参与方安全职责。

1）建设单位管理职责。

①核查各参建单位编制工程安全事故应急预案，组织应对突发事件。

②参加、指导施工现场定期、不定期召开的安全管理会议和安全生产检查。

③审阅参建单位安全报告。

④配合、协调和参与审计、纪检、安全部门、安全监督部门对施工安全管理的检查、指导。

2）项目管理机构职责。

①监督、检查工程监理机构和施工单位的安全生产监管体系、安全管理人员配备、安全文档建立。

②负责现场安全施工的检查监督和协调工作。

③负责监督施工单位组织、协调超过一定规模的危险性较大的分部分项工程安全专项设计，督促施工单位编制安全专项方案。

④监督定期安全检查、不定期安全抽查、季节检查和对口交流检查，监督安全问题的整改。

⑤监督施工单位制定现场安全文明施工管理规定。

⑥负责编制和报告安全生产和管理工作汇报。

⑦监督各参建单位编制工程安全事故应急预案，协助应对突发事件。

⑧负责现场工程安全事务的协调工作。

⑨监督协调安全工作专题会议的落实。

⑩参与施工、工程监理机构组织的定期安全例会和安全检查。

⑪负责办理安全监督手续。

⑫配合审计、纪检监察部门、安全监督部门的监督工作。

⑬完成建设单位交办的其他相关工作。

3）工程监理机构职责。

①负责现场安全施工的监督、日常检查。

②负责建立工程监理安全管理体系、安全管理人员配备、安全文档建立。

③负责监督、检查、指导施工单位建立安全生产管理体系、安全管理人员配备、安全文档建立。

④负责审核施工单位安全专项施工方案。

⑤组织定期、不定期召开安全工作专题会议，监督和检查安全整改的落实。

⑥协助组织和参与定期安全检查、不定期安全抽查、季节检查和对口交流检查。

⑦协助和参与由建设单位组织的定期检查和评比工作。

⑧检查和落实安全质量问题的整改。

⑨定期编制安全生产管理工作报告。

⑩监督指导施工单位编制工程安全事故应急预案，协助应对突发事件。

⑪配合审计、纪检监察部门的监督工作。

⑫完成建设单位交办的其他相关工作。

4）施工单位职责。

①应当按照法律、法规和工程建设强制性标准进行设计，防止因设计不合理导致生产安全事故的发生。

②应当考虑施工安全操作和防护的需要，对涉及施工安全的重点部位和环节在设计文件中注明，并对防范生产安全事故提出指导与应当在设计中提出保障施工作业人员安全和预防生产安全事故的措施建议。

③负责建立健全安全生产责任制和安全生产管理体系、配备安全管理人员、建立安全文档，并投入合理资源，持续改进。

④负责监督项目经理在关键工序、节点带班管理，专职安全员全职在岗。

⑤负责落实安全文明措施费按照计划投入，确保专款专用，安全产品合格，分发、管理到位。

⑥认真贯彻执行国家和地方的有关安全生产的方针、政策、法令、法规。

⑦制定并组织实施项目安全计划，编制切实可行的安全施工方案，落实三级教育和安全交底，加强作业人员进出场管理。

⑧及时高效解决安全生产、文明施工及环境保护中存在的问题。

⑨加强重大危险源管理，并采取公示、交底、措施、检查等管理手段做好现场管控工作，避免安全事故发生。

⑩专职安全人员深入现场检查安全施工情况，掌握安全动态，制止违章作业和违章指挥。

⑪参加定期、不定期召开的安全工作专题会议，对安全文明施工的整改问题，要落实责任人，按期整改回复，申请复查。

⑫参加定期安全检查、不定期安全抽查、季节检查和对口交流检查。

⑬定期编制安全生产管理工作报告。

⑭建立施工单位安全事故应急预案制度，编制工程安全事故应急预案，应对突发事件。

⑮办理各项安全设施、设备安全检查、备案、申报工作。

⑯积极配合现场工程安全事务的协调工作。

⑰负责签订建设单位制定的各项管理协议，配合建设单位、全过程咨询单位安全管理工作。

⑱落实政府相关部门的检查指导意见，督促整改到位。

⑲完成其他安全文明生产及管理、配合工作。

（2）危险性较大的分部分项工程专项施工方案。

1）危险性较大的分部分项工程定义及范围。

危险性较大的分部分项工程，是指房屋建筑和市政基础设施工程在施工过程中，容易导致人员群死群伤或者造成重大经济损失的分部分项工程。《危险性较大的分部分项工程安全管理规定》（住房城乡建设部令第37号）中明确要求，施工单位应当在危险性较大的分部分项工程施工前组织工程技术人员编制专项施工方案。危险性较大的分部分项工程及超过一定规模的危险性较大的分部分项工程范围由国务院住房城乡建设主管部门制定。

《危险性较大的分部分项工程安全管理规定》（建办质〔2018〕31号）中进一步明确了危险性较大的分部分项工程及超过一定规模的危险性较大的分部分项工程的范围。具体指：

危险性较大的分部分项工程范围包括：基坑工程、模板工程及支撑体系、起重吊装及起重机械安装拆卸工程、脚手架工程、拆除工程、暗挖工程、其他共七类。

超过一定规模的危险性较大的分部分项工程范围包括：深基坑工程、模板工程及支撑体系、起重吊装及起重机械安装拆卸工程、脚手架工程、拆除工程、暗挖工程、其他共七类。

2）危险性较大的分部分项工程专项施工方案的主要内容。

①工程概况。危险性较大的分部分项工程概况和特点、施工平面布置、施工要求和技术保证条件。

②编制依据。相关法律、法规、规范性文件、标准、规范及施工图设计文件、施工组织设计等。

③施工计划。包括施工进度计划、材料与设备计划。

④施工工艺技术。技术参数、工艺流程、施工方法、操作要求、检查要求等。

⑤施工安全保证措施。组织保障措施、技术措施、监测监控措施等。

⑥施工管理及作业人员配备和分工。施工管理人员、专职安全生产管理人员、特种作业人员、其他作业人员等。

⑦验收要求。验收标准、验收程序、验收内容、验收人员等。

⑧应急处置措施。

⑨计算书及相关施工图纸。

3）危险性较大的分部分项工程施工方案专家论证。

超过一定规模的危险性较大的分部分项工程专项施工方案进行专家论证，论证会参会人员应当包括：①专家。②建设单位项目负责人。③有关勘察、设计单位项目技术负责人及相关人员。④总承包单位和分包单位技术负责人或授权委派的专业技术人员、项目负责人、项目技术负责人、专项施工方案编制人员、项目专职安全生产管理人员及相关人员。⑤监理单位项目总监理工程师及专业监理工程师。

专家论证的主要内容应当包括：

①专项施工方案内容是否完整、可行。

②专项施工方案计算书和验算依据、施工图是否符合有关标准规范。

③专项施工方案是否满足现场实际情况，并能够确保施工安全。

超过一定规模的危险性较大的分部分项工程专项施工方案经专家论证后结论为“通过”的，施工单位可参考专家意见自行修改完善；结论为“修改后通过”的，专家意见要明确具体修改内容，施工单位应当按照专家意见进行修改，并履行有关审核和审查手续后方可实施，修改情况应及时告知专家。

（二）安全生产、文明施工管理体系督促执行

1.目的

（1）督促各方安全生产、文明施工管理体系运行，确保施工阶段工程安全。

（2）及时查出安全隐患，防止安全意外事故发生。

2.任务

（1）督促、审核监理机构、施工单位、材料设备供应单位等建立工程安全文明管理组织机构和制度流程，落实各岗位工程安全文明管理责任。

（2）定期协同建设单位、监理机构对施工现场安全生产、文明施工情况进行监督检查，对安全检查时发现的违章作业要求立即纠正，并做好相关记录。针对安全隐患，提出限期整改要求，严重时可要求施工单位停工整顿。

（3）检查监理机构在安全监督过程中是否尽责以及有无违规现象等，主要查阅监理机构执行安全监理职责时的有关记录，并对相关安全监理人员进行询问。

（4）督促施工单位做好入场安全教育培训工作。

（5）督促监理机构审查施工单位安全防护措施费的使用和管理。

（6）主导现场应急管理工作，要求各方编制综合应急预案，并根据情况组织

应急救援演练，完善应急预案不足之处。

（7）定期对各参与方的安全管理工作进行考核、评比。

3.相关知识

（1）工程项目安全检查与安全隐患处理。

1）安全检查形式。

安全检查形式多样，主要有日常巡视、定期检查、不定期检查、专业性检查、季节性检查、节假日前后检查等；或一般性检查、定期检查、专业检查、季节性检查、特殊检查；或班组自检、交接检查等。

2）安全检查内容。

查思想、查管理、查制度、查现场、查隐患、查事故处理。

根据国家法律、行政法规、施工规范、验收标准、施工图纸以及企业内部控制文件等，结合工程特点制定针对性的安全检查表。检查表应当简单明确、条款清晰，针对性强。

①日常巡视。发现人的不安全行为、物的不安全状态当场指正，预防事故发生，并将相应问题及整改情况做好记录。

②定期或不定期检查。组织相关单位人员检查，将检查结果记录在案，下发书面通知，查找原因，制定消除隐患的纠正措施，消除安全隐患，并记录整个过程。

③专业性检查。一方面是指对于技术性较高的专业领域，应该组织、委托或者外聘该领域的专业技术人员或技术团体检查；另一方面是指组织、委托或者外聘专职的安全管理人员或团队对反复发生和同类型的安全隐患检查，专职的检查团队具有较高的安全知识、经验和检查设备，且不受文化、地域等的影响，能够更加客观、准确发现问题，有利于修订和完善安全管理措施和预防措施。

3）安全检查组织。

成立由第一责任人任组长，业务部门及人员参加的安全检查小组。

4）安全检查准备。

包括思想准备、业务准备。

5）安全检查方法。

一般检查方法和安全检查表法。

6）整改“三定”原则。

安全检查后，针对存在的问题应定具体整改责任人、定解决与改正的具体措施、限定消除危险因素的整改时间。

7）检查结果处理。

首先是当场指正，限期纠正，预防隐患发生；其次做好记录，分析原因，制定措施，及时整改，消除安全隐患；再次对于反复发生的安全隐患，应通过分析统计的方法查找原因，完善或制定预防措施，从源头上消除安全事故隐患的发生。最后对纠正和预防措施的实施过程和实施效果，进行跟踪验证，并保存记录结果。

（2）工程项目施工现场环境保护。

依据《中华人民共和国环境保护法》，施工现场环境保护内容包括：防治大气污染、防治水污染、防治施工噪声污染、能源、资源消耗的控制、控制化学品、油品的泄漏和火灾、爆炸；控制固体废弃物的产生；防扰民；防止泥浆、污水、废水外流或堵塞下水道；减少材料消耗和材料节约再利用；节约用水及地下降水和非传统水源利用；对土地植被的保护；对施工区域内的遗址文物、古树名木的保护等内容。

1）防治大气污染措施。

①施工现场主要道路必须进行硬化处理。施工现场采取覆盖、固化、绿化、洒水等有效措施，做到不泥泞、不扬尘。施工现场的材料存放区、大模板存放区等场地必须平整夯实。

②遇有四级风以上天气不得进行土方回填、转运以及其他可能产生扬尘污染的施工。

③施工现场有专人负责环保工作，配备相应的洒水设备，及时洒水，减少扬尘污染。

④建筑物内的施工垃圾清运必须采用封闭式容器吊运，严禁凌空抛撒。施工现场设密闭式垃圾站，施工垃圾、生活垃圾分类存放。施工垃圾清运时提前适量洒水，并按规定及时清运消纳。

⑤水泥和其他易飞扬的细颗粒建筑材料密闭存放，使用过程中采取有效措施防止扬尘。施工现场土方集中堆放，采取覆盖措施。

⑥土方、渣土和施工垃圾的运输，必须使用密闭式运输车辆，并与持有消纳证的运输单位签订防遗撒、扬尘、乱倒协议书。施工现场出入口处设置冲洗车辆的设施，出场时必须将车辆清理干净不得将泥沙带出现场。

⑦施工道路铣刨作业时，采用冲洗等措施，控制扬尘污染。 灰土和无机料拌和，采用预拌进场，碾压过程中要洒水降尘。

⑧施工现场混凝土浇筑使用预拌混凝土，施工现场装修阶段设置搅拌机的机

棚必须封闭，并配备有效的降尘防尘装置。

⑨施工现场使用的热水茶炉，炊事炉灶及冬施取暖等必须使用清洁燃料。施工机械、车辆尾气排放应符合环保要求。

⑩拆除旧有和大临建筑时，随时洒水，减少扬尘污染。渣土要在拆除施工完成之日起三日内清运完毕，并遵守拆除工程的有关规定。

2）防治水污染措施。

①搅拌机前台、混凝土输送泵及运输车辆清洗处设置二级沉淀池，废水不得直接排入市政污水管网，经二次沉淀后用于洒水降尘。

②现场存放油料、油质脱模剂，必须对库房进行防渗漏处理，储存和使用采取防泄漏措施，防止油料泄漏，污染土壤水体。

③施工现场设置的食堂，设置简易有效的隔油池，加强管理，专人负责定期掏油，防止污染。

3）防治施工噪声污染措施。

①施工现场遵照《中华人民共和国建筑施工场界噪声限值》制定降噪措施。建筑施工过程中使用的设备，可能产生噪声污染的，按有关规定向工程所在地的环保部门申报。

②施工现场的电锯、电刨、搅拌机、固定式混凝土输送泵、大型空气压缩机等强噪声设备搭设封闭式机棚，并尽可能设置在远离居民区的一侧，以减少噪声污染。

③因生产工艺上要求必须连续作业或者特殊需要时，确需在22时至次日6时期间进行施工的，在施工前到工程所在地建设行政主管部门提出申请，经批准后方可进行夜间施工，做好周边居民工作，并公布施工期限。

④有夜间施工许可证进行夜间施工作业时，应采取措施，最大限度减少施工噪声，采用低噪声震捣棒等方法。

⑤对人为的施工噪声，建立教育管理制度和降噪措施，并进行严格控制。承担夜间材料运输的车辆，进入施工现场严禁鸣笛，装卸材料应做到轻拿轻放，最大限度地减少噪声扰民。

⑥施工现场进行噪声值监测，监测方法执行《建筑施工场界噪声测量方法》，噪声值不超过国家或地方噪声排放标准。

4）能源、资源消耗的控制措施。

①项目现场安装总电表，施工区及生活区安装分电表，并设专人定期抄表。

②对现场人员进行节电教育。

③在保证正常施工及安全的前提下，尽量减少夜间不必要的照明。

④办公区使用节能型照明灯具，下班前，做到人走灯灭。

⑤夏季控制使用空调，在无人办公或气候适宜的情况下，不开空调。

⑥现场照明禁止使用碘钨灯，生活区严禁使用电炉。

⑦施工机械操作人员，尽量控制机械操作，减少设备空转。

⑧施工用电总包专业分包均需设计量表。地下、室内照明分区分段、分部位手控或安装时控继电器，场区照明设光敏继电器，节电、用电系统安装电容器以提高功率因素。

⑨所有机械必须符合产品设计匹配电机，根据加工件选用机械，避免大马拉小车。

5）严格控制化学品、油品的泄漏和火灾、爆炸的发生措施。

生产、办公区的化学品、油品一律实行封闭式、容器式管理和使用。设立明显警告标志并配备标准的消防器材。严格执行各项消防规章和防火管理制度。特殊操作工种需培训后方可持证上岗。提高全员防火意识。

6）严格控制固体废弃物的产生和处理措施。

防止固体废弃物的产生对环境造成影响，单位根据施工特点，树立节能减废的思想，严格执行限额领料制度，减少材料浪费，控制无毒、无害不可利用固体废弃物的产生量。严格控制有毒、有害固体废弃物的排放量。提高各类无毒、无害可利用物资的使用量。建立建筑垃圾分拣站和封闭式固体废弃物回收站。对所有固体废弃物按规定消纳。防止污染环境。

7）防扰民措施。

①加强施工现场管理工作，科学合理组织施工，争创市级文明安全工地。

②与政府部门和建设单位一起做好工程周围居民的工作，共同维护正常的施工秩序和生活环境秩序。

③教育施工人员严格遵守各项规章制度，维护群众利益，尽力减少工程施工给当地群众带来的不便，和当地群众一起自觉遵守当地有关规定，建立起相互理解信任，相互支持配合的良好关系。

④按照设计要求必须连续施工的工程，需在22时至次日6时进行施工的，在施工前必须向工程所在地区建设行政主管部门提出申请，待审查批准后方可施工，未经批准，禁止在限制时间内进行超过国家标准噪声限制的作业。

⑤已批准夜间施工的，也要加强防范措施，控制噪声污染，定期、定点进行噪声测试，对强噪声设备要进行封闭作业，如遇有超噪声值施工的要立即制止，

对人为制造噪声的，要对违章者进行处罚。

⑥施工前应当公布连续施工的时间，向工程周围的居民做好解释工作，取得居民的谅解。

8）防止泥浆、污水、废水外流或堵塞下水道措施。

①施工现场设冲洗车辆处，并设沉淀池，冲洗车轮、泵车、泵管废水沉淀后排入市政管网，沉淀池定期清掏。

②工地临时食堂下水道设隔油池，定期清掏污渣，经隔油沉淀后排至市政管网。

③厕所设化粪池，经沉淀后排入市政管网，化粪池定期清理。

④下水管一律采用陶瓷对接，防渗水泥浆滴抹管，以防污水渗入地下，污染地下水。

9）减少材料消耗和材料节约再利用措施。

①对进入现场的各种材料要加强验收保管工作，减少材料的损坏，最大限度地减少材料的人为和自然损耗。

②加强材料的平面布置及合理码放，防止因堆码不合理造成的损坏和浪费。

③施工现场必须设置垃圾分拣站，并及时分拣回收，先利用后处理。

④搞好限额领料工作；开展综合利用，节约代用报废的物资和包装容器的回收上交利用，做到物尽其用。

⑤用经济手段管好物资，搞好物资节约工作，严格实行材料“节奖超罚”制度。

10）节约用水及地下降水和非传统水源利用措施。

①办公区、生活区及施工区安装分水表。

②现场使用的所有水阀门均为节水型。

③对现场人员进行节水教育。

④办公区、施工区、生活区各明确一名责任人员，检查水泄漏等情况，杜绝长流水现象。

⑤施工养护用及现场道路喷洒用水时，可以用地下降水井的水源及雨水喷洒，喷洒者应注意节约用水。

⑥临时用水上水管接口严密，水龙头严禁跑、冒、滴、漏。

⑦原材使用精打细算，降低耗损，提出合理化建议或用低耗能源材料取代。

⑧由食堂管理员随时检查生活区域的水龙头，以防浪费生活用水。

⑨现场中要加强对基坑降水产生的地下水和非传统水源的利用，用于施工期

间除饮用水以外的消防、降尘、车辆冲洗、厕所冲洗、结构施工中的混凝土养护及二次装修中的建筑用水。

⑩教育好工人节约用水用电。防止电动工具未作业时空载运转，夜间减少不必要的照明。

11）对土地植被的保护措施。

①施工车辆出场必须清洗，冲车轮、泵车，减少施工场地内的废渣、土对周围土地的污染，将对周围土地植被的污染降低到最小程度。

②减少施工的废气排出，使用清洁能源。

③对施工废水不得直接排放，必须经过沉淀后才能排入市政管道，减少对周围植被的污染。

④对工人进行安全环保教育，不得对周围土地植被进行损害。

12）对施工区域内的遗址文物、古树名木的保护措施。

①在基坑开挖过程中如遇到遗址文物、古树名木，应立即停止作业并马上通知文物部门前来探查和发掘，待有价值的文物发掘完成后，经上级文物主管部门审批后才能施工。

②对工人进行教育，在施工过程中如发现文物，应立即停止施工，保护现场，并向负责人汇报。

（三）安全事故处理

1.目的

（1）及时掌握安全事故状况，及时发起应急措施，降低事故影响。

（2）查明事故原因，分清安全责任。

（3）总结经验教训，避免安全事故重复发生。

2.任务

（1）发生安全事故后，督促监理机构及施工单位立即向建设行政管理部门或者其他有关部门报告。

（2）配合施工单位组织抢救伤员，采取应急措施，并保护事故现场。

（3）组织建设单位、监理机构、施工单位等相关单位人员，成立事故调查组，对现场勘察，分析事故原因。

（4）根据调查组及建设行政管理部门的事故调查结论及报告，进一步分析损失情况，完成事故调查记录，并协助建设单位对责任方按照合同约定要求赔偿。

3.相关知识

（1）工程项目安全事故的分级。

《生产安全事故报告和调查处理条例》（国务院令第493号）规定，根据生产安全事故（以下简称事故）造成的人员伤亡或者直接经济损失，事故一般分为以下等级：

1）特别重大事故，是指造成30人以上死亡，或者100人以上重伤（包括急性工业中毒，下同），或者1亿元以上直接经济损失的事故。

2）重大事故，是指造成10人以上30人以下死亡，或者50人以上100人以下重伤，或者5000万元以上1亿元以下直接经济损失的事故。

3）较大事故，是指造成3人以上10人以下死亡，或者10人以上50人以下重伤，或者1000万元以上5000万元以下直接经济损失的事故。

4）一般事故，是指造成3人以下死亡，或者10人以下重伤，或者1000万元以下直接经济损失的事故。

国务院安全生产监督管理部门可以会同国务院有关部门，制定事故等级划分的补充性规定。

（2）工程项目安全应急预案。

《生产安全事故应急预案管理办法》（应急管理部令〔2019〕第2号）规定，应急预案的管理实行属地为主、分级负责、分类指导、综合协调、动态管理的原则。

应急预案分类及内容：

生产经营单位应急预案分为综合应急预案、专项应急预案和现场处置方案。

综合应急预案，是指生产经营单位为应对各种生产安全事故而制定的综合性工作方案，是本单位应对生产安全事故的总体工作程序、措施和应急预案体系的总纲。综合应急预案应当规定应急组织机构及其职责、应急预案体系、事故风险描述、预警及信息报告、应急响应、保障措施、应急预案管理等内容。

专项应急预案，是指生产经营单位为应对某一种或者多种类型生产安全事故，或者针对重要生产设施、重大危险源、重大活动防止生产安全事故而制定的专项性工作方案。专项应急预案应当规定应急指挥机构与职责、处置程序和措施等内容。

现场处置方案，是指生产经营单位根据不同生产安全事故类型，针对具体场所、装置或者设施所制定的应急处置措施。现场处置方案应当规定应急工作职责、应急处置措施和注意事项等内容。

应急预案编制：编制应急预案前，编制单位应当进行事故风险辨识、评估和应急资源调查。

应急预案的评审、公布和备案：生产经营单位的应急预案经评审或者论证后，由本单位主要负责人签署，向本单位从业人员公布，并及时发放到本单位有关部门、岗位和相关应急救援队伍。

应急预案的实施：生产经营单位应当组织开展本单位的应急预案、应急知识、自救互救和避险逃生技能的培训活动，使有关人员了解应急预案内容，熟悉应急职责、应急处置程序和措施。生产经营单位应当组织开展本单位的应急预案、应急知识、自救互救和避险逃生技能的培训活动，使有关人员了解应急预案内容，熟悉应急职责、应急处置程序和措施。

（3）工程项目安全事故的报告。

《生产安全事故报告和调查处理条例》（国务院令第493号）规定，事故报告应当及时、准确、完整，任何单位和个人对事故不得迟报、漏报、谎报或者瞒报。

事故发生后，事故现场有关人员应当立即向本单位负责人报告；单位负责人接到报告后，应当于1小时内向事故发生地县级以上人民政府安全生产监督管理部门和负有安全生产监督管理职责的有关部门报告。情况紧急时，事故现场有关人员可以直接向事故发生地县级以上人民政府安全生产监督管理部门和负有安全生产监督管理职责的有关部门报告。

必要时，安全生产监督管理部门和负有安全生产监督管理职责的有关部门可以越级上报事故情况。安全生产监督管理部门和负有安全生产监督管理职责的有关部门逐级上报事故情况，每级上报的时间不得超过2小时。

报告事故应当包括下列内容：

1）事故发生单位概况。

2）事故发生的时间、地点以及事故现场情况。

3）事故的简要经过。

4）事故已经造成或者可能造成的伤亡人数（包括下落不明的人数）和初步估计的直接经济损失。

5）已经采取的措施。

6）其他应当报告的情况。

事故报告后出现新情况的，应当及时补报。

（4）工程项目安全事故的调查和处理。

事故调查处理应当坚持实事求是、尊重科学的原则，及时、准确地查清事故经过、事故原因和事故损失，查明事故性质，认定事故责任，总结事故教训，提出整改措施，并对事故责任者依法追究责任。

1）事故调查。

特别重大事故由国务院或者国务院授权有关部门组织事故调查组进行调查。重大事故、较大事故、一般事故分别由事故发生地省级人民政府、设区的市级人民政府、县级人民政府负责调查。省级人民政府、设区的市级人民政府、县级人民政府可以直接组织事故调查组进行调查，也可以授权或者委托有关部门组织事故调查组进行调查。未造成人员伤亡的一般事故，县级人民政府也可以委托事故发生单位组织事故调查组进行调查。

2）事故处理。

有关机关应当按照人民政府的批复，依照法律、行政法规规定的权限和程序，对事故发生单位和有关人员进行行政处罚，对负有事故责任的国家工作人员进行处分。

事故发生单位应当按照负责事故调查的人民政府批复，对本单位负有事故责任的人员进行处理。

负有事故责任的人员涉嫌犯罪的，依法追究刑事责任。

（5）工程项目安全事故的档案管理。

《生产安全事故档案管理办法》（安监总办〔2008〕202号）规定：

事故文件材料的收集归档是事故报告和调查、处理工作的重要环节。事故调查组组长或组长单位应指定人员负责收集、整理事故调查和处理期间形成的文件材料。事故调查组成员应在所承担的工作结束后10日内，将工作中形成的事故调查文件材料收集齐全，移交指定人员。

负责事故处理的部门在事故处理结束后30日内向本单位档案部门移交事故档案。

事故调查及处理工作中应归档的文件材料主要有：

1）事故报告及领导批示。

2）事故调查组织工作的有关材料，包括事故调查组成立批准文件、内部分工、调查组成员名单及签字等。

3）事故抢险救援报告。

4）现场勘查报告及事故现场勘查材料，包括事故现场图、照片、录像，勘查过程中形成的其他材料等。

5）事故技术分析、取证、鉴定等材料，包括技术鉴定报告，专家鉴定意见，设备、仪器等现场提取物的技术检测或鉴定报告以及物证材料或物证材料的影像材料，物证材料的事后处理情况报告等。

6）安全生产管理情况调查报告。

7）伤亡人员名单，尸检报告或死亡证明，受伤人员伤害程度鉴定或医疗证明。

8）调查取证、谈话、询问笔录等。

9）其他有关认定事故原因、管理责任的调查取证材料，包括事故责任单位营业执照及有关资质证书复印件、作业规程及矿井采掘、通风图纸等。

10）关于事故经济损失的材料。

11）事故调查组工作简报。

12）与事故调查工作有关的会议记录。

13）其他与事故调查有关的文件材料。

14）关于事故调查处理意见的请示（附有调查报告）。

15）事故处理决定、批复或结案通知。

16）关于事故责任认定和对责任人进行处理的相关单位的意见函。

17）关于事故责任单位和责任人的责任追究落实情况的文件材料。

18）其他与事故处理有关的文件材料。

二、工程项目投资管理案例分析

（一）上海市某公共建筑工程项目安全生产保证体系简介

1. 工程概况

上海市某公共建筑，场地用地面积约18万m^2，总建筑面积约30万m^2，其中地上建筑面积约23.8万m^2，地下建筑面积约6.6万m^2。拟建13栋主要单体，最高建筑地上16层，建筑高度99.75m。地下室采用桩筏基础。装配式预制构件包括预制预制柱、预制叠合梁、预制叠合板、预制楼梯和预制条板，另在大跨度部位楼板采用SP预制板。

基坑支护形式：浅层卸土2m，基坑采用双轴水泥土搅拌桩重力坝、钻孔灌注桩/SMW工法桩支护+一道水平支撑、重力坝内插钻孔桩+局部暗梁复合支护型式。基坑普遍挖深6.2～7.7m，局部落深1.5～3.5m。

该工程职业健康安全及环境管理目标如下：

施工现场按"上海市现场标化管理"要求及建设工地ISO 9001/14001要求实施，杜绝重大恶性事故发生，控制工伤年频率，确保无重大伤亡安全事故，无重大设备事故、管线损坏事故，确保周围交通畅通，不得发生爆炸、火灾等事故。

确保施工现场达到上海市文明工地标准。

工程主要采用标准文件如下：

（1）上海市《现场施工安全生产管理规范》DGJ 08—903—2010。

（2）《危险性较大的分部分项工程安全管理规范》DGJ 08—2077—2010。

（3）《环境管理体系要求及使用指南》GB/T 24001—2016。

（4）《职业健康安全管理体系 要求及使用指南》GB/T 45001—2020。

（5）《建筑施工安全检查标准》JGJ 59—2011。

（6）《施工现场临时用电安全技术规范》JGJ 46—2005。

（7）《建筑机械使用安全技术规程》JGJ 33—2012。

（8）《上海市建筑施工安全质量标准化工作实施办法》。

2.安全生产保证措施

（1）施工前安全教育。

开工前要制订好安全生产保证计划，编制周密而有针对性的安全技术措施。

向全体施工人员进行安全生产总交底。施工期间应根据工艺流程、专业分工向作业人员进行分部（项）安全技术交底和操作规程交底。

施工现场要有安全宣传气氛，有醒目的安全标语，安全警告标志牌和指示牌，生活区内要有黑板报和宣传栏。施工现场要按标准悬挂施工铭牌。

项目经理、安全员等施工管理人员应持证上岗，现场作业人员必须经过安全培训和岗前教育，并建立好“三级教育卡”。

特殊工种人员必须经培训，合格后持证上岗，认真审查特种作业人员的操作证件是否有效，无证或证书过期人员严禁上岗。

（2）临时用电安全管理。

临时用电施工组织设计及变更，必须履行“编制、审核、批准”程序，由电气专业人员组织编制，并经相关部门审核及具有法人资格企业的技术负责人批准后实施。

电工必须经过考核合格后，持证上岗。

安装、巡检、维修或拆除临时用电设备和线路，必须由电工完成，应有人监护。

使用电气设备前必须按规定穿戴好相应的劳动防护用品，并应检查电气装置和保护设施，严禁设备带“缺陷”运转。

暂时停用的设备开关箱必须分断电源隔离开关，并应关闭上锁。

移动用电设备时，必须经过电工切断电源并经妥善处理后进行。

临时用电工程应定期检查，检查时应按分部、分项工程进行，对安全隐患必须及时处理。

电气操作人员应严格执行电气安全操作规程，对电气设备及防护工具要定期进行检查和试验，凡不符合安全要求的电气设备、工具禁止使用。

施工用电应统一规划，明确电源、配电箱及线路位置，制定相应安全用电技术措施和电气防火措施，不得随意架设电线路。

严禁带电作业。特殊情况下需要带电作业时必须按规定穿戴好绝缘防护品，使用绝缘工具，至少有两人操作，有监护人，并严格遵守《低压带电作业安全技术规程》。输电线路必须采用三相五线制和“三级配电二级保护”。

施工现场专用的中性点直接接地的电力线路必须采用 TN—S 接零保护系统，接地电阻不大于 4 欧姆，电气设备的金属外壳必须与专用保护零线相连接。变配电室要符合“四防一通”要求，建立相应的管理制度。

严格落实“一机、一闸、一漏、一箱”。

（3）设备安全管理。

所有施工设备和机具在投入使用前均由机械技术人员组织进行检查、维修保养，各种保险、限位、制动、防护等安全装置齐全可靠，确保状况良好。

严格坚持定期保养制度，做好操作前、操作中和操作后设备的清洁润滑、紧固、调整和防腐工作。严禁机械设备超负荷使用，带病运转和在作业运转中进行维修。

大型和专用机械的操作人员必须经过培训并经考核取得合格证后持证上岗，严格按规程操作，杜绝违章作业。

采用的起吊设备严格审查设备完好性，严禁带病作业，降低作业风险。

起吊实施前进行吊装方案申报，监理、业主审核通过后才可进行方案实施。

（4）防火安全管理。

成立防火领导小组和群众义务消防队，建立消防检查制度。

建立特殊工种防火责任制，明确重点防火部位，落实安全防火措施，配备足够的灭火器材。

要建立健全危险品，木工间、油库、物资仓库、氧气、乙炔气瓶等储运和使用的防火管理制度和夜间巡视制度，油库、危险品仓库和变配电间要独立设置，要保持足够的安全距离。

每个施工部位要明确重点防火部位，每周定期检查一次。施工现场消防器材要有专人负责保养，定期检查，并记录检查日期和责任人，油库及危险品库要重点配置。

项目部、施工现场消防器材配备齐全，严格三级动火制度。

（5）高空作业安全管理。

作业前对施工人员进行安全教育和交底。

按要求搭设好临边、洞口防护措施。

按要求穿戴好防护用品。

按要求做好登高作业人员的健康检查。

严禁酒后进行高空作业。

（6）起重吊装安全管理。

编制吊装方案并经公司总工审批有效。

吊装前必须对作业人员进行安全教育及安全技术交底。

吊装期间必须设置吊装警戒区域。

作业人员必须持有效证上岗。

吊装期间须指经培训合格的监控员进行监控。

吊装期间安全管理人员到场监督，严禁违规操作。

作业前应检查绳扣、挂钩、钢索、滑车、吊杆等部件，确认良好后方可作业。作业时，必须有专人指挥，同时注意起吊范围内设备的安全，严禁任何人攀登吊立中的物件和在起重物下通过、停留及作业。

起吊设备时，严禁起吊超过规定重量的物件，不得用来运送人员。其中吊装的钢丝绳，定期进行检查，凡发现有扭结、变形、断丝、磨损、腐蚀等现象达到破损限度时，必须及时更新。

起重机械的安全保护装置必须齐全、完整、灵敏可靠，不得任意调整和拆除。并指定专人定期检查，检查项目必须符合有关规定。

起重作业中，司机必须先发信号然后起吊。起吊时，重物在吊离地面20～50cm 时停车检查，当确认重物挂牢制动性能良好和起重机稳定后再继续起吊。起吊重物旋转时，速度均匀平稳，防止重物在空中摆动发生事故。吊长大重物时，有专人拉放溜绳。

（7）脚手架搭、拆安全管理。

脚手架支搭及使用必须符合国家规范。

钢管脚手架应用外径 48～51mm，壁厚 3～3.5mm，无严重锈蚀、弯曲、压扁或裂纹的钢管。

结构脚手架立杆间距不大于 1.5m，纵向水平杆（大横杆）间距不得大于

1.2m，横向水平杆（小横杆）间距不得大于 1m。

装修脚手架立杆间距不大于 1.5m，纵向水平杆（大横杆）间距不得大于 1.8m，横向水平杆（小横杆）间距不得大于 1.5m。

脚手架施工操作面必须满铺脚手板，离墙面不得大于 200mm，不得有空隙探头板、飞跳板。操作面外侧应设一道护身栏杆和一道 180 mm 高的挡脚板。脚手架施工层操作面下方净空距离超过 3m 时，必须设置一道水平安全网，双排架里口与结构外墙间水平网无法保护时可铺设脚手架。架体必须用密目安全网沿外架内侧进行封闭，安全网之间必须连接牢固，封闭严密，并与架体固定。

脚手架必须设置连续剪刀撑（十字盖）保证整体结构不变形，宽度不得超过 7 根立杆，斜拉与水平面夹角应为 45～60°。

在建工程（含脚手架具）的外侧边缘与外电架空线的边线之间，应按规范保持安全操作距离。特殊情况，必须采取可靠有效的防护措施。护线架的支搭应采用非导电材质，其基础立杆地埋深度为 300～500mm，整体护线架要有可靠支顶拉接措施，保证架体稳固。

搭、拆人员必须持证上岗。

按要求对架体材料进行验收。

搭、拆期间设置警戒区域。

搭、拆过程指派经培训的人员进行监控并做好记录。

搭设完后必须进行验收，确认合格后方准使用，并定期检查、保养。

（8）大型机械安拆装安全管理。

编制安装、拆除、加节、移位等专项技术措施，并经分包、总包公司审批。

装、拆前须对操作工进行安全教育及安全技术交底。

装、拆过程指派经过培训的人员进行监控。

装、拆人员须持有效证上岗，并须体检合格。

装、拆期间须设置警戒区。

按要求设置卸料平台、防护门、通信装置等。

搭设完毕后在自检、法定检测机构检测合格后方能交付使用，并做好维修、保养。

（9）供电与电气设备安全管理。

施工用电的线路设备按批准的施工组织及临时用电方案设施装设。

配电系统分级配电，配电箱，开关箱外观完整、牢固、防雨防尘、外涂安全色并统一编号。其安装形式必须符合有关规定，箱内电器可靠、完好、造型、定值符合规定，并标明用途。

动力电源和照明电源分开布设。

所有电气设备及其金属外壳或构架均应按规定设置可靠的接零及接地保护，洞内及井下配电变压器严禁采用中性点直接接地方式，严禁由地面上中性点接地的变压器或发电机直接向洞内及井下供电。

现场所有用电设备的安装、保管和维修应由专人负责，非专职电气值班人员，不得操作电气设备，检修、搬迁电气设备（包括电缆和设备）时，应切断电源，并悬挂“有人工作，不准送电”的警告牌。

手持式电气设备的操作手柄和工作中必须接触的部分，应有良好的绝缘。使用前应进行绝缘检查。

施工现场所有的用电设备，必须按规定设置学习班电保护装置，更定期检查，发现问题及时处理解决。

电气设备外露的转动和传动部分（如靠背轮、链轮、皮带和齿轮等），必须加装遮栏或防护罩。

直接向现场供电的电线上，严禁装设自动重合闸；手动合闸时，必须与洞内值班员联系。

工作现场照明使用安全电源。

（10）治安消防安全管理。

认真贯彻国家计委、公安部《国家重点建设项目治安保卫工作暂行规定》和《中华人民共和国消防法》，本着“谁施工、谁负责”的原则。安排由保安及义务消防队负责治安消防工作，项目部设专职保安员，负责消防、治安、安全保卫工作，实行分片包干，协同作战。在施工中积极主动与地方政府、公安机关联系，配合解决好路地纠纷、施工干扰、消防、治安防范等工作。

治安消防工作坚持“预防为主、确保重点、打击犯罪”和“预防为主、以消为辅”的指导思想，保证铁路建设过程的安全。

在工程区域内所发生的各类案件，及时报告现场保卫机构和当地公安机关，并积极配合，认真处理。

对施工现场的贵重物资、重要器材和大型设备，加强管理，严格执行有关制度，设置防护设施和报警设备，防止物资被哄抢、盗窃或破坏。

广泛开展法制宣传和“四防”教育，提高广大职工群众保卫工程建设和遵纪守法的自觉性。

严格执行《中华人民共和国消防条例》。驻地、施工现场和关键部位，按规定配备充足的消防器材、设兼职消防人员并定期进行消防演习。安质科定期进行消防检查，保证器材处于完好状态。

现场组建以联合体各单位经理为第一责任人的防火领导小组，设义务消防队员、班组防火员等，总队与作业队签订消防责任书，把消防责任书落实到重点防火班组、重点工作岗位。

每月定期进行以防火、防盗、防爆为中心的安全检查，堵塞漏洞，发现隐患及时进行整改。

3.重大危险源辨识

(1)(环境、职业健康)安全管理目标。

1)目的。

制定(环境、职业健康)安全管理目标，对全体员工及分包单位进行动员，使全体人员理解并付诸实施。

2)职责。

项目经理负责组织(环境、职业健康)安全管理目标的制定、发布、评估和修订。

3)(环境、职业健康)安全管理目标 。

一般事故负伤频率控制在1‰以内。

死亡事故为零。

火灾、设备、管线、中毒、交通等重大事故为零。

无业主、社会相关方和员工的重大不良投诉。

① 噪声控制。

土方施工阶段：昼间不大于75dB，夜间不大于55dB；结构施工阶段：昼间不大于70dB，夜间不大于55dB；装修施工阶段：昼间不大于65dB，夜间不大于55dB。(夜间指晚上22:00至早上6:00)。

②现场扬尘排放控制。

执行《上海市建设工地施工扬尘控制若干规定》(沪建建〔2003〕504号)，施工现场达到目测无尘的要求，现场主要运输道路硬化率达到100%。

③废弃物控制。

废弃物回收处置100%，危险废弃物统一由专人负责回收交公司指定的有资质的生活及生产污水排放达到《污水排入城镇下水道水质标准》DB 31/445—2009，平时自检测pH值7～9范围。

④施工现场夜间无光污染。

施工现场夜间照明不影响周围社区，夜间施工照明灯罩的使用率达到100%。

通过《现场施工安全生产管理规范》DGJ08—903—2010体系的外部审核。上海市安全质量标准化达标优良工地，争创上海市文明施工工地。

（2）风险控制措施的审批与论证。

1）危险源辨识要充分。

2）风险评价要恰当。

3）控制策划要具体。

（3）风险控制措施内容的特别要求。

1）目的。

根据现场施工（环境、职业健康）安全管理策划的结果和安排，确保与所识别的危险源和环境因素有关的活动、人员、设施、设备在施工过程中处于受控状态，以便从根本上控制和减小安全风险和重大环境因素。

2）职责。

项目总工（技术负责人）是本要素的主要责任人，负责编制专项施工方案、（环境、职业健康）安全措施和重点部位（重要环境因素）控制方案及程序，并组织相关人员进行交底。

施工员参与分部（子分部）、分项工程（环境、职业健康）安全技术交底。

安全员负责（环境、职业健康）安全操作规程交底。

质量员负责综合治理、劳动保护方面交底。

3）程序管理要求。

项目部根据在施工组织（总）设计方案，对照《危险性较大的分部分项工程及其重大危险源》划分表勾选出本工程危险性较大的分部分项工程及其重大危险源，在施工组织（总）设计的基础上，按规定单独编制专项安全施工方案并进行审批，若符合需专家论证的则实施专家论证。

①现场施工（环境、职业健康）安全运行管理。

编制专项（环境、职业健康）安全技术方案。

对作业人员和监护人员进行交底并形成记录。

总包对分包进行进场（环境、职业健康）安全总交底。

防护设施及（环境、职业健康）安全防护用品进场，按采购管理要求执行。

对进场的物资、小型设备组织专人进行验收、标识。

对现场搭设设施及大型机具设备装拆及使用组织专人进行验收、标识。

脚手架、模板支架搭拆及使用，需有方案、交底、监护并有书面资料。

大型移动吊车必须具有年检证书方可使用。

各种防护设施投入使用前必须组织验收。

②文明施工及消防管理。

制定文明施工措施和实施计划，保持场容场貌和生活设施文明卫生。

对各类管线加强保护有方案，有交底。

同管线单位签订协议。

施工时有管线单位专人到现场实施监护。

消防管理重点防火部位配置适当的灭火器材。

定期组织检查。

参加公司组织的消防演习，成立义务消防组。

动火按规定申报程序报批，派人监护及配置消防器材。

③环境运行管理。

施工废水、粉尘、噪声管理：按现场环境管理方案或运行控制措施进行控制管理，符合国家后所在城市的排放标准、要求。

废物控制：对现场出现的危险废弃物及可回收的各种建筑垃圾和生活垃圾，均应分类收集、堆放，加以标识，并由专人记录和分别处置，危险废弃物应交有资质的单位统一处置。

危险化学品及危险仓库的管理：执行《危险化学品安全管理条例》(国务院〔2002〕年334号)。

防汛防台执行应急预案。

(4)危险源、环境因素辨识和评价。

1)目的。

该项目部应识别在施工过程中存在的危险源和环境因素，并依此制定目标及管理方案，从而有效地控制事故和污染。

2)职责。

项目经理组织项目经理部全体管理人员识别各领域中的危险源和环境因素。

安全员负责将危险源汇总得出重点部位控制定位及排列重要环境因素。

3)危险源辨识办法。

采用“直接判定法”进行风险评价，应选择具有相关经验、经历和能力的人员承担相关工作，经其对危险源进行分析、判断，可直接判定可以接受的风险(一般危险源)和不可接受的风险(重大危险源)。

4.安全生产管理制度

（1）（环境、职业健康）安全教育培训。

1）目的。

通过对项目部管理人员及全体施工人员进行培训，提高全体施工人员的（环境、职业健康）安全管理意识和保护自己及不伤害他人的技能，共同实现项目部提出的（环境、职业健康）安全管理目标及承诺。

2）职责。

项目书记是本要素的主要责任人，负责制定该项目的（环境、职业健康）安全教育培训计划。

劳资员负责制定施工作业人员中特殊作业人员的培训计划。

技术员、施工员负责编制分部（子分部）工程、分项工程的（环境、职业健康）安全技术交底材料。

3）程序。

①培训目的。

通过培训应确保有关人员遵章守纪，服从管理，执行施工现场（环境、职业健康）安全管理体系规定的重要性；了解本职工作中存在实际的或潜在危害及重大的环境影响，以及违章作业可能造成自己或对他人的不良影响和后果。

②培训对象。

新工人、普通工人、特种作业人员。

一般管理人员，技术人员、项目经理部各级领导。

特种作业人员以及管理人员资质培训均由第三方负责培训。

③培训内容。

（环境、职业健康）安全管理基础知识。

施工管理人员的（环境、职业健康）安全专业知识。

施工现场（环境、职业健康）安全规章、文明施工制度。

特定环境中的（环境、职业健康）安全技能及注意事项。

④监护和监测技能。

对潜在的事故隐患或发生紧急情况时如何采取防范及自我解救措施。

（2）分包控制。

1）目的。

为了保证在生产过程中的（环境、职业健康）安全管理活动正常，对选用劳务和分包单位实施控制和管理，确保（环境、职业健康）安全管理体系运行正常。

2）职责。

项目副经理是本要素的主要责任人。

施工员是本要素的主管职能部门（岗位）负责分包管理的牵头工作。

3）程序。

分包队伍的选择应在集团公司颁布的合格分包方名录中优先挑选，由于专业需要在名录外挑选，要对分包单位进行评价，报集团公司主管部门批准后录用。

①评价条件。

营业执照、企业资质、许可证。

②分包方的业绩。

分包方人员的技术、质量、（环境、职业健康）安全管理能力；

承担该项目的生产能力。

③分包合同。

同分包方签订分包合同的原则，各项条款必须符合工程承包合同的规定。

签订分包合同的同时签订（环境、职业健康）安全生产、文明施工、消防综治、廉政等协议。

在合同中明确分包方进场人员的资质要求。

在合同中明确分包方所提供的设备要求。

（3）安全技术交底

1）目的。

施工前，项目部依据风险控制措施要求，组织对专业分包单位、施工作业班组实施安全技术交底，以便从根本上控制和减小安全风险和重大环境因素，从而使活动、人员、设施、设备在施工过程中处于受控状态。

2）职责。

项目总工（技术负责人）是本要素的主要责任人，负责编制专项施工方案、（环境、职业健康）安全措施和重点部位（重要环境因素）控制方案及程序，并组织相关人员进行交底。

技术员、施工员负责分部（子分部）、分项工程（环境、职业健康）安全技术交底。

安全员、环保员负责（环境、职业健康）安全操作规程交底。

安全技术交底的内容包括以下几个方面：

施工部位、内容和环境条件。

专业分包单位、施工作业班组应掌握的相关现行标准规范、安全生产、文明施工规章制度和操作规程。

资源的配备及安全防护、文明施工技术措施。

动态监控以及检查、验收的组织、要点、部位及节点等相关要求。

与之衔接、交叉的施工部位、工序的安全防护、文明施工技术措施。

潜在事故应急措施及相关注意事项。

当施工要求发生变化时，应对安全技术交底内容进行变更并补充交底。

(4) 安全验收。

1) 目的。

为了保证施工现场（环境、职业健康）安全管理目标的实现，项目部依据资源配置计划和风险控制措施，对现场人员、实物、资金、管理及其组合的相符性进行安全验收，使施工现场采用的各类（环境、职业健康）安全防护用品，安全设施、设备等符合（环境、职业健康）安全的要求。

2) 职责。

项目副经理是本要素的主要责任人，对现场人员、实物、资金、管理及其组合的相符性负总责。

材料员负责编制（环境、职业健康）安全防护用品的要料计划（包括分包单位）报项目经理部。

材料员对进入现场的各类（环境、职业健康）安全防护用品、安全设施以及设备等牵头负责进行验收。

安全员配合验收。

3) 程序。

项目部在作业班组或专项工程分包单位自验合格的基础上，组织相关职能部门（或岗位）实施安全验收，风险控制措施编制人员或技术负责人应参与验收。必要时，应根据规定委托有资质的机构检测合格后，再组织实施安全验收。

安全验收分阶段按以下要求实施：

施工作业前，对安全施工的作业条件进行验收。

危险性较大的分部分项工程、其他重大危险源工程以及设施、设备施工过程中，对可能给下道工序造成影响的节点进行过程验收。

物资、设施、设备和检测器具在投入使用前进行使用验收。

对进场的物资验证后进行必要的安全验收标识。未经安全验收或安全验收不合格，不得进入后续工序或投入使用。

(5) 安全检查。

1）目的。

项目经理部建立（环境、职业健康）安全检查制度，对施工现场的（环境、职业健康）安全状况和业绩进行日常的例行检查，以掌握施工现场（环境、职业健康）安全生产活动和结果的信息，是保证（环境、职业健康）安全管理目标实现的重要手段。

2）职责。

项目安全员是本要素的主要责任人，负责制定该项目（环境、职业健康）安全检查制度。

安全员是本要素的主管职能（岗位），负责定期和不定期的检查。

3）程序。

①（环境、职业健康）安全检查制度内容如下：

明确项目的检查范围。

明确定期的时间概念。

明确参加检查的人员。

明确检查内容，明确检查标准和记录方法。

明确检查和检验的分类。

明确做好检查和验收后的标识。

明确规定色标的管理和使用。

②（环境、职业健康）安全检查内容如下：

项目（环境、职业健康）安全目标的实现程度。

（环境、职业健康）安全检查落实情况。

遵守适用法律法规、规范标准和其他要求的情况。

生产活动是否符合施工现场（环境、职业健康）安全管理体系文件的规定。

（职业健康）安全重点部位和重要环境因素监控、措施、方案、人员、记录的落实。

（环境、职业健康）安全检查，对人的意识和行为、物的不安全状态及符合（环境、职业健康）安全标准进行分析，发现不符合规定和存在隐患的设施、设备制定措施进行纠正处置，并跟踪复查。

（6）专项检查与验收。

总包项目部应在作业班组或专项工程分包单位自验合格的基础上，组织相关职能部门（或岗位）实施安全验收，风险控制措施编制人员或技术负责人应参与验收。必要时，应根据规定委托有资质的机构检测合格后，再组织实施安全验收。

①施工现场临时用电（详见临时用电施工组织设计）的检查、验收。

施工现场供电线路、电气设备的安装、维修保养及拆除工作，必须有专业电工（持有效电工证）进行。

现场供电线路、电气设备须按临时用电方案进行布置，不得随意变动，如有变动须在方案中补充说明并经上级部门审批。

现场临时用电投入使用前，须有项目副经理会同技术员、安全员、电工进行验收，合格后方可使用。因用电设备的变动、线路的调整需重新对用电设施进行验收。

施工用电须按《施工现场临时用电安全技术规范》JGJ 46—2005 要求，做到三级配电二级保护，并实行“一机、一闸、一漏、一箱”。分配电箱下部三面用木板围护，保持整洁。

配电房内安全工具及防护措施、灭火器材必须齐全。

对易燃易爆、危险品存放场所的设备，要加强监控、检查工作，发现问题立即整改。

对在地下室、潮湿作业场所操作用电设备，应做好防护措施并加强监控。

电工夜间值班须派双人上岗。

特殊情况下需带电操作时，须配备必要的安全用具，采取可靠的安全隔离措施，并指定专业人员进行监护。

应派专业电工对施工用电进行勤检查，对破损的闸具、电线及时进行修理或更换。

有接地桩的各用电设备、分配电箱、脚手架投入使用前均应做好对接地极阻值摇测；移动及手持电动工具在进场使用前均必须对其进行绝缘电阻测试，并每半年定期对绝缘电阻测试一次。将各测试结果记录下来，对阻值不符合要求的要重新处理，并做好记录。

认真填写用电巡视维修记录，记录要详尽，要记载时间、地点、设备、维修内容、技术措施、处理结果等，并将记录保管好。

②安全设施、设备、防护用品的检查、验收。

该要素所指是对、高处作业、交叉作业等防护所需的安全设施、设备及防护用品。对各安全设施、设备及防护用品在投入使用前均必须进行验收，合格后，挂上验收合格牌，方准使用。

按照安全防护技术措施方案落实各项安全防护工作。

防护职责落实到人，具体项目副经理领导，安全员、施工员、各班组长负责操作。

对施工中出现的各预留洞口应及时按要求做好盖板等防护工作，各通道口应搭设好防坠棚。

现场出现的各种临边应及时搭好防护栏杆。

各施工班组作业前，应正确穿戴好安全防护用品，并由各班组长负责检查落实。

作业前由各施工班组负责对所使用的电动工具、设备进行检查，对未有验收标志或对其安全性能有怀疑的设备应拒绝使用。

交叉作业区做好隔离措施。

各通道防护棚搭设完毕后，应经验收，合格后方可使用。

③吊装作业（详见吊装方案）。

大型吊装作业前，必须制订方案，经总工程师批准后方可实施，并报当地安监站备案。

吊装作业前，由项目副经理组织，必须对专业操作人员进行操作规程教育，进行装拆安全技术交底。

由安全员安排设置警戒区域，设立警示标志，并有专人监护。

起重机停放的地面按规定要求进行铺垫，起重机作业路面经检查，并符合要求。

吊装半径范围内，架空高压线须符合安全距离要求。

起重机规格、型号须符合方案规定要求，并且起重机经检测合格。

起重机超高、力矩限制器、吊钩保险等保险装置须齐全、灵敏有效。

④中小型机械的使用。

项目部指派机管员、安全员负责机械使用前的验收工作，平时由机管员做好检查机械运行情况。

中、小型机械操作人员必须持有效证上岗，并严格按操作规程要求操作。

机械设备必须接地或接零，随机开关灵敏可靠。

督促机操人员做好定期检查、保养及维修工作，并做好运转保养记录。

机械设备的防护装置必须齐全有效，严禁带病运转。

固定机械设备和手持移动电具，必须实施二级漏电保护。

中、小型机械必须做到定机、定人、定岗位。

⑤脚手架工程。

施工前进行对搭设人员进行安全技术交底。

安排经过培训的架子工进行搭设。

搭设、拆除时设立警戒标志，派专人监护。

选用脚手架搭设材料必须符合规定要求。

搭设过程中分阶段验收，即从基础开始（基础也必须进行验收），每搭完二步验收一次，分步、分阶段经验收合格后方可使用，结构阶段转入装饰阶段后，应重新对脚手架进行验收挂牌，并有接地与避雷措施。

搭设完毕，经验收合格挂牌后使用。

定期进行检查验收。

使用时要按规定荷载要求使用，严禁乱堆放各种施工物料，避免超载。

脚手架搭设完后，架子班应把架子移交给所使用的班组（如泥工班或面砖班），并做好移交记录。

施工现场中凡是需要拆除整体脚手架，必须由该项目施工负责人提出申请，经项目副经理审批同意后方可拆除；施工过程中，凡是需要拆除脚手架的受力杆件或在脚手架中开门洞、拆除脚手架拉结时，由具体施工班组长提出申请，该项目施工负责人核查、确定拆除的范围和数量，并采取切实可行的加固措施后，由项目技术员、安全员检查验收合格后，再安排架子板拆除。

⑥防火安全。

保障施工现场的防火安全，以利施工作业的顺利进行是安全生产的重要组成部分。由江徐春任本工地防火领导小组组长，负责管理本工地防火安全工作。

施工现场按规定配足够的消防器材，指定专人维护、管理，定期更新换药，标明换药时间，保证完整、好用。

施工现场应明确划分用火作业，易燃、可燃材料堆场、仓库、易燃废品集中站和生活区等，设标牌，有专人负责。明确本工程的防火重点部位。并将灭火器材所在位置标于平面布置图上。

施工现场动火必须严格执行动火审批制度。

在防火领导小组的领导下，按照防火制度对重点部位进行检查，发现火险隐患必须立即消除。

建立义务消防队，正常进行活动，每月消防演练一次并做好相关记录。

必须严格执行动火审批制度，节假日动火作业要升级审批（二级动火必须经公司安全科审批同意，一级动须经当地消防部门审批同意）。

明火作业，监护人及灭火器材到位。

重点部位专人监管。

⑦文明施工、环境保护。

文明施工是企业形象的窗口，必须搞好文明施工。将文明施工、环境卫生纳入施工组织设计，制订文明施工的要求，严禁野蛮施工，并由项目经理按照文明施工组织实施，具体由项目副经理落实。

5.现场布置

（1）大门。

1）须用钢制双扇大门，表面刷白色油漆，每扇大门外面中部设置企业标识，出入大门门柱上分别书写工程名称、公司全称。

2）工地大门在新开工之时必须涂饰一新，在施工期间必须保持整洁。

3）大门进出口处设车辆冲洗槽。车辆在出大门口时，将轮胎冲干净，避免轮胎上粘附外带污染环境。

（2）围墙。

1）建设工地必须实行围栏封闭施工，在市区主要路段的工地围墙设置不低于 2.5 m，其他围墙不低于 1.8 m。工地围墙做到坚固、稳定、美观、整洁。

2）工地围墙材料最好采用在水泥基础上安装彩钢板，尽量避免使用黏土砖。

（3）五牌一图。

1）工地的主要出入口设置“五牌一图”施工广告牌。

2）五牌一图的内容。五牌：工程概况、管理人员名单、防火须知、质量目标和安全管理目标、安全无事故。二图：现场总平面图

（4）办公区域。

1）办公区域与施工现场须隔开，工地办公室、职工宿舍、浴室、食堂、厕所、会议室、仓库、材料加工棚、标准养护室等，搭建前须经方案设计（方案须经公司审批）。同时要求选址合理，建造面积得当，外形整齐，结构牢固稳定，门窗开关灵活有防雨防盗功能，屋面不漏雨，室内装修符合房子的使用功能，水电管线及电气设备布置符合安全要求。

2）工地会议室：出入会议室门的外侧上方设置“会议室”标识牌。会议室内标识牌：企业管理方针、企业环境和职业健康安全目标、项目质量和安全目标、工程概况、施工现场平面布置图、施工总进度计划、项目组织机构图、项目质量管理网络、项目安全管理网络、项目环境管理网络、安保体系要素及职能分配表、文明施工领导小组、安全生产领导小组、防台防汛领导小组、防火领导小组、应急响应指挥小组。

（5）工地办公室。

1）出入办公室的外侧上方设置相应科室的标牌，如项目经理室、安全科、质量科等。

2）室内标识牌：办公室相应管理人员的岗位责任制牌。

（6）仓库。

1）材料仓库门的外侧上方设置“材料仓库”标识牌，内设仓库管理制度、仓库保管员责任制、禁止吸烟、禁火标识牌。

2）仓库（工具间）内整洁，地面、货架、物品无积灰。有专人管理，各类物品堆放整齐，过目能成数，账、卡、物三相符，实行定额用料，有收、发、存管理制度，登账及时。

3）水泥库不进水，不渗漏，有门锁。库内各种水泥不混放，且按不同等级分清堆放整齐。库内挂有水泥库管理制度牌，有专人管理，且账、卡、物三相符，遵守先进先用，后进后用的原则。库容整洁，地面无明显浆灰。

（7）材料堆放管理。

1）施工现场材料堆放要按平面布置图要求堆放，有专职或兼职人员管理现场材料，保持场内材料堆放整齐，杜绝零散材料混乱堆放，做到“三清四好”，即责任清、场地清、落手清、材料布局好、材料保管好、短废料利用回收好、有余料退库好。

2）各类材料均须做好标识，标识明显，对不合格品要有隔离措施。

3）各类材料堆放应放入室内，或加紧覆盖，以防扬尘。

6.生活区环境卫生

生活区和施工区须设立安全隔离装置。生活区平面布置，按经审核批准的施工组织设计中总平面布置图要求实施。

宿舍必须门窗完好，室内整洁、通风、明亮。宿舍内须用标准床铺，统一配置桌、柜，统一安装电气照明装置，每室居住人数不得多于8人。宿舍建立卫生管理制度、值日制度，宿舍有室长、有床位图及编号。

食堂必须使用燃气或燃油灶具，熟食供应必须单独设立隔离封闭间，熟食器具须使用搪瓷等无害器具，严禁使用再生塑料桶盘。食堂必须配有冰箱，做到生熟分开，熟食菜有留样。食堂工作人员必须持有效健康证上岗。食堂墙上挂有效卫生许可证。

厕所大小便要有冲洗设备，有专人负责冲洗，要设立有盖化粪池。厕所和食堂要相距30m以上。

生活区内须设立排水沟、垃圾箱，有盖泔脚桶，有灭四害设施，保证生活区的日常环境清洁卫生。

生活区应设立黑板报或阅报栏，并定期更新宣传内容。

7.环境保护

不得擅自砍伐、破坏施工区域内或周边绿化，对须移植保护的绿化有相应的保护措施。

（1）土方工程。

1）土方回填施工时，指派专人将运土车大箱上两侧土方拍实，并苫盖好，避免途中遗撒和运输过程中造成扬尘。

2）出土车辆在出大门口时，将轮胎扫干净，避免轮胎上粘附外带污染环境。

3）施工现场车辆行驶的路面经常进行洒水压尘。

4）每天收车后，派专人清扫马路，并适量洒水压尘，达到环卫要求。

5）暂时不能运出土方，必须集中堆放、压实、绿网覆盖，减少泥土裸露时间和裸露面积，防止泥土粉尘污染环境。

（2）施工现场。

1）为降低施工现场扬尘发生，施工现场主要道路采用硬化路面。现场不得有“黄土朝天”，裸露泥土须散上石子。

2）钢筋加工棚、木工房、露天仓库或封闭仓库地面均采用混凝土地面或块料面层，并做到每天清扫，经常洒水降尘。

3）施工现场主要施工道路每天设专人用洒水车随时进行洒水消尘。

4）施工现场建筑垃圾设专门的垃圾堆放区，并将垃圾堆放在避风处，并加以覆盖，以免产生扬尘，同时根据垃圾数量随时清运出施工现场，运垃圾的专用车每次装完后，用苫布盖好，避免途中遗撒和运输过程中造成扬尘。

5）清理建筑残渣或废料时，应采用洒水并吸尘的措施，禁止采用简单的拍打、空压机吹尘等手段。

（3）模板工程。

1）施工时模板拆模后设专人及时清理模板上的混凝土和灰土，模板清理过程中的垃圾及时清运到施工现场指定垃圾存放点，保证模板堆放区的清洁。

2）施工现场木工房的地面，要进行洒水防尘，木工操作面要及时清理木屑、锯末，并要求木工房和作业面保持清洁。

3）模板所使用的脱模剂严禁采用废旧机油，其他性质的脱模剂必须定点放置，严禁出现溢、漏现象。

（4）钢筋工程。

1）在钢筋冷拉时，所掉下的钢筋皮、钢筋屑及时清理。

2）钢筋棚内，加工成型的钢筋要码放整齐，钢筋头放在指定地点，钢筋屑当天清理。

（5）区域清理。

1）施工现场的区域要做到工完场清，以免在外围结构尚未完成时，刮风时将灰尘吹入空气中。

2）各区域内的建筑垃圾随着区域施工的进展及时清理，要求活完底清，不许将垃圾从高处直接倒入低处，每个区域要设有垃圾区，及时将垃圾运入垃圾站。

（6）安全防护网。

1）施工建筑物外围立面采用密目安全网封闭，降低楼层内风的流速，阻挡灰尘。

2）对密目安全网上的积尘要定期清洗。

（7）降低噪声措施。

1）施工现场应遵照该项目施工时现行的国家行业标准制定降噪措施。

2）调整施工噪声分布时间：根据环保噪声标准（dB）日夜要求的不同，合理协调安排施工分项的施工时间，将容易产生噪声污染的分项如混凝土施工安排在白天施工，避免噪声扰民。夜间施工不得超过22时，在重要的节假日放弃夜间施工。

3）混凝土振捣时，禁止振钢筋或钢模板，防止振捣棒空转。振捣棒使用完毕后，及时清理保养。

4）钢模板拆除、搬运时必须轻拿轻放。钢模板修进，禁止用大锤敲打。

5）所有运输车辆进入现场后禁止鸣笛。

6）木工机械、手持电动工具或切割器具应尽量在封闭的区域内使用，夜间使用时，应选择在远离居民住宅的区域，并使临界噪声达标。

7）在敏感区域施工时，应对噪声影响区域的作业层采用有效降噪措施。

（8）排污措施。

1）施工污水需要排入市污水管网时，须经市政府相关部门批准。禁止未经沉淀处理的污水直接排入城市排水管网、河道。

2）施工现场临建阶段统一规划排水管线。

3）搅拌机清洗、罐车冲洗等产生的施工污水、泥浆必须经三级沉淀后排入污水管网，并由专人负责定期将池内的沉淀物清除，杜绝随意排放。

4）食堂油水排放必须经过隔油池除油处理后排入污水管网，隔油池由专人定时清理。

5）现场厕所建化粪池，厕所所产生的污水经过分解、沉淀后通过施工现场内的管线排入市政的污水管线，清洁车定时对化粪池进行清理。

6）施工现场养护用水通过现场排水管线排到市政管线，严禁出现在施工现场乱流现象。

（9）废弃物管理。

1）建筑垃圾：现场的建筑垃圾定点堆放，垃圾堆放区用绿色密目网围隔，施工楼层的建筑垃圾采用袋装由垂直运输机械运送到地面垃圾堆放点，由专人负责定时运出场外。

2）生活垃圾：食堂食物残渣、生活区垃圾均用塑料垃圾桶积存，由专人负责管理及时清倒，禁止将食物残渣倒入排污管沟。

3）废物的标识和处理：对不合格或报废的建筑材料，临时和固定存放地点均应设立醒目的标识，标明此处所存的不合格或报废物种类、名称等，对不合格或报废的建筑材料应作及时处理。

4）有害废弃物的管理：对有毒、有腐蚀性的化学废弃物（包括贮存罐），应按《化学品危险品安全管理条例》的规定要求单独进行处理，防止污染。

（10）限制光污染措施。

1）夜间施工用的探照灯安装，应控制照射角度，灯光不得直射周围社区居民窗户，否则应采取遮光措施。

2）电、气焊割作业人员应配置相应的护镜等劳动保护用品。

（11）降耗节能措施。

1）项目经理部要安装水表、电表，随时了解用水用电情况，及时发现水电浪费情况，加紧制止。

2）经常对现场所有供水阀门进行检测、维修、更换，杜绝跑、冒、漏、滴。

8.动态监控

（1）目的。

项目部依据风险控制要求，对易发生生产安全事故的部位、环节的作业活动实施动态监控。以确保风险源在整个实施过程中得到控制，避免或减小安全风险和重大环境因素，从而使活动、人员、设施、设备在施工过程中处于受控状态。

（2）职责。

项目副经理是本要素的主要责任人，负责对需要实施动态监控的活动或部位指派熟悉相应操作规程和施工安全技术的持证监控人员进行过程监控。

监控对象的主管职能部门（或岗位）负责落实对监控人员的监控内容交底。

（3）程序。

重点部位监护人员的规定：监护人员持证上岗（该证由集团公司培训发证），监护人员要记录当时现场的实际情况。如吊装：进场的吊车型号、吨位、年检证明和准用证、驾驶员复印件、现场的环境（场地是否平整、临近有否高压线）、钢索和吊钩是否良好、限位及指挥人员作业环境、第一吊试吊情况等。

动态监控方式应包括旁站监控，远程监控等。

监控人员由主管生产的副经理的指派，并由被监控对象的主管职能部门（或岗位）负责落实对监控人员的监控内容交底；监控人员应熟悉操作规程和施工安全技术，配备人数应满足监控的实际需要。

当监控人员发现违反风险控制措施要求的情况时，应立即制止，必要时责令暂停施工作业、撤离危险区域并报告。

9.整改和复查

（1）目的。

本要素规定政府、上级机构、社会相关方的投诉、监理和内部检查中发现的各种不合格项采取纠正及预防措施的原则。

（2）职责。

项目副经理是本要素的主要责任人，负责生产过程中出现的各类不合格项组织纠正。

项目总工或施工员负责编制纠正措施（方案）。

安全员监控纠正措施落实过程，并对纠正措施的有效性予以复查验证。

（3）程序。

1）不合格的种类。

违反施工现场（环境、职业健康）安全管理体系的条款。

违反国家法律法规、规范标准和其他要求。

同企业的管理规章制度要求不符合。

2）发现不合格的途径。

来自于政府监督机构的检查。

来自于上级及监理的检查。

社会相关方的投诉。

定期检查和不定期检查（项目自身）。

外部审核。

内部审核。

（职业健康）安全评估。

3）不合格程度。

①严重不合格。

体系运行出现系统性失效。例如某一要素、某一关键过程重复出现失效现象，即多次重复发生，而又未能采取有效的纠正措施加以纠正，因而形成系统性失效的不符合现象。

体系运行出现的区域性失效，即一级要素全面失效。

体系运行后造成了严重安全和环境危害的恶劣影响。

②一般不合格。

对满足（环境、职业健康）安全管理体系要求而言，是个别的、偶然的、孤立的、性质轻微的问题。

4）不合格的处理、分类。

不合格的处理、分类有一般不合格处理，一般事故和重大事故隐患的处理，内审不合格，外审不合格几种情况。

①一般不合格处理。在（环境、职业健康）安全检查中发现的不合格由责任班组或分包单位制定纠正措施报工程项目经理部，由项目工程师组织评价审批。

②当一般事故和重大事故发生后抢救伤员及国家财产。保护现场，按报告程序报告各级主管领导和主管部门。

③内审不合格（按外审要求实施）

④外审不合格。

项目经理组织有关人员对不合格报告对照文件进行寻找，是程序问题还是管理问题。

由责任人员编制纠正措施，由项目经理评价及审批。

安全员、环保员监控纠正措施落实，记录纠正措施实施过程。

5）预防措施。

工程项目开工前的策划阶段或开工后的实施阶段，有关人员应对施工过程中易发生的（环境、职业健康）安全事故的危险源及重要环境因素，采取预防措施，防止事故。

10.危险性较大的分部分项工程

（1）危险性较大的分部分项工程识别清单。

根据《危险性较大的分部分项工程安全管理规定》（住房和城乡建设部令第37号），《危险性较大的分部分项工程安全管理规定》（建办质〔2018〕31号）等相关文件，对项目进行危险源识别，详见表5-50。

危险性较大的分部分项工程识别清单　　表5-50

危险性较大的分部分项工程清单			风险识别
深基坑工程	危险性较大的分部分项工程	①开挖深度超过3m（含3m）的基坑（槽）的土方开挖、支护、降水工程。 ②开挖深度虽未超过3m，但地质条件、周围环境和地下管线复杂，或影响毗邻建、构筑物安全的基坑（槽）的土方开挖、支护、降水工程	
	超过一定规模的危险性较大的分部分项工程	开挖深度超过5m（含5m）的基坑（槽）的土方开挖、支护、降水工程	工程基坑深度达到6.9m，属超过一定规模的危险性较大的分部分项工程
模板工程及支撑体系	危险性较大的分部分项工程	①各类工具式模板工程：包括滑模、爬模、飞模、隧道模等工程。 ②混凝土模板支撑工程：搭设高度5m及以上，或搭设跨度10m及以上，或施工总荷载（荷载效应基本组合的设计值，以下简称设计值）10kN/m^2及以上，或集中线荷载（设计值）15kN/m及以上，或高度大于支撑水平投影宽度且相对独立无联系构件的混凝土模板支撑工程。 ③承重支撑体系：用于钢结构安装等满堂支撑体系	①工程地下室层高5.8m，实验动物中心上部层高6m，部分混凝土梁集中线荷载15kN/m以上。 ②20kN/m以下，属于危险性较大的分部分项工程
	超过一定规模的危险性较大的分部分项工程	①各类工具式模板工程：包括滑模、爬模、飞模、隧道模等工程。 ②混凝土模板支撑工程：搭设高度8m及以上，或搭设跨度18m及以上，或施工总荷载（设计值）15kN/m^2及以上，或集中线荷载（设计值）20kN/m及以上。 ③承重支撑体系：用于钢结构安装等满堂支撑体系，承受单点集中荷载7kN及以上	工程高大空间多，如学术报告厅、多功能厅、观众厅、阅览室、中庭等均属于高大空间结构，层高在9～21.6m
起重吊装及起重机械安装拆卸工程	危险性较大的分部分项工程	①采用非常规起重设备、方法，且单件起吊重量在10kN及以上的起重吊装工程。 ②采用起重机械进行安装的工程。 ③起重机械安装和拆卸工程	①上部主体结构采用PC框架结构体系，PC构件起吊重量在10kN以上。 ②采用塔式起重机和汽车式起重机吊装。 ③塔式起重机的安拆。 ④上述均属于危险性较大的分部分项工程
	超过一定规模的危险性较大的分部分项工程	①采用非常规起重设备、方法，且单件起吊重量在100kN及以上的起重吊装工程。 ②起重量300kN及以上，或搭设总高度200m及以上，或搭设基础标高在200m及以上的起重机械安装和拆卸工程	①工程PC构件单件最重约14.52t。 ②工程钢结构单根钢梁长约28m，单根重约23t。 ③实验动物中心地下一层冷冻机房有3台离心式冷水机组，每台重量近10t（约9.37t）

续表

危险性较大的分部分项工程清单			风险识别
脚手架工程	危险性较大的分部分项工程	①搭设高度24m及以上的落地式钢管脚手架工程(包括采光井、电梯井脚手架)。 ②附着式升降脚手架工程。 ③悬挑式脚手架工程。 ④高处作业吊篮。 ⑤卸料平台、操作平台工程。 ⑥异型脚手架工程	①实验动物中心落地脚手搭设高度大于24m。 ②图书馆、医学科研集群、教师生活综合楼(南楼)均采用悬挑式脚手架
	超过一定规模的危险性较大的分部分项工程	①搭设高度50m及以上的落地式钢管脚手架工程。 ②提升高度在150m及以上的附着式升降脚手架工程或附着式升降操作平台工程。 ③分段架体搭设高度20m及以上的悬挑式脚手架工程	
拆除工程	危险性较大的分部分项工程	可能影响行人、交通、电力设施、通信设施或其他建、构筑物安全的拆除工程	
	超过一定规模的危险性较大的分部分项工程	①码头、桥梁、高架、烟囱、水塔或拆除中容易引起有毒有害气(液)体或粉尘扩散、易燃易爆事故发生的特殊建、构筑物的拆除工程。 ②文物保护建筑、优秀历史建筑或历史文化风貌区影响范围内的拆除工程	
暗挖工程	危险性较大的分部分项工程	采用矿山法、盾构法、顶管法施工的隧道、洞室工程	
	超过一定规模的危险性较大的分部分项工程	采用矿山法、盾构法、顶管法施工的隧道、洞室工程	
其他	危险性较大的分部分项工程	①建筑幕墙安装工程。 ②钢结构、网架和索膜结构安装工程。 ③人工挖孔桩工程。 ④水下作业工程。 ⑤装配式建筑混凝土预制构件安装工程。 ⑥采用新技术、新工艺、新材料、新设备可能影响工程施工安全,尚无国家、行业及地方技术标准的分部分项工程	
	超过一定规模的危险性较大的分部分项工程	①施工高度50m及以上的建筑幕墙安装工程。 ②跨度36m及以上的钢结构安装工程,或跨度60m及以上的网架和索膜结构安装工程。 ③开挖深度16m及以上的人工挖孔桩工程。 ④水下作业工程。 ⑤重量1000kN及以上的大型结构整体顶升、平移、转体等施工工艺	工程图书馆建筑高度99.75m,外立面采用干挂铝板石材幕墙,属于施工高度50m以上的建筑幕墙安装工程

续表

危险性较大的分部分项工程清单			风险识别
其他	超过一定规模的危险性较大的分部分项工程	采用新技术、新工艺、新材料、新设备可能影响工程施工安全，尚无国家、行业及地方技术标准的分部分项工程	工程图书馆建筑高度99.75m，外立面采用干挂铝板石材幕墙，属于施工高度50m以上的建筑幕墙安装工程

注：危险性较大的分部分项工程需编制专项施工方案，超过一定规模的危险性较大的分部分项工程必须由上海市住房和城乡建设管理委员会科学技术委员会或其认可的资质齐全的评审机构组织专家认证、通过后方可实施。

（2）危险性较大的分部分项工程安全管理措施见表5-51。

危险性较大的分部分项工程安全管理措施 **表5-51**

前期控制措施
工程开工前在编制施工组织设计或专项施工方案时，针对工程的各种危险源，制定出防控措施，在施工前做好危大工程公示。

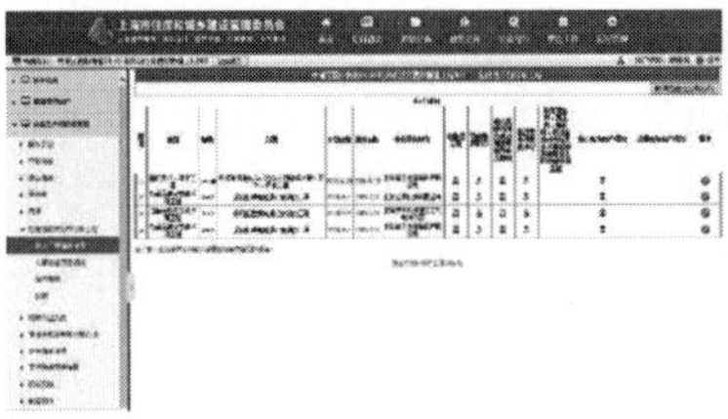

危大工程网上申报

危大工程方案论证

危大工程公示

深基坑工程

危险源	主要影响	控制管理方案
基坑开挖～基坑回筑阶段	可能造成深基坑施工的各类事故	编制针对工程特点的基坑围护支撑方案并及时审核、审批，必要时进行专家论证； 对基坑围护施工，明确对周边建筑物保护和地下管线保护工作做好相应措施； 进行严格的基坑挖土施工令的签署； 及时在基坑形成时设置好临边防护，控制坑边负荷； 设置合理的排水体系； 安排专门人员定时进行基坑的位移监测，并做相关报告和记录； 施工员、技术员、安全员等相关管理岗位和专业人员进行日常检查，发现违章作业和安全隐患及时制止，落实整改措施； 编制对应的应急救援预案，组建应急抢险队伍，加强培训，配备必需的应急抢险物资，提高应急响应能力，降低事故发生损失和危害

模板及支撑体系

主体结构阶段模板、排架支设、拆模	可能造成模板排架的各种坍塌事故	对模板工程编制专项施工组织设计，及时审核、审批，必要时进行专家论证； 对各种钢管、扣件、模板等相关材料进行进场的验收

主体结构阶段模板、排架支设、拆模	可能造成模板排架的各种坍塌事故	对各种设备的基础进行必要的验收，合格后方可使用模板、排架搭设前应落实有资质的施工单位，操作人员持有效证上岗，项目体对全体施工人员进行认真的安全技术措施交底，各类施工人员必须遵守相关的安全技术操作规程，规定和要求； 现浇混凝土结构模板及支撑拆除时混凝土强度应符合设计要求； 满堂排架必须设纵横向扫地杆，立杆底层步距不应大于2m，四边与中间每隔四排支架立杆应设置一道剪刀撑，由底至顶连续设置； 施工时安排项目安全员、施工员、项目工程师进行日常的检查； 编制应急救援预案，加强对应急抢险人员培训，降低坍塌事故发生造成损失

起重吊装及装配式预制构件安装

危险源	主要影响	控制管理方案
塔式起重机安拆、构件吊装、安装等未按照操作规程进行	可能造成起重吊装事故	针对起重吊装作业、预制构件安装编制专项施工方案并及时进行审核、审批； 对进场使用的起重设备加强检查和验收，重点是设备安全保险装置完好性，并审核设备年检等有关的合格证件，做好复印备案； 做好对进场吊装物件、设备的检查、验收； 对机械操作人员的培训上岗情况进行检查，留有相关记录； 对起重机械设备停位处地基按要求实施加固； 作业时划定警戒区域，落实吊装过程中的统一指挥，安排专人进行监护； 对作业人员进行针对性交底，为作业人员配备必要劳防用品； 吊装施工前按规定严格执行吊装令签发手续； 吊装过程中合理安排劳动组织和工作时间，避免不利环境因素条件下作业，并落实安全、机管、电工等相关岗位人员进行监护、检查，发现隐患及时采取整改措施； 编制对应的应急救援预案，组建应急抢险队伍，加强培训，提高应急响应能力，降低事故发生的损失和危害

脚手架工程

危险源	主要影响	控制管理方案
落地盘脚手架、悬挑脚手架的安装、使用及拆除阶段	可能造成落地脚手架、悬挑脚手架的各类事故	编制针对本工程外脚手架（落地、悬挑）的安装、使用、拆除的专项施工组织设计； 审核施工单位的资质、资格，以及进场进行脚手架的安装、维护、拆除的人员进行各类资格证书的审核、收集和备案； 对进场的脚手架的各种构件进行验收和检查； 对进场进行脚手架的安装、维护、拆除的人员和施工中使用的人员进行有针对性的交底； 组装过程中合理安排施工进程，落实监护，避免立体交叉施工作业； 组装完成的脚手架在使用前上报有关检测机构进行检测合格，检测报告复印备案； 加强脚手架实施前检查、验收和整改； 安排相关的专业人员进行安装、维护、拆除过程的监护； 施工员、安全员、项目工程师和专业单位加强日常检查，发现隐患及时组织整改

（3）一般危险性较大的分部分项工程清单和控制措施见表5-52。

一般危险性较大的分部分项工程清单和控制措表　　表5-52

序号	危险源	造成后果	控制措施
1	施工用电设置、使用过程	触电（触电事故）	编制施工用电临时方案（包括：用电平面图、立面、接线系统图）报审批，配备持证电工，对电工进行安全交底，严格执行操作规程，通电前须验收合格后方能使用，对中小设备定期检查、维护保养
2	动火与消防管理	发生火灾，财产损失、个人伤亡	配备足够的消防器材。动火前分级办理动火证，制定专项防火措施，派专人旁站监护。项目部成立防火领导小组及业务消防队，宿舍严禁使用电加热器
3	安全通道、吊装区域	物体打击	编制安全防护棚方案，使用前进行验收并挂牌。吊装须有持证指挥，吊臂下严禁站人，设置警戒区
4	四口五临边	人员坠落、物体打击	编制防高坠方案，使用前须分层验收，确认合格后方能交付使用。拆除须经过审批，并及时恢复
5	高空作业	人员坠落、物体打击	作业前进行安全技术交底，严格按照高空作业规程操作

1）重大危险源及其控制措施清单见表5-53。

重大危险源及其控制措施清单　　表5-53

序号	作业活动	重大危险源	可能导致的事故
1	挖土	挖土机械碰到支护、桩头，挖土时动作过大	坍塌
2	用电	用其他金属丝代替熔丝	触电
3	用电	非电工私拉乱接电线	触电
4	用电	配电不符合三级配电二级保护的要求	触电
5	电焊气焊割施工	电焊气焊割施工无二次侧空载降压保护器。或空载电压超标	触电
6	塔式起重机	大机的保险装置限位装置损坏无效不修理继续使用的	机械伤害
7	塔式起重机	大机作业时吊点附近有人员站立和行走	物体打击
8	三宝四口防护	楼板屋面临边无防护或防护不牢固导致高空坠落	高处坠落
9	卸料平台	卸料钢平台支撑系统和脚手架相连	坍塌
10	方案措施管理	无施工组织设计（方案安全技术措施）	各类事故
11	队伍、人员	施工队伍和人员不具备相应资质从事作业活动	各类事故
12	队伍、人员	未经许可随意拆改安全防护设施和设备	高处坠落
13	队伍、人员	作业人员未掌握安全技术操作规程	各类事故
14	施工机械	无准用证、未经验收合格就投入使用	机械/起重/坍塌/伤害

续表

序号	作业活动	重大危险源	可能导致的事故
15	电焊气焊割施工	氧气乙炔无防止回火装置	火灾和爆炸
16	脚手架	拆除连墙件整层和数层，再拆脚手。分段拆除高差大于 2m	坍塌
17	脚手架	作业层的施工负荷超过规定要求	坍塌
18	脚手架	用脚手固定模板，拉揽风、固定混凝土砂浆泵管，悬挂起重设备	坍塌
19	用电	现场缺乏相应的专业电工，电工未掌握所有用电设备的性能	触电
20	用电	同一供电系统一部分设备做保接零，另一部分设备保护接地	触电
21	机械	起重机和基础的垂直度偏差超过标准	设备坍塌
22	机械	塔吊起重作业时吊点附近有人员站立和行走	物体打击
23	机械	设备中使用的起重钢丝绳断丝磨损锈蚀超标未及时更换	机械伤害
24	机械	机械未经验收或带病运行，每次使用前未检查	机械伤害
25	机械	机械的安全防护装置和其他装置不完好	机械伤害
26	机械	机械超载作业和随意扩大使用范围	机械伤害
27	机械	由患有妨碍作业的疾病和生理缺陷的人员作业	机械伤害
28	机械	设备未切断电源或无人监护时进行维修和保养的	机械伤害
29	机械	特种作业和机械操作工未经培训合格上岗作业的	机械伤害
30	防水	易燃易爆物施工无防火措施	火灾和爆炸
31	防水	防水作业区域未保证空气流畅	中毒和窒息
32	混凝土	高空浇混凝土水泥浆液污染周围环境	水土污染
33	模板	材料堆放高度超过码放规定	坍塌
34	模板	支拆模板在2m以上无可靠立足点	物体打击
35	模板	模板物料集中超载堆放	坍塌
36	钢筋	起吊钢筋下方站人	物体打击
37	挖土	挖土前无挖土令	综合伤害
38	挖土	挖土过程中土体产生裂缝	坍塌
39	挖土	地下管线和地下障碍物未明或管线1m内机械挖土（电、水、煤、话、光缆）	综合伤害

2）重大危险源控制目标及管理方案见表5-54。

重大危险源控制目标及管理措施　　表5-54

序号	重大危险源	目标	技术和管理措施	责任人员	完成时间
1	施工用电中用其他金属丝代替熔丝 非电工私拉乱接电线 配电不符合三级配电二级保护的要求 电焊气焊割施工无二次侧空载降压保护器。或空载电压超标	无触电事故	必须由项目工程师编制施工用电临时组织设计（包括；用电安全技术措施、用电防火措施、用电平面图、立面、接线系统图）并经公司总工审批（见上部结构方案中的施工用电方案），配合足够的持证电工，电工严格执行操作规程（作业指导书）严禁非电工动电，通电前必须进行验收，验收合格后方能使用。然后进行分阶段验收。对电工进行设计安全交底，进行安全教育并定期检查、维护、保养。事故一旦发生，按项目部现场应急预案进行操作		施工全过程
2	大机的保险装置限位装置损坏无效不修理继续使用的	无机械伤害	编制塔吊专项方案，由施工员对分包方交底，安全员监督，施工人员严格按照方案进行作业。		结构阶段
	大机作业时吊点附近有人员站立和行走	无物体打击			
3	楼板屋面临边无防护或防护不牢固导致高空坠落	无高处坠落	编制防护方案，并经总工审批使用前必须经过分层验收，验收合格后方能交付使用。临时拆除必须经过审批，并及时恢复。		施工全过程
4	卸料钢平台支撑系统和脚手架相连	无坍塌	编制专项施工方案，经公司审批，施工员交底，安全员监督，施工人员严格按照方案进行作业		结构阶段

3）重大不利环境因素清单见表5-55。

重大不利环境因素清单　　表5-55

序号	环境因素	活动点/工序/部位	环境影响	时态/状态
1	复印机臭氧的排放	全过程办公室	影响人体健康	重大
2	食堂油库无防泄漏措施	施工全过程生活服务	水土污染	重大
3	生活用水电无节约措施	施工全过程生活服务	资源浪费	重大
4	现场清扫引起的扬尘	施工全过程现场综合	空气污染	重大
5	电动工具的使用噪声	施工全过程现综合	噪声污染	重大
6	现场干粉砂浆库没有全封闭	施工全过程现场综合	空气污染	重大
7	各种车辆车身和轮胎黏泥行驶	施工全过程现场综合	水土污染	重大
8	钢筋装卸噪声	结构钢筋混凝土	噪声污染	重大

续表

序号	环境因素	活动点/工序/部位	环境影响	时态/状态
9	混凝土泵送时的噪声	结构钢筋混凝土	噪声污染	重大
10	干粉砂浆搬运和使用产生的灰尘	结构钢筋混凝土	空气污染	重大
11	木工机械（圆锯）使用的噪声	结构模板工程	噪声污染	重大
12	各类车辆行驶时的噪声以及随意鸣号	机械设备	噪声污染	重大

4）重大不利环境因素控制目标和管理方案见表5-56。

重大不利环境因素控制目标和管理方案　　表5-56

序号	重大不利环境因素	目标	技术和管理措施
1	复印机臭氧的排放	保证员工身体健康	1.复印机放于单独的房间内，保持通风状态。 2.控制复印时间，不宜过长
2	食堂油库无防泄漏措施	油库内不泄漏	1.现场采取油库单独专用的形式。 2.随用随进
3	生活用水电无节约措施	最大限度节约水电消耗	1.随手关水龙头和电灯。 2.及时保修损坏的水电设备。 3.优先采用节能开关和节能设备
4	现场清扫引起的扬尘	现场无扬尘	1.现场做到场地的硬化处理。 2.现场道路清扫清要洒水。 3.现场设置封闭的垃圾收集站
5	电动工具的使用噪声	噪声排放达标	1.切割尽量集中在封闭的室内进行。 2.合理安排施工时间。 3.加强机械设备的保养
6	现场干粉砂浆库没有全封闭	现场无扬尘	1.设置封闭式的水泥库。 2.进库时轻卸轻放避免散包状况发生。 3.散落的水泥及时灌袋封口堆放。 4.库内散落水泥及时清扫、归堆、灌袋、称量
7	各种车辆车身和轮胎黏泥行驶	现场无灰浆	1.大门口设置冲洗龙头及排水沟。 2.车辆出口出地面铺设麻袋。 3.设置专人负责冲洗清理工作
8	钢筋装卸噪声	噪声排放达标	1.对于敏感部位或有特殊要求的工程施工前有降噪措施。 2.合理安排施工的时间。 3.教育工人要轻卸轻放
9	混凝土泵送时的噪声	噪声排放达标	1.对于敏感部位或有特殊要求的工程施工前有降噪措施。 2.合理安排施工的时间。 3.加强机械设备的保养

续表

序号	重大不利环境因素	目标	技术和管理措施
10	干粉砂浆搬运和使用产生的灰尘	现场无扬尘	1.搬运时轻卸轻放避免散包状况发生。 2.已散包的干粉砂浆及时灌袋封口堆放。 3.楼层散落干粉砂浆及时清扫、归堆、灌袋、称量。避免产生灰尘
11	木工机械（圆锯）使用的噪声	噪声排放达标	1.集中在封闭的木工棚内进行。 2.合理安排施工时间。 3.加强机械设备的保养
12	各类车辆行驶时的噪声以及随意鸣号	噪声排放达标	1.对驾驶人员进行教育，加强宣传力度。 2.建立处罚制度

（二）新技术手段在安全与环境管理中应用

以深圳市某医疗器械检测和生物医药安全评价中心建设项目为例，简要介绍BIM技术在施工阶段安全与环境管理的应用与效果。

该工程为新建一栋地上19层、地下3层（建筑高度94.8m）的综合实验大楼，总建筑面积约4.8万m^2。项目总用地面积1.5万m^2，基坑支护周长约255m，采用荤素咬合桩+两道水平支撑的型式。基坑开挖深度约15.5m，基坑安全等级按一级标准进行控制，使用年限为1.5年，如图5-56所示。

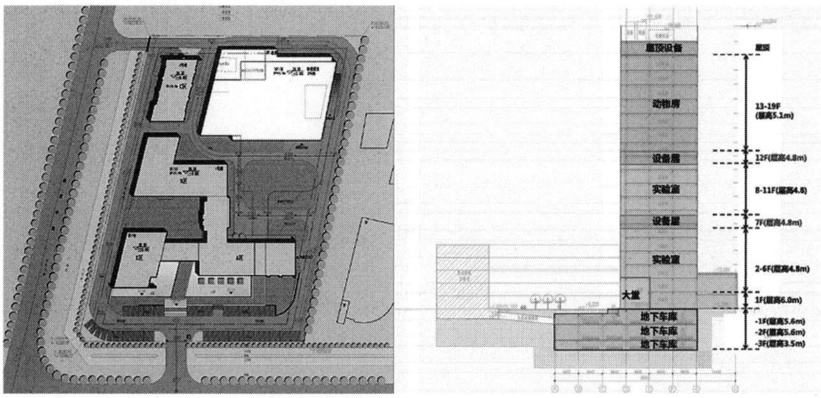

图5-56　工程项目平面与立面图

以解决现场实际施工需求为导向，在项目施工各阶段开展BIM应用，主要有：基坑开挖方案BIM论证、各阶段三维场地布置、内支撑拆除方案BIM论证、塔吊安拆方案BIM论证、悬挑式外脚手架BIM论证、污水池和降温池开挖模拟等应用。本文将从基坑开挖、塔吊安拆、三维场布、外脚手架等进行举例阐述。

1.基于BIM的土方开挖方案

利用BIM技术，对基坑开挖及内支撑施工的8项关键点进行可行性模拟分析，重点解决了内支撑梁下挖土干涉、倒运阶梯垂直运土、基坑分层开挖、土方运输等问题。形成施工深化图纸1份，各类分析报告12份，保证了项目施工进度，提高了项目施工质量，有效规避了施工中可能存在的安全风险。

（1）基坑开挖流程，如图5-57所示。

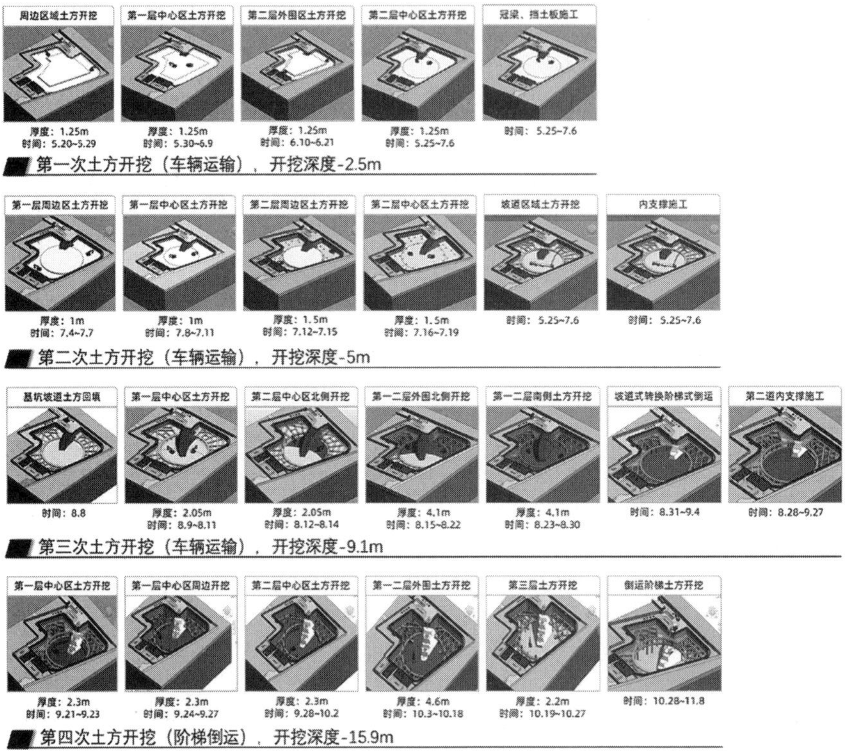

图5-57 基坑开挖流程

（2）垂直运土方案可行性论证。

项目场地狭小，基坑开挖深度达16m，基坑运土困难，内设有两道环形内支撑，其中内支撑下空间狭小，开挖难度大，利用BIM技术，对垂直运土及内支撑梁下挖土方案进行可行性论证，如图5-58所示。

经过对比，两种设备抓取土方量相同，运行速率类似，都可以满足挖掘深度要求。不过伸缩式长臂挖机，可在局限空间中使用，抓土稍显不灵活，设备不常见，租用价格贵，建议选择固定式24m长臂挖机，伸缩式长臂挖机作为备选方案。

（3）内支撑梁下挖土方案可行性论证，如图5-59所示。

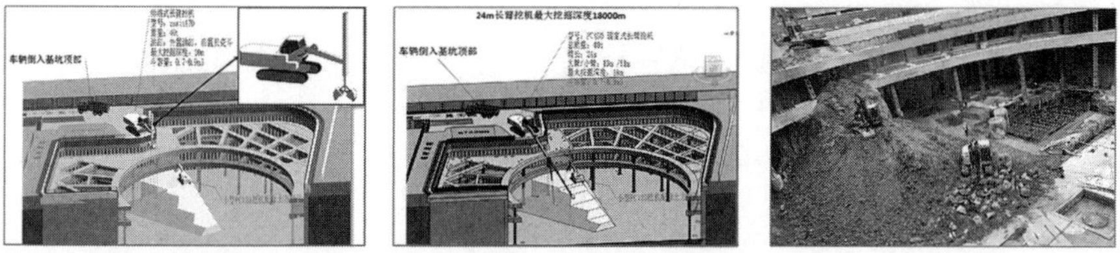

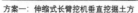

方案一：伸缩式长臂挖机垂直挖掘土方　　方案二：固定式长臂挖机垂直挖掘土方　　现场实施

图5-58　利用BIM技术进行可行性论证

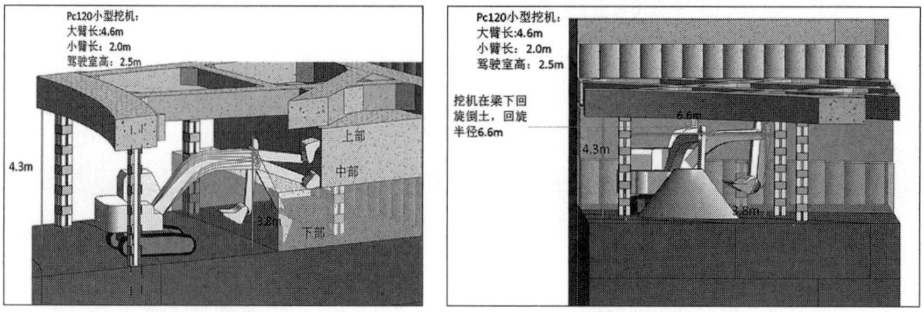

内支撑梁下机械工序工效分析1　　内支撑梁下机械工序工效分析2

图5-59　内支撑梁下挖土方案可行性论证

采用PC120挖机在支撑下4.3m空间挖土可行，大臂不要过度扬起，避免碰到支撑梁，并配备人员监督。

（4）基坑土方倒运分析如图5-60所示。

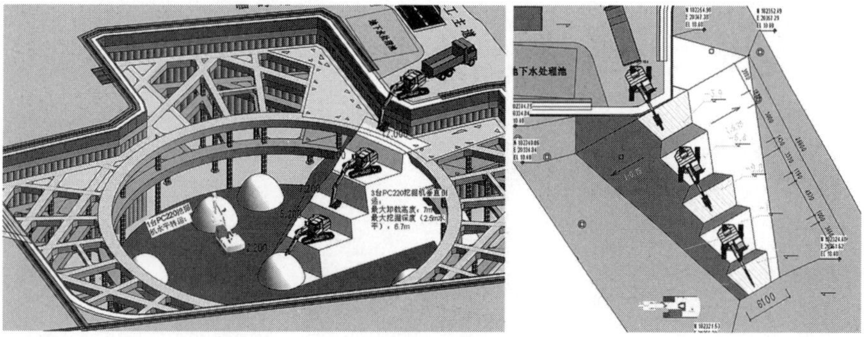

图5-60　基坑土方倒运分析

2.塔式起重机安装BIM论证

对塔式起重机施工方案进行三维可视化模拟，以动画的方式将施工步骤、施工要点等内容进行模拟，分析并解决施工过程中潜在的问题，确保施工方案可行，如图5-61所示。

3.施工总平面布置

该项目场地狭小，现场施工、原材料堆放和转运困难。通过BIM技术的可

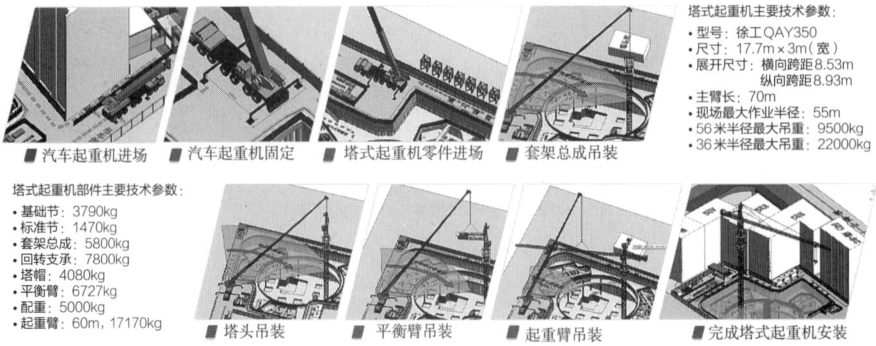

图5-61　塔式起重机安装BIM论证

视化、模拟建设等特点，对不同施工阶段的场地需求进行动态规划和方案进行比选，制定科学的分区、分流程施工作业方案，从而降低材料周转、安全文明等施工管理难度，如图5-62所示。

图5-62　施工各阶段场地布置

4. 基于BIM的内支撑换撑方案论证

运用BIM技术对内支撑拆除方案进行模拟和分析，如内支撑拆除方案模拟、施工车辆路线规划、坡道支撑架体搭设等内容，为内支撑拆除方案提供有效的技术依据和论证，如图5-63～图5-65所示。

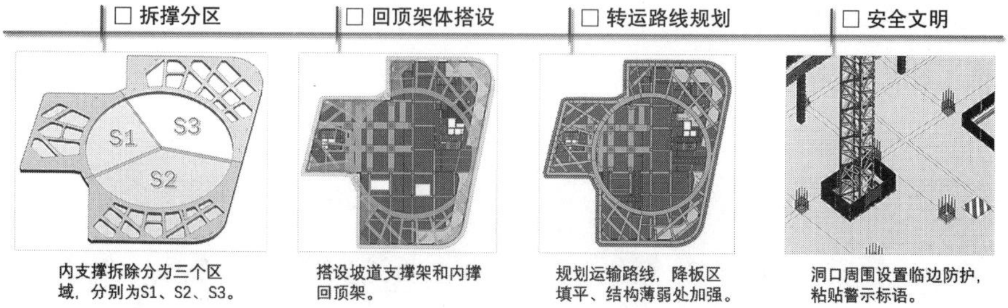

图5-63　内支撑拆除方案模拟

运用BIM技术分析施工车辆转运路线，对结构承载力不足、结构降板区域铺设钢板补强，对柱钢筋、楼梯、吊装孔洞等障碍物进行合理避让，从而拟定出最佳的转运路线。

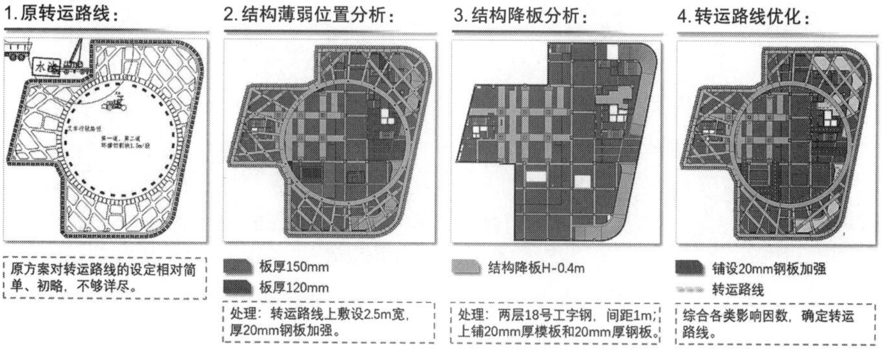

图5-64　施工车辆路线规

运用BIM技术，结合内支撑拆撑方案，对模型进行分段，模拟内支撑应力卸载流程，为拆除方案提供可视化依据。

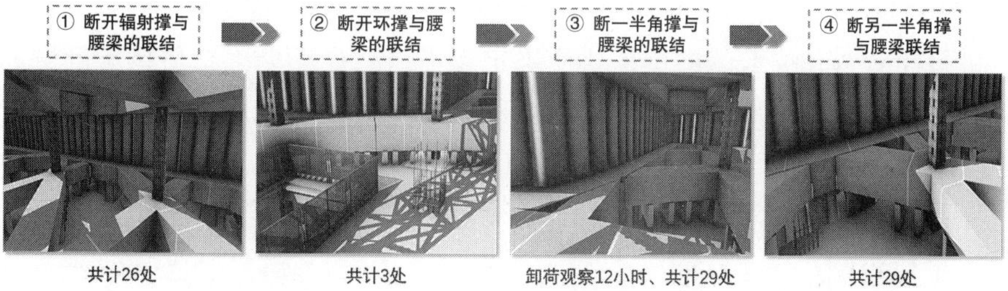

图5-65　坡道支撑架体搭设

应力释放联结点切割顺序如图5-66所示。

核心筒区域内支撑构件吊运：核心筒区域位置狭小，竖向钢筋多且密集，没有条件利用叉车转运混凝土构件，需利用吊车直接吊运构件。

项目通过BIM技术为内支撑的拆除节省工期约7天。统计回顶架体木枋量，对现场所需木方精细化采购，节约施工成本约5万元。合理布置安全文明施工，有效加强了施工人员安全意识，保障了施工的质量与安全，如图5-67，图5-68所示。

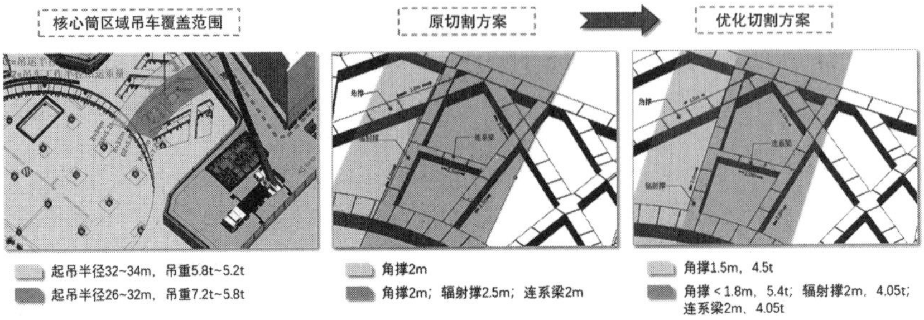

图5-66　应力释放联结点切割顺序

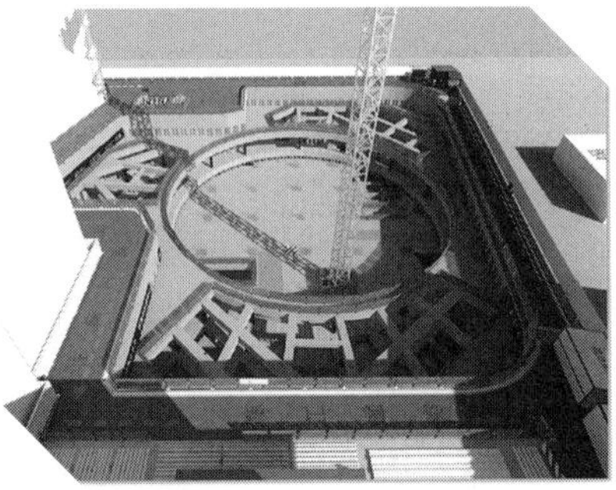

图5-67　内支撑模型

图5-68　施工现场

5.基于BIM的外脚手架方案论证

运用BIM技术，建立外架模型，用模型辅助《脚手架搭设施工方案》的编制，包括结构预留预埋、结构外形分析、悬挑架位置分析及平面定位、连墙件节点大样、主要材料统计及材料周转等内容，为项目顺利实施提供保障，如图5-69所示。

利用BIM+VR技术，加快了材质确定工作，减少后期因材质搭配问题而引起的变更和拆改，有效保证了项目工作的顺利开展如图5-70所示。

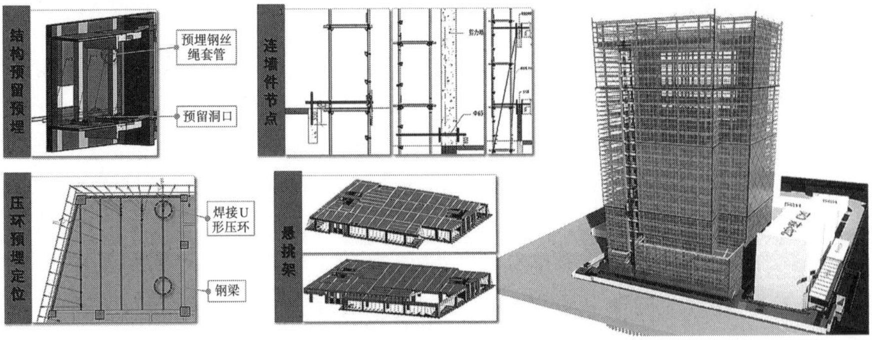

图5-69　运用BIM技术建立的外架模型

图 5-70 基于BIM的色彩系统比选

第六节 工程项目风险管理

一、工程项目风险管理工作

（一）风险分析

1. 目的

（1）在建设工程项目在风险发生前，通过分析、归纳、总结、整理各类资料信息，系统全面地认识风险并进行适当归类，为后续风险管理措施提供重要依据。

（2）对风险发生的可能性、时间、发生概率、后果等进行预判，从而对后续的风险控制提供帮助。

（3）作为风险管理及质量、投资、进度、安全环境控制及合同管理、组织协调的重要依据。

2. 任务

（1）按照预期的风险识别目标对项目施工阶段全方位进行分解，使相关方可以直观、快速地识别风险。

（2）建立初步风险清单。将各风险罗列成风险清单，为后续深入分析参考。

（3）推测各风险事件可能导致的后果，包括但不限于损失、成本、盈利、超支等。

（4）按照风险的影响程度，对风险分类并进行重要性分析，抓住主要风险，兼顾次要风险，降低整体风险。

（5）建立风险目录摘要，可以为后续职责划分、各风险耦合性的预测和判定提供有效支撑。

（6）项目管理机构应协助建设单位分析风险发生概率，评估风险损失和对工程投资、进度、质量、功能等方面的影响，划分风险等级。

3.流程

（1）风险识别流程如图5-71所示。

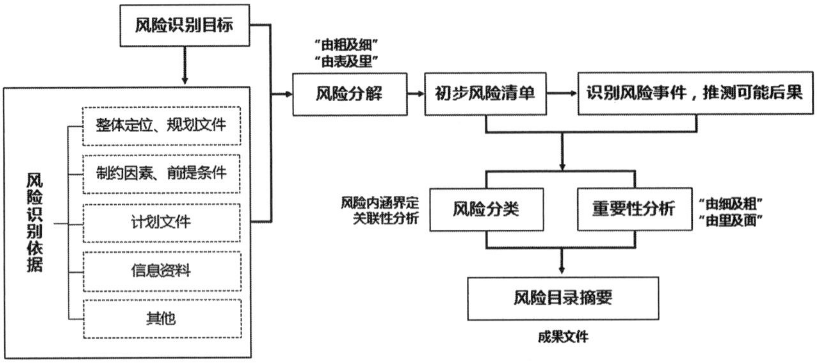

图5-71　风险识别流程

（2）风险评估流程如图5-72所示。

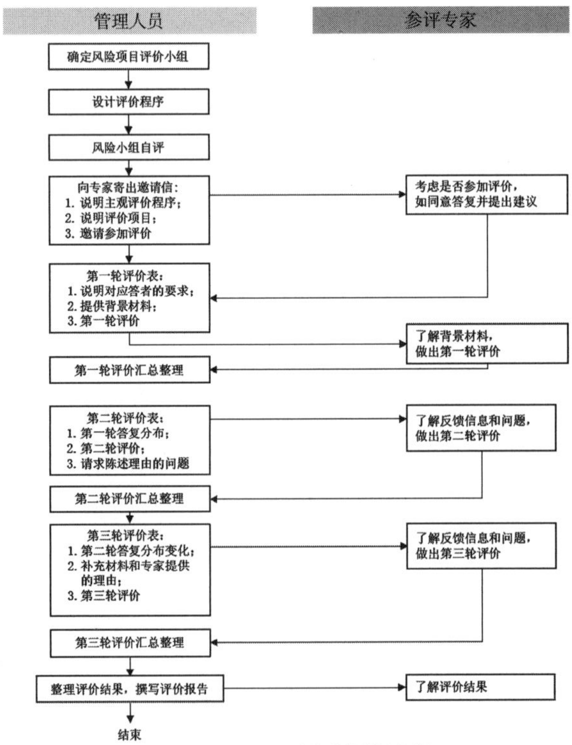

图5-72　风险评估流程

4.参考表格

（1）风险识别表见表5-57。

风险识别表 **表5-57**

序号	风险名称	风险定义	风险性质	风险类别	备注

（2）风险评估表见表5-58。

风险评估表 **表5-58**

序号	风险项目	P	C	R	备注

备注：P、C、R确定可参照表一、表二、表三。

表一　风险概率表

等级	发生概率P	灾害程度C	
		物的损害	人身伤害
1	基本不发生	极小	无
2	很少发生	小	无
3	有时会发生	中（对工期、费用产生影响）	轻微伤害
4	发生的概率较大	大（对工期、费用产生影响）	重伤事故
5	发生频繁	极大（项目停工）	死亡事故

表二　风险水平值的确定

P \ C	1	2	3	4	5
1	R1	R1	R2	R2	R3
2	R1	R2	R2	R3	R4
3	R2	R3	R3	R4	R4
4	R3	R4	R4	R5	R5
5	R4	R5	R5	R5	R5

表三　风险水平值的评价

风险的大小	内容
R1	基本上可以不予考虑
R2	轻度风险
R3	中度风险
R4	重度风险
R5	极大灾难性的风险

5. 相关知识

（1）风险类型。

风险是不可避免的，它存在于整个项目建设系统中，并且一种风险的产生常常会影响到进度、投资、质量等各方面。为了能够及时采取风险防范措施，就必须先对风险进行识别，找出其规律性，将可能发生的风险罗列出来，并且进一步预测或计算其对目标可能影响的程度。风险根据其产生的范围可分为外部风险和内部风险，一般来说，外部风险比内部风险更难控制，如不可抗力、利率或汇率的变化、政府部门审批和签证的拖延、战争等都是工程建设者无法控制的；而内部风险如技术、规范、场地、承包商能力等就容易控制。风险根据其预见性又可分为可预见风险和不可预见风险，不可预见风险多为外部风险，如第三方责任、政府法规或政策的变化等。另外，根据风险的产生根源还可分为合同风险和工程实施风险，合同风险指由于合同文件的不合理而因此产生的风险，如合同范围的变化、规范不准确、合同条款不严谨等，而工程实施风险是工程在实施过程中产生的风险，如材料或设备供应的延迟、质量缺陷、设计图纸不及时交付等，在某种情况下，有些风险既属于合同风险又属于过程实施风险，如设计变更，由于设计图纸属于合同文件的一部分，因此可认为是合同风险，但是当它是由于在施工过程中遇到实际情况与设计前提不符（如地下不明障碍物）而发生的，则又可认为是工程实施风险。根据国内外资料和实际经验，工程中常见的风险整理见表5-59。

工程常见风险及分类　　表5-59

风险因素	外部风险	内部风险	可预见风险	不可预见风险	合同风险	工程实施风险
不可抗力				★		
火灾		★		★		
变更		★	★		★	★
采用新技术		★	★		★	★

续表

风险因素	外部风险	内部风险	可预见风险	不可预见风险	合同风险	工程实施风险
规范		★			★	
材料供应延误		★	★			★
工程所需资源缺乏			★			★
进场条件不足		★	★		★	
不明障碍物						
提出或解决问题不力			★		★	
工程资金不足		★	★		★	
现金流量估计不足		★			★	
汇率及通货膨胀	★		★		★	★
费用估计不足		★	★			★
有关部门签证延误			★		★	
第三方责任				★	★	
合同文件不合理		★	★		★	
计划不周		★	★		★	★
监理工程师指令出错		★	★			★
监理工程师失职		★	★		★	★
设计图纸延误		★	★			
设计错误		★	★			
合同结构形式不当		★	★		★	
信息交流不畅		★	★		★	
合同终止		★	★		★	
法规、规章变化	★		★			★
战乱	★	★				★
质量问题				★		
施工效率差		★		★		
场地安全问题		★		★		★
罢工	★	★		★		★
施工工艺变化		★		★		★
气候异常	★			★		★
施工方法不对		★		★		★
生态污染	★					★
索赔频繁					★	★

（2）风险识别方法。

工程风险识别是一项复杂、细致的工作，需要对各种可能导致风险的因素进行甄别，反复比较。常用的风险识别方法包括风险核查表法、头脑风暴法及专家经验法（德尔菲法）等。

1）风险核查表法。

咨询公司通过以往同类工程经验和风险记录，将所有可能发生的潜在风险列举在一个表中，形成常见风险核查表。项目管理人员结合项目情况及特点，对比项目核查表找出项目风险，形成该项目的风险一览表，以便进一步对风险进行评估分析。

2）头脑风暴法。

集中项目团队成员（也可请专家）一起，在主持人以明确方式告知所有参与者项目情况、特点及列举风险要求后，集思广益，让每位参加者提出项目风险，并对风险加以归类、整理，并对风险进一步定义加以明确。

3）专家经验法（德尔菲法）。

组织具有实践经验和代表性的专家参与风险识别会议，开会时让专家了解项目目标、建设内容、周边环境及工程状况，详细提供调查信息，并尽可能带领专家进行实地考察。当专家提供风险意见后，可将各专家初步意见互相传阅，邀请专家进一步提出风险意见，如此可进行多轮专家意见收集与传阅，便于风险识别达成一致看法。

（3）风险评估方法。

风险评估是指在风险识别后，先对风险因素的不确定性进行量化，再对风险进行综合评估，确定项目风险等级。通过风险排序，分清关键风险因素及次要风险因素，便于制定风险防控措施。风险评估方法包括层次分析法、专家分析法、模拟法（蒙特卡洛法）、因果分析法、决策树分析法、价值分析法等，前两者为常用方法。

1）层次分析法。

首先明确研究目标，再将总体目标按层级关系依次对应分解成若干个子层或子项，建立起风险框架图如图5-73所示；其次是对各层级和要素进行成对比较，对各要素进行权重比对见表5-60；进而通过排序权值等对各单个要素进行排序及一致性检验；最后根据检验结果对各要素进行总排序和一致性验证。

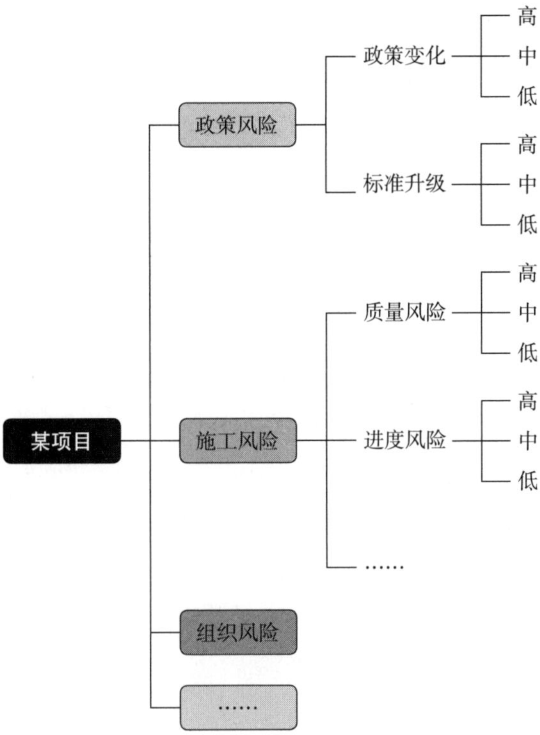

图 5-73　风险框架示例图

风险评判准则　　　　**表 5-60**

标度	含义
1	表示两因素相比，具有同样重要性
3	表示两因素相比，一个因素比另一个因素稍微重要
5	表示两因素相比，一个因素比另一个因素明显重要
7	表示两因素相比，一个因素比另一个因素强烈重要
9	表示两因素相比，一个因素比另一个因素极端重要
2、4、6、8	上述两相邻判断中间值，如2为属于同样重要和稍微重要之间

2）专家分析法。

在风险识别基础上，进一步组织专家对风险进行讨论，如风险产生原因、风险影响范围，并分析风险影响程度及风险出现的可能性。经一轮或多轮讨论，统计各专家分析结果，计算各风险的期望值（风险程度 × 风险可能性），按期望值可将风险进行排序，制定风险措施。

（二）风险控制

1.目的

（1）对项目风险全面控制，降低对质量、进度、投资等目标控制的影响。

（2）在风险识别、风险评估、风险应对之间形成一个良性循环，从发现风险到处理风险，经过检查，形成反馈，确保施工过程中存在的潜在风险均被有效化解。

2.任务

（1）根据项目风险分析结果，结合风险性质及建设单位对风险的承受能力而制定回避、转移、分离、自留、缓解和利用风险等相应应对措施，形成合理的风险应对方案。

（2）根据项目风险管理过程规定的衡量标准，在项目施工过程中监督已识别风险和残留风险、识别可能出现的新风险、执行风险应对措施、实施风险监控措施、评估风险管理的有效性，并对风险应对措施进行持续改进和优化。具体包括项目风险监控体系建立、项目风险预警系统建立、项目风险监控措施制定、应急计划制定和风险效果评价等工作。

（3）项目管理机构应协助建设单位及时收集和分析与项目风险相关的各种信息，跟踪已识别风险、监控残余风险、识别新风险，定期编制项目风险分析报告，报送建设单位。

3.流程

（1）风险控制流程如图5-74所示。

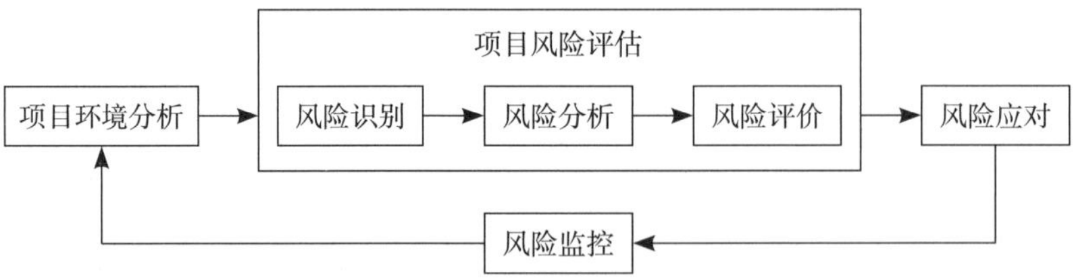

图5-74　风险控制流程图

（2）风险监控流程如图5-75所示。

4.参考表格

（1）风险控制措施落实见表5-61。

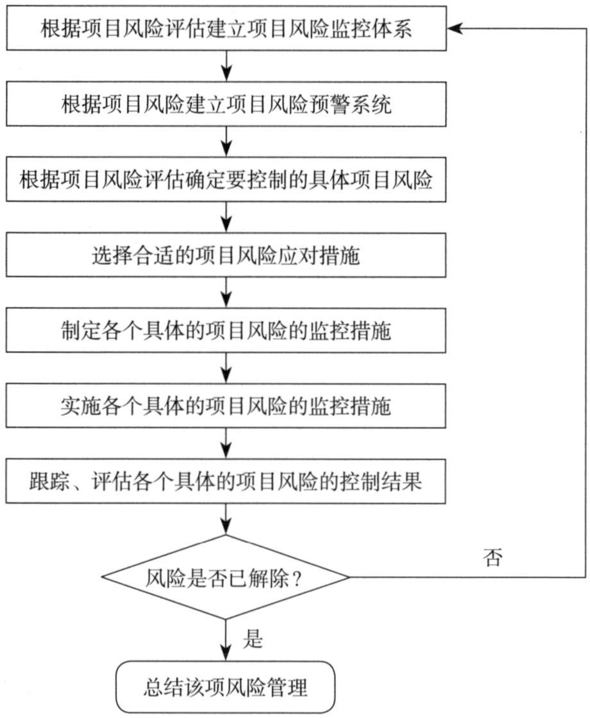

图5-75　风险监控流程图

风险控制措施落实表　　**表5-61**

工程名称			
风险名称		编码	
风险控制措施		落实人员签字	落实日期
1			
2			
3			
4			
5			
施工单位自检			
监理单位审查			
工程管理机构审核			

（2）风险跟踪记录见表5-62。

风险跟踪记录表　　表5-62

工程名称				
风险名称		编码		
风险报警值或风险可能发生状态描述				
编码	现场监测值	风险状态	监测时间	监测人
1				
2				
3				
监理单位审查				
工程管理机构审核				

5.相关知识

（1）风险应对措施。

1）风险回避。

对于超出自身资源承担能力、收益风险不匹配、有更有效的替代方案等情况应采取风险回避措施。

2）风险转移。

风险转移可分为转移风险因素和转移风险损失。转移风险因素主要是通过签订合同转移来实现。建设方可以通过签订工程总承包、工程分包、工程联合投标等工程承包合同或利用合同中的转移责任条款明确规定双方的风险责任，从而将风险转移给对方以减少自身损失。转移风险损失主要通过市场经济方法来进行转移，包括工程担保和工程保险。

3）风险分离。

将风险归类，分离部分风险因素可以有效地消除或降低风险发生所带来的连锁反应与连带损失。

4）风险自留。

是指在权衡各种风险控制策略后，从经济性和可行性角度考虑，运用风险主体自身的资源来承担风险事故发生的后果，弥补损失的风险应对方法。风险自留根据应对态度可分为主动的风险自留和被动的风险自留。一般情况下，对于那些发生的概率极小或可能造成的损失程度小的风险建设方可以采取全部自留处置。

5）风险缓解。

风险缓解也叫风险减轻。指厘清风险来源和引发因素后，采取措施以降低风险事件发生的机会或减轻风险事件引发的损失的严重性。对潜在损失小但概率大的风险就可以采取风险缓解对策。

6）风险利用。

风险中也会蕴含着机遇，对有些风险，如果能够正确认识并利用，反而还能给企业带来收益。一是风险中蕴含着获利的机遇，此类风险主要是针对投机性风险。二是利用风险寻求工程变更。

（2）风险监控。

1）建立项目风险监控体系。

建立一套风险管理指标体系，以明确易懂的形式提供准确、及时且关系密切的项目风险信息，这是进行风险监控的关键所在。

2）建立项目风险预警系统。

风险预警是指通过一系列定量指标、定性指标以及其他技术手段对工程项目主体进行系统化的连续监测，提早发现工程项目建设过程中的风险和判断风险来源、风险范围、风险程度和风险走势。

3）制定项目风险监控措施。

根据具体的项目风险情况选择、制定合适的风险监控措施。风险监控的措施主要有随机应变措施、纠正措施、变更措施和更新或修改风险应对计划四类。

4）实施项目监控措施。

对于建设庞大、复杂、投资大的工程项目，必须建立有效风险管理制度和流程，对项目从前期到运营整个过程中的各项活动进行有机地计划、组织、协调、控制，使之各项指标控制在预期的范围之内。

5）制定应急计划。

应急计划是为控制项目实施过程中有可能出现或发生的特定情况做好准备，应急计划包括风险的描述、完成计划的假设、风险发生的可能性、风险影响以及适当的反应等。

6）风险管理效果评价。

对风险应对措施、监控措施等管理措施的效益性、科学性和适用性进行分析、检查、评估和修正，以风险管理措施实施后的实际资料为依据的，分析风险管理的实际收益，并编制项目风险管理评价报告。

（三）保险与担保

1. 目的

（1）通过保险将威胁工程的风险因素转移给保险公司，可通过取得损失赔偿以减低实际损失。

（2）通过担保能在一定程度上保证当事人的合同履约，以此规避履约风险。

2. 任务

（1）项目管理机构应根据建设单位要求，协助设计保险、担保方案；选择保险、担保类别和保险人、担保人，组织担保、保险合同谈判。

（2）发生符合保险条件的相关风险时，协助组织保险、担保相关理赔工作。

（3）项目管理机构代表建设单位判断参建提供担保单位（主要为施工单位）未尽履约事项，按照合同、担保约定，从担保中扣除相关资金补偿费用，或通知担保人按原合同代为履约。

3. 流程

（1）履约担保流程如图5-76所示。

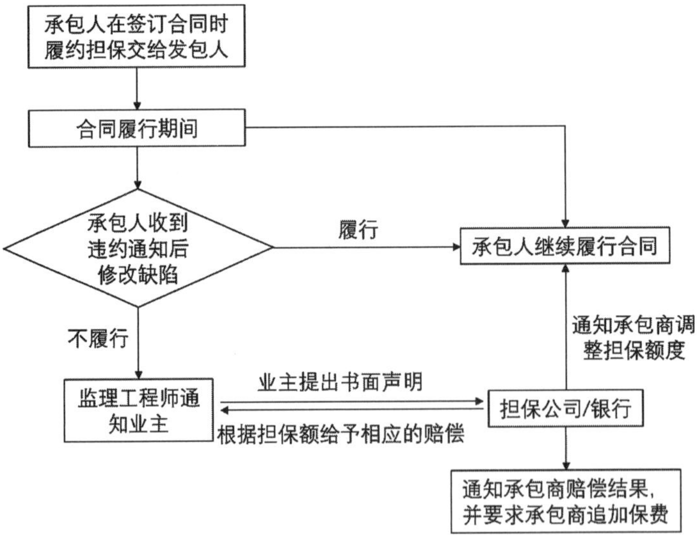

图5-76　履约担保流程

（2）支付担保实施流程如图5-77所示。

4. 相关知识

（1）工程保险。

1）定义。

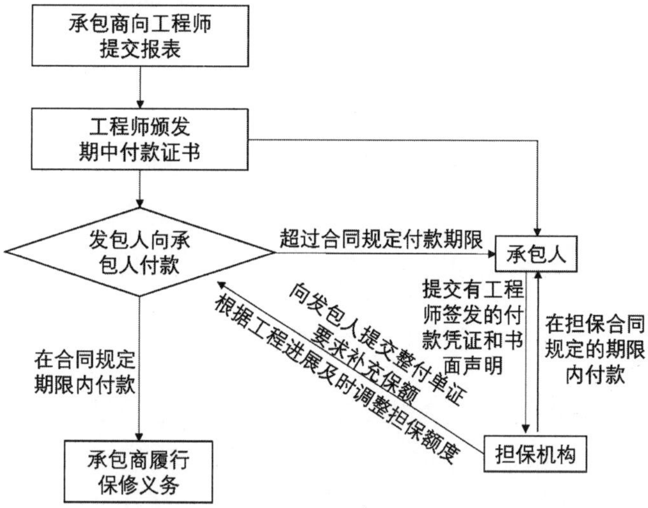

图5-77　支付担保实施流程

工程项目保险是承保建筑安装工程期间一切意外物质损失和对第三人经济赔偿责任的保险，属于综合性保险。

工程项目普遍具有规模宏大、技术复杂、造价昂贵和风险期限较长的特点，工程保险从根本上有别于普通财产保险。工程保险具有对风险保障的综合性、其被保险人的广泛性、承保期限的不确定性、保险金额的变动性、附加条款的多样性和灵活性、保险费率的差异性、信息不对称性等特点。

2）分类。

工程项目保险种类较多，通常可按保障范围或实施形式进行分类。按保障范围分，可分为建筑工程一切险、安装工程一切险、科技工程保险、人身保险、工程质量保证保险以及职业责任保险等；按实施形式分，可分为自愿保险和强制保险。

3）方法。

推行工程质量潜在缺陷保险主要有两种管理模式：

①建设单位聘请监理、保险公司聘请风控。

在该模式下，监理公司由建设单位委托，代表业主方的利益对工程建设实施专业化监督管理；而风控机构由保险公司聘请委托，是独立的第三方。该模式质量管理控制全面，委托、服务方式相对清晰，两方职责明确，同时不用对现行法律制度做太大调整，如图5-79所示。

②保险公司统一聘请监理和风控。

监理单位对工程进行安全及施工质量管理，风控机构进行全过程的风险把控和评估。风控机构及监理单位不受业主等质量责任方的制约，独立性增强；监察

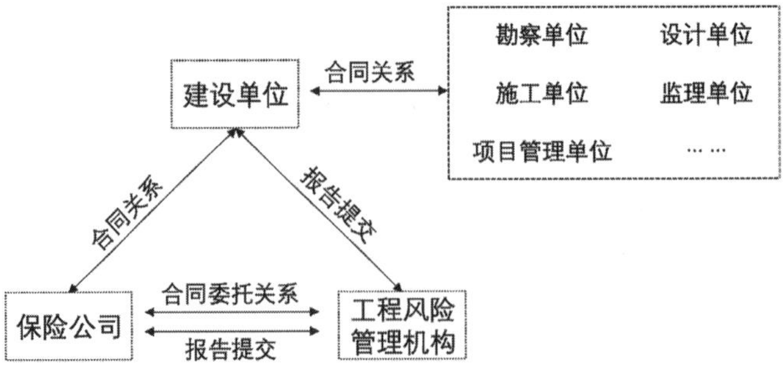

图5-78　建设单位聘请监理、保险公司聘请风控

工作由两者独立完成，避免人为因素引起的与实际工程质量与调查结果不符的情况；配合建筑安装工程（一切）险，达到工程全流程保险风险覆盖。而进度控制、投资控制、合同管理、信息管理和各方的协调等则交由建设单位或建设单位聘请的项目咨询公司负责如图5-79所示。

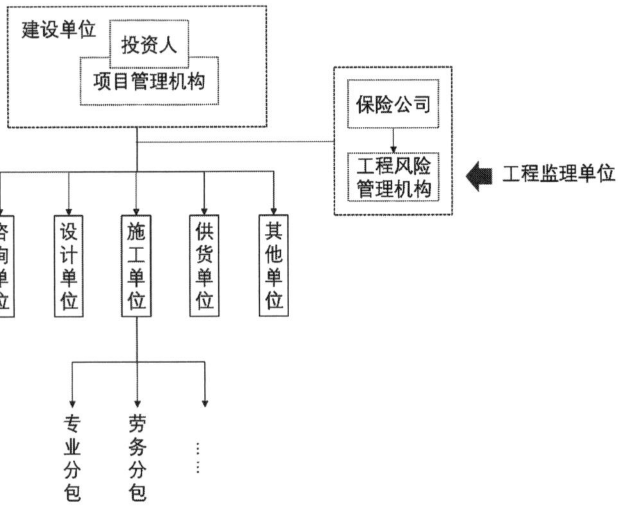

图5-79　保险公司统一聘请监理及风控

（2）工程担保。

1）定义。

工程担保是一种经济合同的担保，是合同当事人为保证合同全面切实履行，协商后采取的促使一方履行义务，保障其他方权利的风险管理机制。

2）目的。

工程担保的实施对于项目风险管控具有积极意义，包括：保障合同履行，这是工程保证担保制度的基本功能；降低交易成本，市场信息严重不对称导致市场信用体系发展滞后，进而不得不复杂的预防措施，工程担保能够通过定向的信用和质量监管降低整个市场的交易成本；接轨国际，通过在国内市场中推行符合国际惯例的工程保证担保制度，为我国建筑企业走出国门积累丰富经验。

3）分类。

建设工程领域工程项目建设各阶段涉及的工程担保种类包括：招标投标阶段的投标担保，项目实施阶段的履约担保、预付款担保、支付担保以及责任缺陷期的维修担保等，主要工程担保品种在工程项目建设过程中应用如图5-80所示。

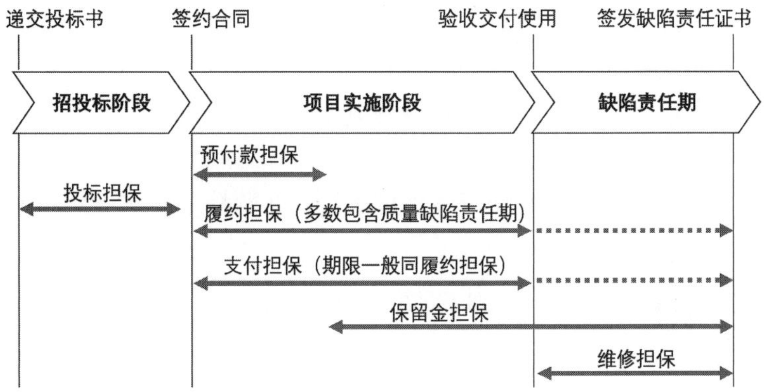

图5-80　各类工程担保在工程建设中的应用

①履约担保。

履约担保由保证人为承包商向业主提供，以保证承包商履行工程建设合同约定义务。若承包人由于某种原因（不可抗力原因除外）不能正常履行合同，发包人可以没收承包人的履约保函并得到资金补偿，或由担保人按照原合同条件代为履约。

履约担保中，监理工程师作为独立、公正的第三方，应在保证发包人利益的同时，不损害承包人的合法权益，同时他们作为为发包人服务的项目管理人员，弥补了发包人工程经验和专业知识的不足。

②付款担保。

付款担保由承包商向业主提供，以保证承包商依照建设工程进度，包括及时足额支付劳工工资、材料货款、设备费用等担保形式。

在该担保方式中，当承包人未按照相关合同支付款项时，由权利人根据工程承包合同和工程担保合同向担保人提出索赔。同时向发包人和承包人提出书面通知。由有关部门进行核定后，担保人予以赔付，如图5-81所示。

③业主支付担保。

业主支付担保又称发包人支付担保，实质上是业主的履约担保。通过担保人

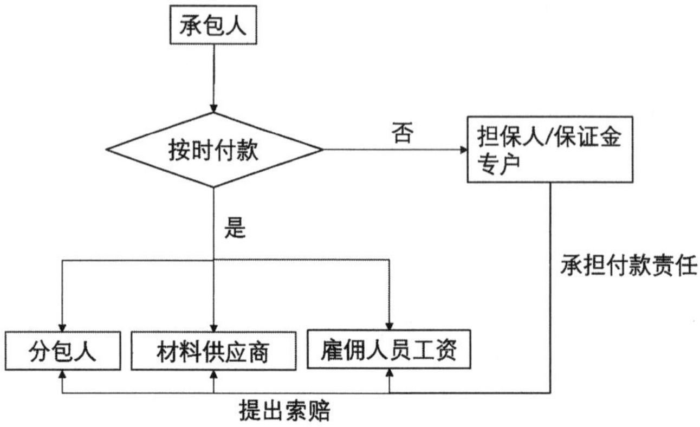

图 5-81　付款担保模式

提供担保，保证业主按照合同规定的支付条件，如期将工程款支付给承包人。支付担保不宜采用支付保证金形式。因为支付保证金放在承包人手中，将实质性减少承包人的履约担保额度，也增加发包人的投资风险。

二、工程项目风险管理案例分析

（一）某大厦工程案例

某大厦工程采用施工总包承包方式，其中智能化工程采用专业分包模式，项目管理机构结合本工程的特点，多次组织专家论证，对工程中的风险进行了识别和分析，具体如下：

1. 风险识别

根据项目特点，该大厦工程智能化工程主要存在十大风险。

（1）自然环境恶劣。智能化工程一般在室内施工，因此自然环境影响较小，但是在设备运输、进场、安装时，如遇到大雨、台风等则影响大些，尤其是进口设备的运输途中。当然如遇不可抗力则影响更大。

（2）功能表达不明确和技术规范不明。原总设计图在智能化工程方面深度不够，需要专业深化设计，由于智能化系统比较复杂，对于各系统功能的描述能够明白无误地表达出来是相当不易的，因此，如果在招标、订立合同时功能不清楚，会导致今后的大量变更或索赔。另外，由于智能化工程在当时没有相应的国家质量标准和技术规范，因此，往往要建设单位会同监理工程师及专家编制，但是智能化工程涉及面较广，专业性强，很难避免有所疏漏的地方；对于一些技术标准也较难定性描述或评定，如对智能化软件的要求等。这种技术规范的不明确会致使承包商有空可钻，并会借机索赔。

（3）设备进场延期或质量不符合规范要求。由于智能化工程中的设备多为进口，一方面运输时间较长，另一方面入关手续麻烦，因此，很容易造成延期现象。另外，设备质量如进关后商检中或现场发现存在质量问题（一般质量尚可以现场维修，但如果设备功能出错，则风险巨大），又会导致工期拖延。

（4）与施工总包的配合不协调或承包商履行能力较差。智能化工程与其他工程有许多交接面。例如，管线敷设、设备安放、总体调试等工序，牵涉到土建、安装、装潢等工程，由于这些工程都由总包管理，因此，智能化工程承包商与施工总包的配合就需相当密切，否则，会影响整个工程的顺利开展。另外，智能化工程专业性较强，就是各子系统也有各自的专业领 域。在最后的总调试中，智能化协调将发挥巨大的作用。如果承包商履行能力有问题，不仅 会影响其他工程的实施，而且如在质量上留下隐患，可能会使整个大楼处于瘫痪状态。

（5）变更过多。原因有多方面，包括上述功能表达不明确而造成的变更。但是，主要原因还是在于建设单位自身。根据以前类似工程经验，由于楼宇智能化发展较快，建设单位对大楼的智能 化程度要求日益增长，有些甚至有些盲目性、攀比性，因此在施工过程中会要求加入新的功能，从而导致变更增加。

（6）计划不周或调整不及时。智能化工程一般都穿插于其他工程实施中进行，在排进度计划时，需要以其他工程的进度计划为参考，详细、周全地考虑每一个环节。但是工程进度在实际 进展中较计划变化较多，因此要求智能化工程能作相应的及时的调整。否则，同样会影响整个工程竣工时间。

（7）交接手续不完善。智能化工程与其他工程交接面较多，在工序交接中，对前道工序的质量认可十分重要，但是往往会出现漏检现象。多数原因是交接手续不完善引起的，如智能化承包商的线槽安装，其位置常常根据其他管道位置而定，要是那些管道没有检查过，由于交叉施工赶进度就忙于做上去，一旦前管道有问题，则会造成不必要的返工。因此，必须加强工序交接手续，并且需指定以谁签证为准。

（8）实际费用超合同价格过大。合同价的变化原因一般有：工程量增加、单价调整、原设计 图纸不明确、承包商索赔、建设单位违约等，其中前三项属于工程变更。这是造成实际费用剧增的直接原因，在智能化工程中同样如此。

（9）新技术的应用。整个智能化系统的协调需要智能化软件来支持，而这些软件需要针对项目的具 体功能要求来进行编程，由于建设单位对智能化的超前意识，加上软件技术的日益更新，就要求承包商能应用新的技术来满足建设单位的要求，而新技术的应用往往会因经验缺乏而导致暂时受挫或失败，从而影响整个工程的目标实现。

（10）日后操作与维修。由于智能化工程专业性较强，需要熟悉本大楼智能化系统的人员来操作管理，并且随着时代的发展，可能建设单位对某一方面的功能有新的要求，因而更换相应的硬件和软件。如果事先未考虑，一方面会导致遇故障或维修、升级时不能及时解决，影响大楼使用；另一方面会导致某些功能的闲置。

2. 风险分析

（1）根据以往经验，可以预见的风险可以用风险合理分配的方法将这些风险的危害减少到最小程度，其可控性较强，需做好风险管控信息的跟踪记录。

（2）根据有关方面的专家研讨，认为出现的次数较多的风险是设备、材料延期和质量问题、变更过多、计划不周或调整不及时等风险，而危害后果大的是功能不明确、承包商履约能力较差等风险。因此，对于前者应考虑采取措施尽量减少其发生，而对于后者应在智能化工程实施前阶段就需特别重视。

（3）根据前述有关风险分配的原则，结合智能化工程的特点，确定了风险的承担者。但是无论是哪种分配方式，建设单位或多或少都会蒙受损失。因此，项目管理机构在考虑风险分配时，也充分了考虑了这一点。例如，在设备进口的问题上，较容易出现各种问题，由于设备是由承包商负责，按理建设单位方无需管此事，但考虑其影响较大，专家们还是提出承包商需事先选定国内的进口设备代理商。

（二）某烟草工程案例

1. 项目概况

该项目包含工程建设类投资项目、基础设施改造项目、生产工艺设备（烟机专卖设备）购置或改造类投资项目、非烟机设备购置或改造类投资项目、房屋土地购置项目投资项目等多项子项目，涉及8个实施单位，涵盖14个重大重点项目，投资总额90余亿元。由于烟草行业技术改造相对复杂、施工周期长、缺乏比较完善、成体系的投资控制管理办法，在技术改造项目中“决算超预算、预算超概算、概算超估算”，以及“超投资”行为，已成为行业技术改造项目建设的重难点问题，管理风险排查成为监察管理的重中之重。

此外，随着“一带一路”倡议的实施，工程建设领域融入国际化的步伐不断加快，国家大力推行国际通用的工程总承包（EPC）建设模式。该项目根据

"十三五"技术改造规划，以及企业资源情况，在烟草行业率先开启EPC建设模式探索。由于烟草行业尚未有采用EPC建设模式的先例，在行业的特殊管理体制下，此模式的项目建设仍旧缺乏可供借鉴的经验，管理难度进一步增加。本案例以该烟草技术改造项目为例，从烟草行业背景与EPC建设模式的基本矛盾和重点问题出发，开展风险管理实操研究，对该项目的风险管理方法进行介绍。

2. 项目风险分析

（1）风险识别。

相较于传统工程建设项目，烟草行业建设项目具有如下特点：一是涉及业态广，对应工程建设项目类型较为丰富。二是工艺复杂，专业化程度高。烟草行业的工程建设项目围绕生产工艺流程开展，具有高难度与高专业性要求。三是规范化程度高，国家烟草专卖局制定了《烟草行业工程审计操作指南》（国烟审〔2013〕473号）《烟草行业投资项目管理办法》（国烟计〔2018〕17号）等管理办法，对审批、实施、管理、验收作出明文规定。四是建设单位经验有限，建设单位多为生产经营单位，缺乏项目管理经验。具体风险点见表5-63。

某烟草技改项目潜在风险识别与分类　　表5-63

风险类别	常见风险内容
一般工程施工风险	因施工技术存在问题、设备使用不当、材料使用不当、用料不足等导致工程质量不达标；安全管理不合规引发的潜在安全风险
EPC模式下的管理风险	因管理深度、管理界面划分不当导致的信息不对称、工作界面不明确问题；参建单位管理权责不明晰、交流低效等风险；结算带来的投资超概风险；联合体组建不合法、实力不达标、风险分配不明确等风险
烟草行业审计风险	实施单位审计制度、集团公司审计制度、国烟局审计制度不匹配风险；第三方审计单位不符合审计库规定的风险；审计内容未完全覆盖行业审计规范要求的风险点
法律风险	违反国家建筑工程相关国家法律、行政法规的风险；违反部门规章相关条款的风险；违反公司、部门规范性文件条款的风险

一般工程施工风险。与一般工程建设项目相似，该项目施工风险涵盖设备使用风险、材料使用风险、技术工艺不当风险以及施工安全风险四大类，其中施工安全风险应重点关注。

EPC模式下的管理风险。烟草行业的EPC总承包通常由熟悉生产流程的设计单位作为联合体牵头人，并与施工单位组成联合体。由于建设工程相关法规尚未对联合体的组建形式进行规定说明，联合体的组建机制、工作界面划分、风险分担的方式等均为需要关注的潜在风险。另外，EPC模式的"固定总价"要求做好过程投控管理，防范投资超概风险。

1）烟草行业审计风险。烟草行业审计更为严格，针对技改项目实行项目全过程审计制度，由国家局委派有资质的审计机构进行全过程跟踪审计管理，并坚持一系列规范实施操作，行业内审计实行分级管理。依据以往项目经验，排查出合同款支付情况与合同约定不符、超行业建设控制指标、签证变更等材料不完整等系列问题为审计的重点关注风险。

2）法律风险。该项目实施受到国家法律、行政法规的风险、行业规章相关条款以及公司与部门规范性文件条款的约束，在以往的工程项目中，实施单位单项管理办法与公司管理办法矛盾是最为常见的合规性问题。此外，超期签订合同的情况在该公司经常出现，对后期审计造成问题，故在风险分析阶段，应给予合规性问题充分的重视。

（2）风险评价。

该项目潜在风险覆盖面广、涉及单位多，为保证项目顺利推进，在监管过程中主动规避风险，制定了潜在风险评估办法，并形成表格工具见表5-64。评分办法主要分为风险发生的可能性与风险发生后的影响程度两个部分构成。风险发生的可能性可以通过管理人员对风险节点的认知、理解程度、应对能力、监管能力和实际发生的频次进行评估；发生后的严重程度则从事件对实施单位运营的影响、造成的财务损失、对企业声誉的影响以及具体的法律规定与责罚程度进行评估。项目实施单位作为大型烟草集团，企业管理效能、企业声誉均是需要严格把控的关键，故对上述两项赋予较高权重。评分后依据总评分，可以将风险分为一般风险和重要风险两个等级，对于得分较高的风险，在进行年度工作计划、定期抽查时候需要给予重点关注。

（3）项目风险控制。

结合风险评估结果，可建立相关风险应对体系，指导不同等级下风险的应对手段见表5-65。

（4）项目风险担保。

在该技改项目中，工程总承包单位是由施工单位与设计单位组建联合体后共同承担。由于EPC模式在国内运行时间不长，联合体双方对EPC模式的认识不一致，对投标项目潜在的风险的判断不够准确与深入。联合体模式在增加投标人竞争实力、满足发包人对总承包商资质要求、更好满足项目建设需要的同时，也给以联合体作为总承包商的经营管理、利润分配、风险分摊等方面带来一系列问题。联合体双方在签订联合体协议时，对项目的职责划分、利润分配、违约追索、风险分摊等方面没有进行科学合理的划分与详细的约定。其中：如何将履

风险分析评价表 **表 5-64**

风险分析评价表（示例）							
基础信息	部门		风险代码		风险名称		
风险可能性得分	维度（权重）	内控制度的完善与执行（40%）	我方人员管理素质（30%）	风险对方综合状况（10%）	外部监管执行力度（10%）	工作频次（10%）	小计
	法律风险可能性描述	□ 已制定+执行情况良好（1分） □ 已制定+执行情况一般（2分） □ 已制定+未完全执行（3分） □ 未制定+执行情况一般（4分） □ 未制定+未完全执行（5分）	□ 熟悉+完全有效执行（1分） □ 理解+能够较好执行（2分） □ 了解+基本能够执行（3分） □ 有一定了解+不能完全有效执行（4分） □ 不了解+不能有效执行（5分）	□ 不适用（0分） □ 无违约或侵权记录，信誉很好（1分） □ 履约能力较强或侵权可能性较小，信誉较好（2分） □ 履约能力一般或侵权可能性一般，信誉一般（3分） □ 履约能力较弱或侵权可能性较大，信誉较差（4分） □ 履约能力很弱或侵权可能性很大，信誉很差（5分）	□ 无法律规定+监管部门履行职责频次低或不履行（1分） □ 有法律规定+监管部门履行职责频次低或不履行（2分） □ 有法律规定+监管部门对违法行为并未都得到及时查处（3分） □ 有法律规定+监管部门对违法行为一般都能得到及时查处（4分） □ 有法律规定+违法行为总是能得到及时查处，且处罚严厉（5分）	□ 工作频次低于每年至少发生一次（0分） □ 每年至少发生一次（1分） □ 每季度至少发生一次（2分） □ 每月至少发生一次（3分） □ 每周至少发生一次（4分） □ 每天至少发生一次（5分）	
	得分						
	加权得分						

续表

风险分析评价表（示例）							
基础信息	部门		风险代码		风险名称		
风险影响程度得分	维度（权重）	企业日常运营（20%）	财务损失（20%）	企业声誉（30%）	法律责任（30%）	备注	小计
	风险影响程度描述	□ 不会对企业日常运营造成任何影响（0分） □ 轻度影响（2分） □ 中度影响（3分） □ 严重影响（4分） □ 重大影响（5分）	□ 不适用（0分） □ 1万以下（不含）（1分） □ 1万（含）～20万（2分） □ 20万（含）～50万（3分） □ 50万（含）～100万（4分） □ 100万以上（含）（5分） □ 无历史参考值，也无明确财务损失金额（3分）	□ 不会对企业声誉造成任何负面影响（0分） □ 非公开+如公开，仅在企业内部产生极轻微负面影响（1分） □ 非公开+如公开，可能在全国或者行业内产生轻微负面影响（2分） □ 非公开+如公开，可能在全球范围内产生中等负面影响（3分） □ 公开+可能在全国或者行业内产生重大负面影响（4分） □ 公开+可能在全球范围内产生严重负面影响，造成无法弥补的损害（5分）	□ 无明确的法律责任（0分） □ 极轻微的民事责任或行政责任或纪律处分（1分） □ 轻度的民事责任或行政责任（2分） □ 中度的民事责任或行政责任（3分） □ 严重的民事责任或行政责任（4分） □ 重大的民事、行政或刑事责任（5分）		
	得分						
	加权得分						
风险分析得分		总分		风险评价等级	□ 一般风险	□ 重大风险	
备注		如风险分析得分排名不在前10%，但该项风险系公司认为应当重点监测和防范的风险，例如年度工作重点、管理层关注重点或近期曾经发生风险事件的风险点，亦可将其评价为“重大风险”					

风险等级划分与控制　　表5-65

危险描述	危险等级	采取措施
极度危险（有可能发生特别重大事故）	五级	不能继续作业，立即停工
高度危险（有可能发生重大事故）	四级	立即停工整改并采取规避措施
中度危险（有可能发生较大事故）	三级	整改并采取规避措施
轻度危险（有可能发生一般事故）	二级	注意和保持警惕并采取预防措施
稍有危险（有可能发生人身伤害）	一级	可以继续施工，但需小心谨慎

约担保与各成员方的责任与违约行为进行挂钩，就是一个被联合体双方忽视的问题。在采取联合体作为总承包商的EPC项目实施过程中，当业主发现联合体、牵头方、成员方没有按照合同约定执行合同，开始出现违约行为的“苗头”，甚至已经发生的违约行为时，若未采取有效的履约担保方式，易使业主方陷入难以管理、难以问责、难以索赔的尴尬境地。

联合体履约保函的提交方式有两种见表5-66，即成员方分别提交和牵头方名义提交。假设履约保函由联合体成员方分别提交，联合体双方在各自的职责范围内承担违约责任，业主可以实现业主方对联合体各方的直接管控，对于任何一方违约可以通过提取履约保函进行索赔而不需要经过其他方。但是烟草行业EPC项目往往是以设计方作为牵头方，根据联合体协议牵头方按照承担的职责与分工提交的履约保函金额比较低。在一定程度上降低了牵头方的违约成本，同时牵头方未持有联合体成员方保函，只能通过联合体协议管控联合体成员方，无法通过履约保函的经济手段把控成员方，弱化了牵头方的管理责任。假设履约保函由联合体牵头方提交。联合体牵头方代表联合体承担全部的违约责任，成员方根据联合体协议承担的职责向牵头方提交履约保函，承担职责范围内的违约责任。牵头方提交的金额较高，强化了牵头方的履约责任，增加了牵头方违约成本。业主通

联合体履约保证方式对比　　表5-66

	成员方分别递交	以牵头方名义递交
优势	1.业主方能够对各成员方的直接把控，弱化了牵头人的管理责任； 2.由业主方主导对各单位的索赔与金额的分配，业主方难以界定违约责任	1.业主方对牵头方较强的把控，强化了牵头方的管理责任； 2.业主方无需明确区分违约的责任主体，仅需证明联合体存在违约事实
劣势	1.有条件保函需业主方区分各方责任，追索成本较高； 2.当一方的赔付金额超过其保函金额，无法通过提取其他单位的保函弥补	1.无法直接提取成员方的履约金额，缺乏对成员方的直接掌控； 2.赔偿责任、金额分配，由联合体牵头方主导，业主方无主导权

过履约保函管控联合体，追究联合体各方的违约行为，不需要区分是牵头方违约还是成员方违约，强化了业主对联合体，以及联合体牵头方的管理。同时由于联合体牵头方持有联合体成员方的履约保函，也增加了联合体牵头方对联合体成员方的管控，在业主进行违约赔偿后牵头方可以根据成员方的违约情况进行追偿，强化了牵头方的管理责任。

结合烟草行业背景与EPC模式，该项目建设单位在采用EPC模式招标时，约定联合体应由牵头方提交无条件履约保函的方式。在该模式下，建设单位对于联合体各成员方的单独管控力较弱，但当违约事项发生时，不需要出具任何违约证明和材料，就可对银行保函进行收兑。违约认定前，监理方需要对违约情况签证。

第七节　工程项目信息和档案管理

一、工程项目档案和信息管理工作

（一）工程项目信息管理

1.目的

（1）通过对各个系统、各项工作和各种数据的管理，使项目的信息能方便和有效地获取、存储、存档、处理和交流。

（2）通过有效的项目信息的组织和控制来为项目建设的增值服务。

（3）确保项目信息畅通和信息系统的安全性。

2.任务

（1）负责编制项目信息管理手册及相关的规章制度，在项目实施过程中进行必要的修改和补充，并检查和督促其执行。

（2）负责协调和组织项目管理班子中各个工作部门的信息处理工作，管理信息流程，传递重要信息。

（3）与其他工作部门协同组织收集信息、处理信息和形成各种反映项目进展和项目目标控制的报表和报告。

（4）负责建立和维护项目变更登记手册，并将经批准的变更信息及时、完整地向项目管理其他部门和人员传递。

（5）负责编制项目管理总体绩效报告。

（6）若项目使用项目管理信息系统或信息化管理平台，负责系统与平台的建立和运行维护。

3. 相关知识

（1）建设项目信息管理的原则。

1）"恰当"原则。

工程项目决策和实施过程，不但是物质生产过程，也是信息的生产、处理、传递及应用过程。从信息管理的角度，可把纷繁复杂的工程项目建设过程归纳为两个主要过程，一是信息过程（Information Processes），二是物质过程（Material Processes），如图5-82所示。

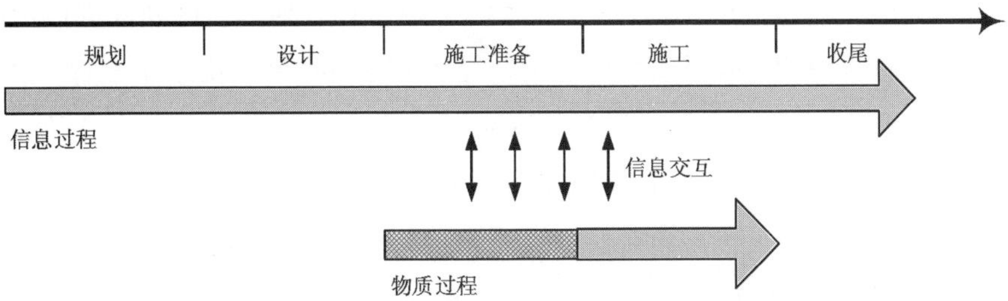

图5-82　工程项目建设阶段的信息过程与物质过程

项目全过程中会有大量的信息产生，不同的项目参与组织、参与人，在围绕项目目标开展工作时，几乎每时每刻都在接收信息、处理信息、产生信息、传递信息。图5-83以设计单位为例，展示了信息资源在项目不同参与组织之间的循环流动。

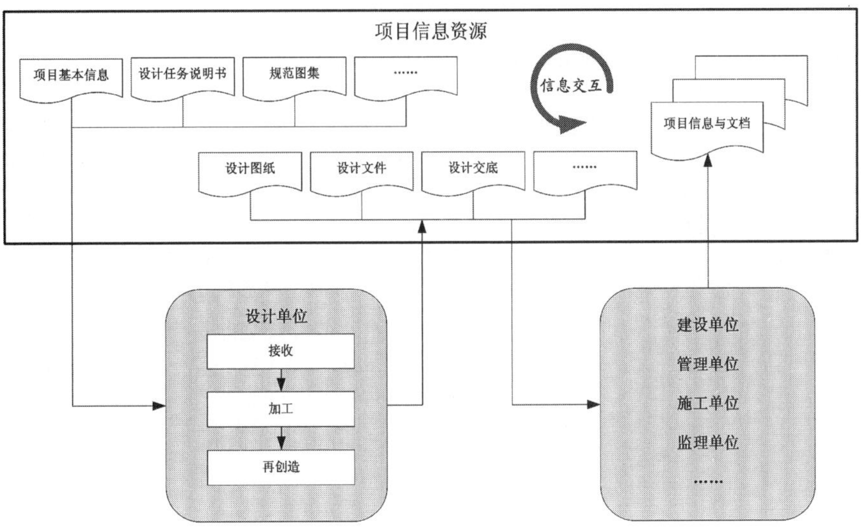

图5-83　项目信息资源循环流动图（设计方）

工程项目信息来源广泛，且基于不同的参与组织或个人对项目利益诉求的不同，对信息的需求也完全不同。例如：在施工总承包模式下，某种乙供材料从不同地区采购时的成本差异信息，对建设方来说一般不需也不必要关注，但对施工方来说却是需要收集和管理的重要成本信息；又如：项目管理人员提交给领导审批的某文件草稿，除非文件上包含了重要的审批签认信息，否则在文件正式审议发布后，对整个项目的信息管理而言，该草稿就已经失去了管理的价值。

对工程项目信息实施“恰当”的管理，既不缺漏重要的有价值的信息，也不在没什么价值或已失去价值的信息上浪费管理资源，控制好管理“二八法则”在信息管理上的应用尺度，是工程项目信息管理要遵循的重要原则之一。

对具体的工程项目来说，什么是“恰当”的管理，如何实施和保证恰当的管理，需要项目管理者尤其是管理团队的领导者，在项目早期就做好详细的信息管理规划，并随着项目活动的开展和深入不断细化。在以往的工程项目管理实践中，普遍不太重视信息管理的早期规划工作，或者简单地把信息管理与资料管理、档案管理等同起来，是项目信息管理无法正常发挥其应有作用的重要原因。

2）针对管理原则

理论上，完整的信息管理应该包括对所有类型信息资源的管理和全面控制，但在实际应用中，这显然是一个不可能完成的任务。考虑到项目所具有的临时性和多重约束性特征，我们需要分析不同类型的项目信息资源所具有的特征以及其对项目绩效所发挥的作用，采用不同的管理策略，以确保有限的项目管理资源被合理分配利用，实现管理价值最大化。

针对不同的应用层面，信息资源类型管理策略重心会有所不同，但对于工程项目的信息管理来说，一般应遵循表5-67的基本原则。

不同类型的工程项目信息资源的重点管理策略　　表5-67

信息资源类型	信息资源实例	信息资源特征	重点管理策略
记录型	工程档案、工程文件、外部规范性文件等	◇ 种类与数量多，一般情况下易于复制、传递 ◇ 管理不善容易毁损，但多数情况下即使毁损仍有可能获得替代品管理活动、技术活动和纠纷处理依据	收集、发布
实物型	封存的试块、样品、样机等	◇ 对储存有特定要求，难以复制，不便传递 ◇ 毁损后很难或无法再在同等条件下取得 ◇ 重要的技术活动依据和纠纷处理证据	提取、储存
智力型	个人经验教训、知识、技能等	◇ 信息资源随人力资源流动，交流和培训是传递的主要途径，但传递过程中容易出现信息失真 ◇ 有很强的主观性，主要价值在于参考 ◇ 可以被转化成记录型信息资源	交流、总结

续表

信息资源类型	信息资源实例	信息资源特征	重点管理策略
零次信息	交谈、讨论、旁听等	◇ 零星分布，参与人众多，传递过程不可控 ◇ 情景很难再现，信息失真严重 ◇ 更容易吸引人们的兴趣	约束、澄清

在项目信息管理的过程中，无论项目规模大小、管理团队人数多少，都必须根据该项目的特征，提出有针对性的管理原则和要求，并采取必要的措施来保障实现。这些原则和要求可以是汇总的（如项目信息管理规划或管理计划），或是分散的（在不同层次的项目文件中提出对某一项信息资源的详细管理要求）。

工程项目投资大、工期长、团队成员复杂、信息来源和沟通渠道繁多，对任何一种信息资源的忽视甚至是遗忘，都会导致项目风险的增加。

3）范围明确原则。

不同的工程参与方，对工程项目信息管理的需求和范围的理解会有很大的差异，当我们在讨论基于业主方的项目信息管理时，无论这种管理由业主方本身来实施，还是由专业的项目管理机构来实施。当业主委托项目管理机构来管理项目信息时，项目管理机构自身对信息的需求，不应干扰业主方的项目信息管理过程。

作为咨询服务机构的项目管理单位在与业主方自身的项目管理团队共同实施项目管理的过程中，管理咨询机构与业主方之间的信息不对称，是可能导致管理决策失误的一个重要因素。因此我们建议，项目管理单位的信息管理人员应尽可能地介入业主方的信息管理策划和信息流转制度的建设过程，预防和减少信息不对称造成的管理决策失误风险。

项目信息管理应服务于工程项目的建设和管理目标，主要包括但不限于：

①各项目管理岗位经常要用到的项目公共信息资源和基础数据，如项目概况表等。

②项目管理过程中产生的对项目参与各方能够形成有效约束力的信息，这类信息一般应具有形式上的完备性（受法律认可的信息载体、有权人员的签署等），如合同等。

③为保障项目人员跨组织、跨职能、跨专业顺畅沟通，实现项目整合管理而产生的各种重要的沟通信息，如管理报表、工作联系函、管理通知单等。

④建设工程档案。

那些项目管理组织中其他岗位为完成自身的岗位工作，而自发进行的信息资料的收集、整理、使用、分享，虽然也可以被认为是项目信息的一部分，但不列入项目的整体信息管理范围。

基于业主方的工程项目信息管理贯穿于项目管理的全生命周期，但考虑到工程各阶段的特征和管理资源利用率的问题，一般可以在项目法人或项目管理机构成立后启动全面信息管理规划工作，至项目竣工移交工程竣工档案后结束。在此期间，保证由一个确定的组织，依据确定的原则，对信息实施管理并承担确定的责任。

一般情况下，项目法人建立前产生的工程项目前期投资决策及其他信息，由项目信息管理人员依据该项目信息管理范围，向相关经办人员收集后纳入项目信息管理范围；在项目竣工并完成了竣工归档和档案移交工作后，项目信息管理责任也随之移交到了档案接收部门。

（2）项目信息管理手册的编制与应用。

为充分利用和发挥信息资源的价值、提高信息管理效率，实现有序和科学的信息管理，信息管理人员应编制项目信息管理手册，以规范信息管理工作。信息管理手册描述和定义信息管理做什么、谁做、什么时候做、信息工作成果，主要内容包括：

1）信息管理任务目录。

2）信息管理任务分工表和管理职能分工表。

3）项目信息分类目录表。

4）信息的编码体系和编码原则。

5）信息流程图：与信息分类目录对应，明确每类信息的来源、报送责任、处理周期、使用权限等。

6）信息管理工作流程图。

7）信息处理技术指标及其使用规定：如工程照片的存档形式、规格、管理要素等。

8）各种报表、报告的格式及报告周期。

9）工程档案管理制度。

10）信息管理安全、保密等制度。

（3）建设项目信息分类与编码。

现代建设项目工程规模庞大，项目参与者众多，在工程项目决策和实施过程中产生的信息量大，形式多样，信息传递界面多。一个建设工程项目有不同类型和不同用途的信息，为了有组织地存储信息，方便信息的检索和信息的加工整理，必须对建设项目的信息进行分类和编码，科学合理的信息分类与编码体系将成为建设项目参与方之间、不同组织之间消除界面障碍，保持信息交流和传递顺畅、准确和有效的保证。

基于项目本质上的独特性，无论具有多么丰富的项目经验，也无论是多么权威、深入的研究，都不能给出一个放之四海而皆准的项目信息分类与编码标准。不同项目的信息分类方法与编码原则，有相似之处，但在细节上却必然是各具特色，项目的所在地域、所在行业和领域，任务目标、管理架构等差异越大，在项目信息分类与编码标准上的差异就越大。项目信息管理人员必须在充分收集和了解项目的背景环境、建设目标、内部管理体系的基础上，制定针对该项目的“项目信息分类目录表”“项目信息编码体系和编码原则”。

1）建设项目信息分类。

项目信息可以从不同的角度进行分类，常见的分类有：

①按项目分解结构分类：如子项目1、子项目2等。

②按建设程序分类：如投资决策、基建配套、设计、招标投标、施工、监理等。

③按项目管理工作任务分类：如范围管理、进度控制、成本控制、质量控制、采购管理等。

④按信息的内容属性分类：如组织类信息、管理类信息、经济类信息、技术类信息。

事实上，上述分类的方法都只考虑了项目信息某一个方面的属性。信息管理实践中，某个具体的项目信息，可在任何一种完整的单属性分类法中找到自己的位置，不同的项目信息分类方法会被灵活组合，应用于解决不同角度的项目问题。

为方便管理和使用，可以选择一套最常用的多维信息分类作为信息分类和编码管理的主要基础，用于信息的归档、存储和分类查找。如：

①第一维：按项目的分解结构。

②第二维：按项目实施的工作过程。

③第三维：按项目管理工作的任务。

对基础多维信息分类中未涵盖到的信息分类方法，如果有经常性的统计、查询需要，可将这种分类作为信息的属性特征加以识别和记录，以满足不同的项目管理应用场合的需求。这种信息属性特征从实质上讲也是信息分类的一种，其属性指标的设置方法应遵循信息分类方法的基本原则（如总分类目录完整覆盖、具体信息处于分类表中的唯一位置）等。

2）建设工程项目信息编码。

建设项目信息编码与信息分类相对应，可以从不同的角度考虑分成很多种。

①WBS分类编码。

WBS又称工作分解结构，是以可交付成果为导向的工作层级分解，其分解的对象是项目团队为实现项目目标、提交所需可交付成果而实施的工作，分解的底层被称为“工作包”，可以针对工作包安排进度、估算成本和实施监控。

工作分解结构包含了全部的产品和项目工作，包括项目管理工作。通过把工作分解结构底层的所有工作逐层向上汇总，来确保没有遗漏工作，也没有增加多余的工作。

工作分解结构分解出来的工作包信息，会在项目的进度、成本、质量等多个地方被应用，是项目重要的基础信息之一。WBS分类编码经常会被应用在项目的多维信息分类中，成为信息编码的一个组成部分。

②PBS分类编码。

PBS类似于WBS（Work Breakdown Structure-工作分解结构），但又不同于WBS。WBS分解包括工作任务分解和项目物理结构分解，而在建设工程中PBS通常的含义仅是指物理单位的。PBS分解的最小单位具有一定的功能，如建筑工程的房间，铁路线上的一个涵洞，或地铁中的一个车站或一个区间。

PBS的分解方法主要有两种，功能分解和空间分解，但也考虑到项目实施过程中的因素。例如可按项目类型、按项目所在区域、按设计标段方式、按施工发包标段方式等对项目结构的层次进行分解。不太可能出现绝对相同的PBS结构，不同的项目有不同的项目分解结构。根据具体的项目制订具体的PBS。制订PBS应该在项目的初期，以便于尽量建立起各个子项的目标及范围。

这里所讨论的是建设工程项目的总体信息管理，是基于业主方对项目过程进行管理控制的需求而进行的，因此，对PBS编码的分解，应该以项目管理团队有必要、也实际上能够施加主要影响的环节为分解单位，切忌太深太细。

③项目主要干系人分类编码。

项目干系人是积极参与项目，或其利益可能受项目实施或完成的积极或消极影响的个人或组织。建设工程信息管理过程中，主要的干系人有：项目发起人/投资方；项目建成后的使用方；政府主管部门；业主的上级单位或部门；金融机构；工程咨询单位；设计单位；施工单位；物资供应单位等。

在对该项目管理机构进行编码时，除了总的管理机构编码，还要依据项目管理的组织结构图，对每一个工作部门进行编码，并在编码中尽量能够体现出大致的组织层级关系。

④建设项目投资项编码。

建设项目的投资项编码并不是概预算定额确定的分部分项工程的编码，它应综合考虑概算、预算、标底、合同价和工程的支付等因素，建立统一的编码，以服务于项目投资目标的动态控制。

投资项编码应用在施工阶段时，由于现在绝大部分的施工合同都是总价合同或工程量清单合同，要注意区别投资项编码与基于施工合同价和施工成本分析、工程款支付的施工成本项编码的区别，以防出现过度管理。

⑤建设项目进展报告和报表编码。

建设项目进展报告和各类报表编码，应包括建设项目管理形成的各种报告、报表的编码。由于项目建设工程是不断动态发展的，每时每刻都在变化之中，用来反映项目进展和预测项目趋势的管理报告、统计报表特别注重时效性，在这种编码的编制和应用过程中，要特别注意“报告期”这一重要因素在编码中的体现。

⑥合同编码。

合同编码应参考项目的合同结构和合同的分类，应反映合同的类型、相应的项目结构和合同签订的时间等特征。

⑦函件编码。

函件编码应反映发函者、收函者、函件内容所涉及的分类和时间等，以便函件的查询和整理。

⑧工程档案编码。

工程档案的编码应根据有关工程档案的规定、建设项目的特点和建设项目实施单位的需求而建立。

(4) 信息系统的安全性。

安全防范的管理主要作用是加强信息的安全性，对项目管理过程中产生的数据可能存在的安全性问题起到保驾护航的作用。在管理层面上增加信息系统安全程度的主要做法有如下三个方面：第一，建立可信可控的内部网络模式，利用科学化的管理方式管理好内部人员，杜绝内部人员私自接入外网，防止造成网络资源流失与档案管理的负面影响。第二，管理好输出设备，对于重要电子文档的打印，要进行严格的登记和日志管理，管理好内网客户端，在局域网上建立监控点，最关键的是管理好客户端和输出软件接口，防止信息丢失。第三，数据的备份与容灾，最理想的数据保护方式就是解决信息化档案内部的可用性风险和恢复性风险，当前档案的数据备份与容灾能力已经成为数据存储安全的象征。数据备份需要保证客户数据的完整性、需要提高数据安全性、可靠性和一致性。

（5）基于BIM技术的信息化管理。

基于BIM技术的信息化管理以信息协同平台为中心，围绕项目目标，结合BIM技术实施质量管理、安全管理、进度管理和投资管理，其间合同管理、风险管理、组织协调渗透至各阶段管理环节中，形成一个集成化、智能化管理体系如图5-84所示。

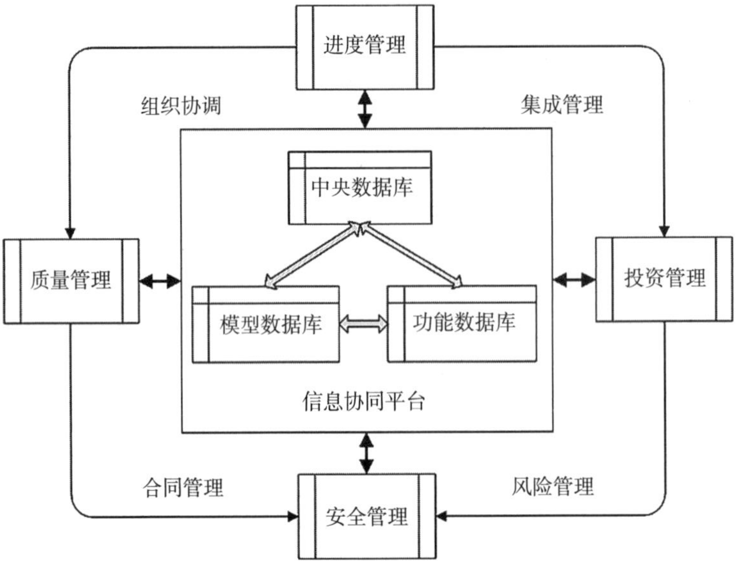

图5-84　智慧管理原理图

1）基于BIM技术的信息化协同平台运作。

基于BIM技术的信息平台是一个开放型、共享型、实时型系统，为项目各参与方提供处理信息、交换信息的场所，使项目信息通畅，减少信息不对称的现象，并为项目管理机构提供预测、分析、预警平台，指导其他管理措施的实施。在建立信息平台时，管理首先需进行对项目组织结构（OBS）、项目结构（PBS）、资源结构（RBS）、工作结构（WBS）进行分解与规划，根据相关合同与技术特点，综合各分解结构形成信息化管理流程；其次，设置信息平台数据库标准，包括数据信息的创建、存储、备份、删除、扩展等数据库功能标准，确保各种资料随着项目的开展同步更新；再次，在实施项目管理过程中，以在线沟通、网络会议、视频会议等形式组织各参与方对相关事项的讨论，并且及时发布相关方所需信息（各种数据、文档、视频等信息）。此外，在整个项目中设置风险控制点及预警机制，当信息平台通过监测数据发现问题，可自动在线提醒相关方重视，并由管理机构督促风险控制措施的执行。为加强信息平台的共享、群控作用，项目管理机构可将项目信息平台与管理企业及其他相关方（部门）连接，形成虚拟团队，以及时获得相关企业总部支援，甚至可加入决策支持系统，便于平台在自动分析信息后提供决策支持。

2）基于BIM技术的信息化质量管理运作。

基于BIM技术的信息化质量管理贯穿到项目建设整个过程，并且与精益建造理念相结合，使质量管理效果大幅度提高。以往，传统的质量管理一般只关注施工质量，而忽视设计质量，各阶段参与人员信息交流不畅，导致工程质量难以控制。信息化质量管理运作方式具体表现在：①根据事先制定的建模及数据标准，控制BIM信息平台中的信息质量（参数、精细度、数据转换、专业协同流程、模型更新权限等关键环节质量），使各专业设计不仅有效衔接、符合工程质量需求，也能够为施工单位建模所用。②结合BIM及相关模拟、仿真等技术，对各类方案进行审核，并通过可视化工具加以宣传与演示，使各方提前知晓质量通病的关键处理环节。③通过现场扫描（激光、二维码）、监测（人工监测、自动化监测、无人机遥测）、无线射频信号接收、测量（常规测量、GIS定位）等手段，及时收集质量信息，并录入模型中比对分析，以消除质量隐患，并留下过程检查及验收质量记录。④在保修阶段，协助建设单位维护模型，对项目各系统运行信息进行综合查询，并利用模型对保修阶段的质量问题进行诊断，快速准确定位产生质量问题的位置、责任方及涉及的材料、设备参数等，督促相关方进行维修，消除质量问题。

3）基于BIM技术的信息化安全管理运作。

与传统管理方式不同的是，基于BIM技术的信息化安全管理可以事先通过设计内容综合检查来消除施工和运营阶段不安全因素，并利用BIM模型可视化、可模拟等特点作为安全辅助工具，使技术、方案更透明。此外还可以集成定位技术，使安全监控更有效。具体实施重点在于：①对设计单位提供的模型，利用BIM技术（荷载组合模拟、碰撞检查、火灾场景模拟等）重点检查结构设计和消防设计不合理因素。②审核施工单位制定的安全方案（规划），利用虚拟现实技术（VR）、结构计算软件等结合模型进行现场场景模拟和结构安全性计算，如结构构件吊装、大型机械设备使用、高空作业等，修正虚拟中遇见的问题。同时管理方可要求施工单位进行多套安全方案的比选，并要求涉及到的分包商参与其中，以获得更安全的方案。③利用GIS、RFID等定位技术对危险作业施工人员、安全管理人员、机械进行跟踪监控，并通过信息系统及时发出危险报警信号，提高安全系数。④在现场安全检查中，可利用移动端装置（如手机、平板电脑）对现场施工情况和不安全因素进行拍照，并记录至移动端，也可直接与移动端BIM

模型相应位置及安全方案进行比对，及时消除不安全因素，杜绝相关现场问题的重复发生。

4）基于BIM技术的信息化进度管理运作。

基于BIM技术的信息化进度管理主要围绕加入进度参数的4D模型展开，并在信息平台辅助下，发挥协调组织作用，将进度计划实施所需的组织、资源、工作之间的互动关系理顺，以实现进度目标。由于信息技术的发展，以前进度控制通过甘特图、网络图及与投资结合的香蕉曲线图来进行，而目前在Project、P6等进度控制软件中加入BIM模型可视化、可模拟性及构件模型分解定位、自动关联等特性，能够更好地使管理把控进度。在项目管理模式下，首先管理对施工单位提交的进度计划与模型构建关联，生成4D模型，并比对管理事先制定的项目总进度计划，找出进度计划中存在的问题，以此优化施工进度计划；其次，通过过程中对进度信息的收集，比对实际进度与计划进度，找出偏差及分析原因，其中比对分析过程可由信息平台自动完成。再次，在找出进度偏差原因后，可利用模型对加快进度措施所需的资源配置、组织协调等进行模拟，以提高进度控制效率。此外，信息平台中的进度信息还可作为管理处理进度索赔的依据，可依据各类条件查询进度实际完成及计划信息，据此作出准确判断。

5）基于BIM技术的信息化投资管理运作。

为提高投资控制效率，项目管理机构的投资管理工作不仅可向设计阶段和竣工阶段延伸，而且通过信息平台与其他管理方式融合，真正实现全方位集成化管理。其主要方式为：①事先对设计中的施工可行性进行审核，并审核产生的施工成本，提前挖掘价值。②参与施工单位招标环节，对投标模型、施工技术方案参数进行核查，以分析控制价与投标价差异原因，利于选定为项目带来较高价值的投标人。③在施工阶段中，项目管理机构将投资数据融入BIM模型，综合进度信息形成5D模型，根据合同、工程量清单及现场实际完成情况，核对模型数据的准确性，并藉此对完成工程量及进度款进行复核。④ 分析设计变更前后的投资变化，直接模拟多种设计变更方案进行价值工程比较，以确定最优的变更方案。⑤利用BIM竣工模型的过程记录完备性、数据准确性及计算快速性等特点，提高管理对项目的结算审核效率。

4.参考表格

（1）项目信息编码见表5-68。

项目信息编码表 表5-68

序号	信息类型	信息编码	备注

（二）工程档案管理

1.目的

（1）及时将信息整理为档案，记录工程项目建设的全过程。

（2）通过档案管理，确保档案的完整性、准确性、可利用性。

2.任务

（1）制定工程档案管理制度，统一档案编码。

（2）组织、监督和检查各参与单位工程文件的形成、积累和立卷归档工作。

（3）收集各参与单位立卷归档的工程档案。

（4）提请项目所在地的城建档案管理机构对工程档案进行预验收。

3.相关知识

（1）建设工程档案管理的特征。

1）涉及单位与部门多。

建设工程项目的一个主要特点就是涉及的单位与部门多，包括建设工程的设计、施工、监理、材料供应、设备仪器供应等许多相关单位。随着国际合作的日益频繁，国外厂家及单位参与我国建设工程的活动也越来越多，从工程设计、工程监理、供应设备仪器等各方面成为建设工程项目的参与者。特别是在涉外项目中，往往需要按照设备仪器供应方或者工程施工承包方的标准与规范进行工程项目，应结合具体工作特点做好文件资料管理工作。

2）工程活动规范性强。

我国实行社会主义市场经济管理体制以后，工程项目的管理已经与国际工程项目管理方式逐步接轨，按照国家相关规定对工程项目实行法制化、规范化管理，如进行工程招标投标管理、严格项目合同管理、积极推行工程项目监理管理等。为了保证工程项目管理的规范化和有序进行，建设、勘察、设计、施工、监理等单位在建设工程项目进行过程中，必须严格执行国家和主管部门有关文件资料管理的各种标准和规章制度，制定文件资料管理工作程序、工作内容、工作职责并落实在岗位职责中。在工程项目文件资料的积累、收集、整理、归档及档案管理过程中，应当按照相关标准条款和规定对文件资料管理工作进行检查，各有关部门、工程技术人员、管理人员和档案工作人员要加强对相关标准和规章制度的理解与贯彻落实，按照要求开展文件资料管理工作。因此，按照相关标准要求保持工程项目进行过程中文件管理规范化、保证档案管理活动同步进行，就成为工程项目管理中的主要工作内容。

3）工程建设周期比较长。

建设周期长是建设工程项目的一个明显特征，特别是大、中型工程项目的建设周期都比较长，有的可能需要经过几年的时间才能进行竣工验收。这就为文件资料的积累、整理、移交归档及档案管理工作带来了一定的不利影响。在这种情况下，把文件资料的有效管理纳入整个工程项目进行过程中，就成为有价值的文件资料能够顺利归档的可靠保证。

4）文件资料类型比较多。

建设工程项目文件资料的收集范围，不仅包括在工程项目进行过程中形成的工程竣工档案、设备仪器档案、工程项目财务档案，还包括反映工程项目进行过程实况的照片档案、录像档案等。载体材料除了比较常见的纸质文件外，照片、录像以及电子档案都需要进行收集和管理。要按照文件资料形成规律和保存特点对应归档的文件资料采取必要的管理措施。目前存在的一个普遍问题就是特种载体如声像档案、照片档案、实物模型、电子文件的归档情况往往不理想。

（2）建设工程档案管理的原则。

1）统一管理，集中归档的原则。

在《中华人民共和国档案法》中规定，国家对档案工作实行统一领导、分级负责、集中保存、统一管理的原则. 规定一切机关、团体、企事业单位以及其他组织形成的档案，均由本单位的档案机构集中管理，定期向有关部门移交，任何人不能据为己有或由承办单位和个人分散保存，一切档案不履行规定和批准手续，不得任意转移、分散或销毁。

2）项目档案与工程建设同步进行的原则。

针对此项原则，工程各参建单位应设立专门机构或专人负责工程档案资料的收集管理工作，要求档案工作人员提前介入工程建设中，加强对基建文件图纸的跟踪管理，掌握工程建设的第一手资料，及时收集、妥善保管。

3）维护档案的完整与安全的原则。

维护工程档案的完整是指保证档案在数量上的齐全，不致残缺短少，在质量上要求维护档案的系统性和有机联系，不能人为地割裂分散或者零乱堆砌，维护工程档案的安全，则是指保管好档案，使之不受损坏，尽量延长档案的使用寿命，同时要保护档案免遭有意破坏、失盗、失实，施工图纸不得随意丢放，不得因保管不善造成破损、脏污、涂改。

4）整理有序，便于利用的原则。

便于利用是档案工作的根本目的和出发点，为此，一方面要对档案工作人员进行职业培训，提高档案管理人员的业务素质与业务水平，另一方面要依照原中华人民共和国建设部《建设工程文件归档规范》GB/T 50328—2014和国家有关档案工作的文件规定，建立标准化的基建档案管理制度，规范档案管理工作。随着计算机网络技术的发展，纸质档案已不再是唯一的档案存储载体，因此除了归档纸质档案外，与之相对应的电子档案（包括电子文本，录音录像等音频资料）也应同时归档，以确保基建文件的完整准确。

（3）建设工程档案管理职责。

1）业主方的档案管理职责。

根据《建设工程文件归档规范》GB/T 50328—2014，业主方在工程文件与档案的整理立卷、验收移交工作中应履行下列职责：

在工程招标及勘察、设计、施工、监理等单位签订协议、合同时，应对工程文件的套数、费用、质量、移交时间等提出明确要求。

业主方归档管理的范围包括工程准备阶段、竣工验收阶段形成的文件（具体参照《建设工程文件归档整理规范》），并对其进行立卷归档。

负责组织、监督和检查勘察、设计、施工、监理等单位的工程文件的形成、积累和立卷归档工作。

收集和汇总勘察、设计、施工、监理等单位立卷归档的工程档案。

在组织工程竣工验收前，应提请当地的城建档案管理机构对工程档案进行预验收；未取得工程档案验收认可文件，不得组织工程竣工验收。

对列入城建档案馆（室）接收范围的工程，工程竣工验收后3个月内，向当地城建档案馆（室）移交一套符合规定的工程档案。

2）其他参与方的档案管理职责。

勘察、设计、施工、监理等单位应将本单位形成的工程文件立卷后向建设单位移交。

建设工程项目实行总承包的，总包单位负责收集、汇总各分包单位形成的工程档案，并应及时向建设单位移交；各分包单位应将本单位形成的工程文件整理、立卷后及时移交总包单位。建设工程项目由几个单位承包的，各承包单位负责收集、整理立卷其承包项目的工程文件，并应及时向建设单位移交。

城建档案管理机构应对工程文件的立卷归档工作进行监督、检查、指导。在工程竣工验收前，应对工程档案进行预验收，验收合格后，须出具工程档案认可文件。

（4）建设工程档案编制质量要求。

工程文件的内容及其深度必须符合国家有关工程勘察、设计、施工、监理等方面的技术规范、标准和规程要求。

工程文件的内容必须真实、准确，与工程实际相符合；与工程质量有关的文件、检查记录表必须有监理工程师的签字。

工程文件应采用耐久性强的书写材料如碳素墨水、蓝黑墨水，不得使用易褪色的书写材料如：红色墨水、纯蓝墨水、圆珠笔、复写纸、铅笔等。

工程文件应字迹清楚、图样清晰、图表整洁、签字盖章手续完备

工程文件中文字材料幅面尺寸规格宜为A4幅面（297mm × 210mm）。图纸宜采用国家标准图幅。

工程档案资料的照片（含底片）及声像档案，要求图像清晰、声音清楚、文字说明或内容准确。

（5）建设工程档案组卷与编目。

组卷，即“立卷”。将若干互有联系的文件编立成案卷的过程。是文件处理和档案管理中的一项重要工作，其主要原则是保持文件之间的相关性和联系性。组卷要遵循项目文件的形成规律和成套性特点，保持卷内文件的有机联系，将文件进行科学的分类从而组卷合理，项目管理过程的组卷规则大致如下：

1）立项审批阶段文件材料根据审批事项的内在联系分别整理组卷。

2）勘察设计阶段文件材料按照设计的不同阶段和专业分别整理组卷。

3）招标投标及合同管理文件材料按照招标投标工作程序及合同内容，分别整理组卷。

4）工程准备阶段文件材料按审批事项及相关手续办理过程分别整理组卷。

5）工程管理文件材料按问题并结合时间，分别进行整理组卷。

6）计量支付报表、计划进度报表按合同段结合时间整理组卷。

7）各合同段施工管理文件材料以合同段为单位，按工作程序并结合问题，

分别集中整理组卷；原材料质量保证文件如属共用的，则按单位工程整理组卷，如属专用的，则按分部工程分别整理组卷；各项施工原始文件除各单位、分部、分项工程质量检验表及汇总文件可按合同段集中整理组卷外，其余文件材料均应按照单位、分部、分项工程，结合施工工序，归入相应部分，分别整理组卷；设备文件材料按专业及用途分别整理组卷；竣工图按照专业或单位工程结合图号分别整理组卷，并编制设计变更一览表。为尊重文件形式规律和方便查找，监理抽检文件与施工自检文件合并归入“施工类”组卷，“监理类”中这部分文件不再重复归档。

8）监理工作活动中产生的文件材料，根据其工作内容，以合同段为单位，按照监理工作依据性文件、合同管理文件、工程质量控制文件、计划进度控制文件、费用控制文件、安全管理文件、旁站监理记录、监理日志等，分别整理组卷；平行检验及独立抽检的文件材料按单位工程分别进行整理组卷。

9）监控类的监控综合文件按问题组卷，质量监控文件按工程项目组卷。

10）工程试运行及竣工验收文件材料按照观测检测记录及报告、各专项验收和竣工验收工作内容分别整理组卷。

11）特殊载体类文件按问题等组卷。

编目的目的与组卷类似，也是将文件依据特征进行分析后，将款目按一定顺序组织成目录。其主要目的有二：一是能清楚地提示出文件的整理成果，达到固定排列顺序，反映案卷内的成分和内容；二是能确切地反映案卷的特征和统一使用的名称、术语、符号。编目工作可分为：编制页号、档案号、卷内目录、备考表、案卷封面和档案索引目录等。

（6）档案资料的验收和移交。

根据建设程序和工程特点，档案资料的移交可以分阶段进行，也可以在单位或分部工程通过竣工验收后进行。工程档案一般不少于两套，一套由建设单位保管，一套（原件）移交当地城建档案馆（室）。验收和移交流程分为各参建方向建设单位移交档案和建设单位向当地城建档案馆移交档案2个步骤。

1）各参建方向建设单位移交档案。

勘察、设计单位应当在任务完成时，施工、监理单位应当在工程竣工验收前，将各自形成的有关工程档案向建设单位归档。勘察、设计、施工单位在收齐工程文件并整理立卷后，建设单位、监理单位应根据城建管理机构的要求对档案文件完整、准确、系统情况和案卷质量进行审查。审查合格后向建设单位移交。勘察、设计、施工、监理等单位向建设单位移交档案时，应编制移交清单，双方签字，盖章后方可交接。

2）建设单位向当地城建档案馆移交档案。

列入城建档案馆（室）档案接收范围的工程，建设单位在组织工程竣工验收前，应提请城建档案管理机构对工程档案进行预验收。建设单位只有在取得城建档案管理机构出具的认可文件后才能组织工程竣工验收。建设单位在工程竣工验收后3个月内，必须向城建档案馆（室）移交一套符合规定的工程档案。建设单位向城建档案馆（室）移交工程档案时，应办理移交手续，填写移交目录，双方签字、盖章后交接。停建、缓建建设工程的档案，暂由建设单位保管。对改建、扩建和维修工程，建设单位应当组织设计、施工单位据实修改、补充和完善原工程档案。对改变的部位，应当重新编制工程档案，并在工程验收后3个月内向城建档案馆（室）移交。

二、工程项目档案和信息管理案例分析

（一）某工程项目信息管理规划（信息管理方案书）

1.总则

工程建设信息，是指工程项目建设过程中，产生的所有书面文件、电子文件、电子文档、工程档案、设计图纸、工程影像资料等信息，既包括以纸质媒介存储的书面文件（如批文、蓝图等），也包括以电子形式存储的书面文件的电子扫描件、可编辑的原始电子文档、电子照片、电子图纸、PMIS项目管理信息系统数据记录等。

管理工程建设信息，就是要通过管理工程建设过程中所有的信息的来源、审查、流转、分发、收档、使用，以信息流为核心，通过对信息流的收集、过滤、筛分、综合分析、传递、反馈、提升等来推动项目平衡、稳定、顺畅运行，并为项目顺利建成及交付后的使用与维护提供真实、有效、丰富的建设过程记录。

2.适用范围

适用于某工程项目信息管理。

××工程咨询有限公司受××工程建设指挥部委托，担任该项目建设的项目管理机构，基于业主方对工程项目信息实施全面管控的角度，编制了《××工程项目信息管理方案书》（以下简称“方案书”）。

方案书经业主审核通过后发布实施，适用于包括业主、项目管理机构、监理单位、施工单位、设计单位、招标代理单位、造价控制单位等所有项目参建单位。

所有经方案书确认，被列入工程建设项目信息目录的文件、文档，无论由哪家项目参与机构产生，均纳入项目信息管理范围，按规定进行编码、报送、流转、发布、归档、查阅。

各参与机构进行本机构内部管理时产生的信息，未纳入方案书信息目录的，可以自行制订内部管理规章制度进行管理。

3. 编制依据

（略）

4. 定义

文件：指项目建设过程中产生的，对项目各方具有约束意义的，以实物（纸张、图纸、冲印照片）等形式存储的项目信息。

电子文件：指对文件进行扫描、电子传真、拍照等形式处理后，能够反映文件原始面貌，以JPG、BMP等电子图片形式存储的项目信息。

电子文档：指可以被直接进行电子编辑，以TXT、DOC、XLS、PSD、DWG等格式存储的项目信息。

工程档案：依照国家和地方有关工程建设档案管理办法，在工程竣工验收后，需整理、移交并接受政府档案管理部门验收审查的文件、电子文件。

PMIS系统：Project Management Information System，建设工程项目管理信息系统。

项目参与机构：指直接参与该项目工程建设的机构。包括该项目业主方、咨询服务方在该项目的派出机构、施工方在该项目的派出机构、材料设备供应商在该项目的派出机构等。

外部机构：指除项目参与机构以外，所有可能与项目建设发生信息交互的机构。

5. 信息管理组织架构

（1）信息管理结构总图如图5-85所示。

（2）业主及项目管理机构。

1）对工程项目信息文档管理工作进行监督和审查。

2）对工程项目信息文档做实质性审查。

3）根据方案书要求，提交由本机构在工程建设过程中形成的所有信息文档。

（3）项目信息管理组。

项目信息管理组由业主与项目管理机构指派人员共同组建，接受业主与项目管理机构管理，依照该项目各项管理规章制度、方案书规定、业主与项目管理机

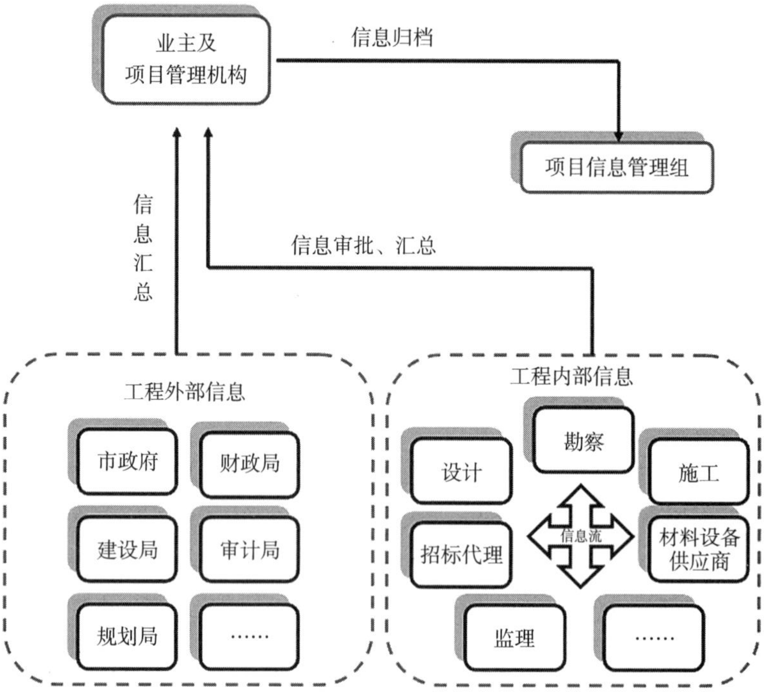

图5-85　信息管理组织架构图

构相关负责人指令，进行工程建设信息管理工作。

主要工作职能有：

1）建立业主、咨询服务单位、施工单位等各参建单位之间的沟通渠道，制定信息资料传送、整理和归档程序及要求。

2）协助业主和项目管理机构制定工程档案管理标准，配合业主对工程各参建机构提出工程档案文件的套数、费用、质量、移交时间等要求。

3）建立并维护该项目PMIS系统，为业主和各参与机构就该系统提供技术支持。

4）协助业主和项目管理机构，监督检查各参建单位（以设计和施工单位为主）工程档案文件的形成、积累、立卷归档工作。

5）配合业主和项目管理机构做好工程档案验收工作。

（4）其他项目参与机构。

1）依据权限查阅、使用该项目工程建设信息。

2）根据本工程建设管理规章制度和方案书要求，提交由本机构在工程建设过程中形成的相关信息文件、文档。

3）依据方案书和信息对接、传递的接口要求，制定本单位信息、文档、工程档案管理标准，管理本单位工程档案。

(5) 外部机构。

1) 外部机构的信息报送审核不受方案书约束。

2) 来源于外部机构的信息文档，由业主审查，信息管理组依据业主指令收档和分发。

6. 信息沟通渠道

工程建设项目的参与各方要实现随时沟通，各方需要收集的数据和信息，能够通过有效的沟通渠道，从相关的部门、相关的人员及时得到。

(1) 正式渠道。

正式渠道包括往来函件、文件、项目会议等。通过正式渠道沟通的信息均具有约束性，凡通过正式渠道传递的信息，各单位包括业主及参建单位均应及时做好相应的登记和回应。

1) 往来函件。

往来函件包括信件、申请函、工程师函及传真，但不包括电子邮件和电话通话记录等。

2) 提交文件。

指除往来函件外的其他书信的文件，文件包括图纸、报告、手册、合同、进度计划、技术资料等。

3) 项目会议。

项目会议包括各项例会、协调会、交底会及各项专题会议等，会议应指定专人做会议纪要，经参会各方签收的会议纪要作为重要的工程信息文件收档。

4) PMIS 系统。

PMIS 项目管理信息系统是为了提高该项目的沟通及信息传递的一个网络资讯平台。它是一个有效率、可追溯的系统，包括提供最新项目资讯，可用于提交文件、图片、工作任务、会议事件、联系人等记录。

(2) 非正式渠道。

非正式渠道包括口头交流、电子邮件等。非正式渠道的沟通可以加强各机构之间的协调，提高项目整体工作效率。

非正式渠道不具有一般意义上的法律约束力，各单位可以将从非正式渠道的沟通获得的信息，通过往来函件的形式签发和流转，使之正式化并具有约束性。

电子邮件：所有通过电子邮件传送的文件都被视为非正式沟通渠道。如有需要，各单位可以将电子邮件打印后，以正式函件的形式签发和流转，使之正式化并具有约束性。

7. 案卷与卷宗目录

（1）案卷。

本工程建设信息依据存档形式的不同，分成三套案卷：实体卷、电子卷、PMIS系统卷；三套案卷的存档信息应编号一致，相互对应，索引与链接指向明晰。

实体卷：以文件柜、文件夹整理和存放的所有纸质文件、蓝图、冲印照片等；其中，属于工程档案的，应严格按照国家和地方有关工程建设档案管理规定、工程建设合同有关条款约定、该项目相关管理规章制度执行。

电子卷：指存放在本工程专用文件服务器上的电子文件、电子文档（如工程图纸电子版）等；其中，属于工程电子档案的，应严格按照国家和地方有关工程建设电子档案管理规定、工程建设合同有关条款约定、该项目相关管理规章制度执行。

PMIS卷：基于该项目PMIS项目管理信息系统功能模块，按利于查看、节省数据流量和数据空间的原则组织形成的系统信息，以及各功能模块使用过程中产生的动态管理数据。

（2）卷宗目录。

各案卷内的卷宗目录详见《方案书/附录一：信息卷宗目录索引》。

8. 信息权限管理

（1）信息来源主责机构。

信息来源主责机构指该信息进入本工程建设管理范围后，对信息的实质内容进行管理和主责审查的机构。

由外部机构产生的信息，其来源主责机构均为业主方。

由项目参与机构直接产生的本机构独立信息，如某单位的工作月报等，无需与其他机构会商会签的，其来源主责机构为该单位。

由项目参与机构经会商、会签产生的信息，如设计变更等，其来源主责机构按信息类别事先约定，并汇总、补充在《方案书/附录一：信息卷宗目录索引》中。

（2）信息发布范围。

信息发布范围即依据信息类别和信息内容，有必要、有权限查看相应信息的机构或个人范围。

信息发布机构范围一般在设定信息类别时事先约定，并汇总、补充在《方案书/附录一：信息卷宗目录索引》中；项目信息管理组依据手册规定向各参与机构发布信息，无需再申请审批。

信息发布个人范围，在本机构可查看的信息范围内，由具体参与机构的最高管理人员或其指定的本机构信息管理人员自行决定个人发布范围。

未在方案书中约定信息发布范围，而确有需要查阅权限范围以外的信息的，由业主方或信息来源主责机构负责审批查阅申请。

（3）保密信息。

1）本工程保密信息主要包括。

工作协议。

与费用有关的文件。

与发票有关的文件。

与支出及预算有关的文件。

其他由各单位的主要负责人定为保密信息的。

2）保密信息的处理与发布原则。

保密信息应存储、存放在安全的地方。

各参与机构的信息管理人员只可为业主方（或经业主方授权的项目管理机构主要负责人）、保密信息的信息来源主责机构或经前述两机构书面认可的人员提取该信息。

保密文件扫描、上载到PMIS项目管理信息系统时，应严格控制发放范围与查看权限，并禁止打印、拷贝。

9.信息收档审查

该工程建设信息收档前的实质符合性审查，由业主方负责。特定类别的信息，也可由业主方授权项目管理机构或其他项目参与机构负责。

为保障工程建设过程中的所有信息要素齐全、历史记录完整、便于关联、检索、查阅，对所有列入方案书管理范围的信息，项目信息管理组收档时应对照表5-69，检查信息完整性。

某工程信息收档要素 **表5-69**

信息要素	使用说明
类目	信息类目详见《方案书/附录一：信息卷宗目录索引》； 为兼顾便捷查阅和统一维护，最多允许一份文件同时并列在两个卷宗目录下，但应以其中一个为主，另一份跟随主存储地址文档的改变而变动
编号	文档编号规则详见《方案书/附录二：信息与文档编码规则》
标题	文档标题的编写，应用简洁明了的文字概括文档重点，与文档编号相互呼应，以便于查阅和检索
版本	文档版本迭代情况说明

信息要素	使用说明
关键字	关键字是决定信息文档电子化检索效率的重要因素，应尽量抽取正文重点，使用标准统一的关键字用词
其他	信息文档的密级、时效等辅助信息
正文	正文的编制应符合国家有关档案、公文管理的规范、标准
来源	编制单位、编制人、编制日期
发放范围	即信息文档的可查看范围，应细化到具体机构、岗位和人员
流转	起草、审核、传递、归档，全过程流程清晰，记录完整，各参与单位和参与人的签章、日期、流转意见齐全

基于信息存储介质或信息类型的特殊性，工程图纸、工程档案、影像资料等信息，收档时还应按《方案书/附录四-信息存档技术标准》进行整理和审查后方可收档。

附录一：信息卷宗目录索引

某工程信息卷宗目录索引

卷号	类目	说明	存放案卷		
			实体	电子	PMIS
A	建设动态	为更好地宣传和展示项目形象，鼓舞项目参与各方建设热情，创造和谐、积极、协作的项目建设文化，而采集、发布的项目介绍、影像资料、新闻态等	★	★	★
A01	项目概况				
A02	项目动态				
A03	通知公告				
B	标准规范				
B01	项目规章	为保证项目正常、有序运转，颁布实施的各项规章、规范、流程、通知等，包括规章文件、表单样式及相关的说明文件、管理培训记录等	★	★	★
B02	法律法规	作为该项目重要管理依据或用于参考、备查的国家、地方有关法律、法规、规章、标准、规范文件等			★
C	综合管理				
C01	管理策划	项目策划、管理规划、管理大纲等总体指导文档	★	★	★
……	……	……	……	……	……

……（略）

★：必须归档收录

☆：选择性归档收录

本索引为暂列表，将跟随工程进展，由项目信息管理组配合业主方及项目管理机构随时补充和细化。

本索引的补充经业主方和项目管理机构会商后，由业主方签发。各参与机构可在PMIS系统中随时查阅最新版本。

附录二：信息与文档编码规则

1.信息与文档编码规则：工程简码-卷号-机构代码-文档序号

工程简码：××工程的简写××

卷号：即信息文件的归档类别，详见方案书《附录一：信息卷宗目录索引》

机构代码：即该份信息文件的来源主责单位的简写，详见方案书《附录三：项目参与机构代码表》

文档序号：即该份信息文件在本类文件中的序号；一般采用四位流水号（跨年不重新编号），也可根据信息文档实际情况，采用报告期等方法来编制

2.编码示例（略）

3.编码说明

（1）本编码规则适用于项目信息管理组在业主和项目管理机构指导下收档管理的工程建设信息文档。

（2）未列入方案书管理的信息，可由参建机构自行编号，但不得与已有编号重号。

（二）某工程项目信息管理工作制度

1.项目会议管理制度

各项目会议均被视为正式的沟通渠道，本节对各项目会议提出了要求，从而可以建立一个系统化的沟通渠道。

（1）会议要求。

会议负责单位的职责包括：

1）准备会议通知，确定召开会议的地点、时间、会议所需时间及会议议程等资料。

2）确保会议通知在会议前已发至有关与会人员。

3）如果会议详情（如地点、时间及议程等）有所更改，须负责尽快在会议前通知有关与会人员。

4）指定会议纪要的编写人员，会议纪要须在会议主席审阅后才可正式发出。

（2）会议种类。

1）向业主领导汇报的会议见表5-70。

向业主领导汇报的会议　表5-70

频率	按特定项目里程碑
目的	向业主领导汇报整体工程进度
组织单位	业主
与会人员	相关政府人员 业主领导及各部门的负责人 项目管理公司项目负责人 设计单位项目负责人 造价咨询 审计单位
会议纪要编写	项目管理公司

2）项目周例会见表5-71。

项目周例会　表5-71

频率	每周一次
目的	汇报前阶段各参建单位工作情况 提出前阶段工作中遇到的困难 协调各参建单位提出的困难，商讨解决的办法 业主提出下一阶段的工作计划，分配各单位工作任务
组织单位	项目管理
与会人员	业主领导及各部门的负责人 项目管理公司项目负责人 设计单位项目负责人 监理项目负责人 造价咨询、审计单位项目负责人 施工单位项目负责人
会议纪要编写	项目管理公司

3）项目管理公司周例会见表5-72。

项目管理公司周例会　表5-72

频率	每周一次
目的	项目管理公司报告每周的工作进度，提出执行项目中的问题，商讨解决方法
与会人员	项目管理公司项目经理 项目管理公司项目经理、项目副经理、接口协调及管理组组长、项目控制组组长及其他相关人员
会议纪要编写	项目管理公司

4）设计协调会议见表5-73。

设计协调会议 表5-73

频率	不定期
目的	审阅及更新工程设计的工作进度，对主要的设计事项及所须关注事项做出评估并提供建议
主席	咨询公司项目副经理（设计管理）
与会人员	项管办 项目管理公司项目副经理（设计监理）、接口协调及管理组组长及其他相关人员 设计单位项目经理、项目副经理、项目总工程师、组长及其他相关人员
会议纪要编写	项目管理公司

5）进度计划、合同分析例会见表5-74。

进度计划、合同分析例会 表5-74

频率	不定期
目的	报告及更新的项目进度，对主要影响工程整体进度的事项进行讨论并提出解决方法
主席	项目管理计划合同部
与会人员	项管办 项目管理公司项目副经理、管理组组长 勘察设计单位计划、合同主管人员 施工单位计划、合同主管人员
会议纪要编写	项目管理公司

6）投资决策会见表5-75。

投资决策会 表5-75

频率	每月一次
目的	定期对项目建设过程中涉及到投资变更的内容进行决策
主席	项管办管理组
与会人员	项管办 项目管理公司项目副经理、管理组组长 造价咨询单位造价工程师
会议纪要编写	项目管理公司

（3）会议通知及会议纪要表格。

项目建设工程合同单位如要召开会议，应使用《工作联席会议建议书》之通知表格向业主申请召开联席会议，然后由业主或项目管理公司通知需要参与会议的相关合同单位。每次会议均需记录会议中的讨论事项，各项目合同单位应采用附件的会议纪要表格。

（4）会议纪要收发流程。

详见《会议纪要起草、签发流程图》。

2. 文件处理程序

（1）发文程序。

1）拟稿。

各合同单位应根据拟文的背景、依法并自行拟写文稿及编码，拟完后交由文档管理人员打字，并将初稿打印给起草人员核对。

2）审核，签发。

文档管理人员将文稿附在传送单后面，提交单位主管、部门负责人和项目负责人逐级审批，各主管及负责人应在草稿上写上审批意见并签名。若审批不通过，则文档管理人员将文稿退回拟稿人，拟稿人根据审批意见进行修改并将修改后版本交由文档管理人员，文档管理人员再次提交文件给相关人员审批。

3）打印、校对。

审批通过后，文档管理人员负责按需求的数量打印文稿，并交回拟稿人进行校对。若发现不同，则文档管理人员重新打印，再校对。各合同单位应保证各自发出文件的质量。

4）盖章。

校对完成，文档管理人员负责用印盖章，盖章要求上不压正文，下要压日期。

5）复印、登记及分发。

盖章后，将文稿复印，之后将原稿附同传递表交由相关人员发送，并保存返还的签收单，同时填写发文登记表。

6）文件存档。

项目的每个合同单位应以可靠的方式将其发出的文件进行存档，并应能快速地查找文件。

（2）收文程序。

1）传递。

由发文单位负责所发文件的传递工作。

2）签收、登记。

文档管理人员收到文件后，检查文件齐全正确后，填写签收单进行签收，同时填写收文登记表。

3）审阅、安排办理。

文档管理人员在登记及盖上传阅章（“传阅章”模版见附件四）后，再交付项目经理细阅、编码并明确负责的人员。经理须在传阅章上签名及安排有关人员跟进，之后再交由文档管理人员安排发放给有关人员传阅。

4）文件存档。

项目的每个合同单位应以可靠的方式将其收到的文件进行存档，并保证应能快速地查找到文件。

（3）审批程序。

1）审批流程。

①各参建将需审批提交的文件主送项目管理公司，同一时间抄送给业主。

②项目管理公司审查文件，在“文件审查意见表”中提出审查意见。并形成正式文件，主送业主跟进，同一时间抄送各参建单位。

③当业主对提交的文件及“文件审查意见表”审阅后认为有问题时，业主要与项目管理公司进行共同研究决定，再由项目管理公司在“文件审查意见表”上提出审查意见，并将签字和盖章的“文件审查意见表”送给发文单位。

④参建单位确认收到业主及项目管理公司的意见后，须按修改意见修订文件，重新提交。

⑤如需要分包商回应“文件审查意见表”，总承包负责将项目管理公司分发的审查意见分发给有关分包单位，并综合整理分包单位的回复，根据项目管理公司审查意见修订文件后再提交项目管理公司审阅。

2）审批结果。

报送审批的文件审阅后，会得到以下3种结果：

①拒绝。

业主或项目管理公司在审阅文件时，发现文件的基本思路不符合项目要求或文件的确认可能会导致后续文件发生错误，业主或项目管理公司将拒绝接收文件，并将文件发回。发件人应对文件重新编写，然后再提交审批。

②批注。

业主或项目管理公司对文件只提出不涉及文件大纲及目的的意见。发件人应按意见修改文件。文件批准之后项目下一阶段即可执行。

③批准。

业主及项目管理公司对文件没有意见，文件被批准，项目下一阶段即可执行。

3.项目信息收集制度

（1）文件提交要求。

工程建设项目各参建单位应按照本节的要求对函件及提交文件进行提交。

纸质文件的提交要求、往来函件及提交文件、往来函件及提交文件的提交要求见表5-76。

传递表　　表5-76

文件类别	往来函件	提交文件
提交的方法及形式	• 合同编号、名称及函件文件的标题。 • 在收件人资料上列明拟稿人所编写的函件编码。 • 如果是对之前的函件之回复，要在标题之下写上之前一份函件的函件编码	• 应附有连同传递表/封面信，表/信上应具有函件参考编码。传递表的范本见附件六。 • 提交文件应具有提交文件编号。 • 提交文件须具有封面页及必须在文件封面上明显位置标明文件编码
编码要求	• 函件编码应按照本程序第6.8部分编写	• 提交文件编码应按照6.8部分编写
电子档	• 不需要	• 电子档案的提交要求见6.6.2节

传递表应包括传递表的编码（使用一般函件编码）、合同编号、传送日期、合同单位的名称及地址、电话及传真号码、发件人签名、所有提交文件的清单。清单须列出文件编码、版本描述，并须列明传送之原因，如："供审阅""请提意见""只供参考"等。

（2）电子文件之提交要求。

1）是指对应纸质文件的原始档及只读档（PDF 档案），形式为兼容Microsoft Windows操作系统的CD-ROM。

2）电子文件的档案名称应为提交文件的标题及版本号码，如"文档信息总控_A"" 文档信息总控_B"等。

3）在CD-ROM背面用油性笔注明载体中的电子文件所相对应提交文件的文件编码。或者也可以在CD盒内的标签纸上写明文件标题和文件编号，每张CD-ROM只能存放一个对应提交文件的电子文件。

4）在CD-ROM根目录下，建立一个txt或doc格式的文件，注明此CD-ROM的目录结构。在此根目录下，建立一个文件夹，文件夹的名字为相应提交文件的文件编码，所有电子文件按照相应提交文件的对应逻辑结构存放在此文件夹下。

5）若电子文件中含有图纸，则在图纸所在目录下建立一个格式为txt或doc格式的图纸清单文件。

6）提交文件格式及装订之最低要求如下。

①根据合同中提交文件格式的要求。

②所有报告的封面须统一。

③透明胶封面。

④硬卡纸底。

⑤多孔胶圈。

⑥巨型报告可采用3孔装订夹装订。

7）提交文件的封面。

封面需要列出版本号码、版本记录、版本发出的目的及其编写/检查/审阅/批核人员之资料。

（3）档案资料管理及档案移交。

1）工程文件归档的范围。

凡是与工程建设有关的重要活动、记载工程建设主要过程和现状、具有保存价值的各种载体的文件，均应收集齐全、整理、立卷后归档。

工程档案保管期限应分为永久、长期、短期3种期限。各类文件的保管期限见现行《建设工程文件归档整理规范》中的要求。永久是指工程档案需要永久保存。长期是指工程档案的保存期等于该工程的使用寿命。短期是指工程档案保存20年以下。同一案卷内有不同保管期限的文件，该案卷保管期限应从长。

2）归档文件的质量要求。

①工程文件的内容及其深度必须符合国家有关工程勘察、设计、施工、监理等方面的技术规范、标准和规程要求。

②工程文件的内容必须真实、准确，与工程实际相符合；与工程质量有关的文件、检查记录表必须有监理工程师的签字。

③工程文件应采用耐久性强的书写材料如碳素墨水、蓝黑墨水，不得使用易褪色的书写材料如：红色墨水、纯蓝墨水、圆珠笔、复写纸、铅笔等。

④工程文件应字迹清楚、图样清晰、图表整洁、签字盖章手续完备

⑤工程文件中文字材料幅面尺寸规格宜为A4幅面（297mm × 210mm）。图纸宜采用国家标准图幅。

⑥工程档案资料的照片（含底片）及声像档案，要求图像清晰、声音清楚、文字说明或内容准确。

3）竣工图的编制及要求。

①所有竣工图均应加盖竣工图章。

②利用施工图改绘竣工图，必须标明变更修改依据；凡施工图结构、工艺、平面布置等有重大改变，或变更部分超过图面1/3的，应当重新绘制竣工图。

③不同幅面的工程图纸应按《技术制图复制图的折迭方法》统一折叠成A4幅面，图标栏露在外面。

④工程档案资料的缩微制品，必须按国家缩微标准进行制作，主要技术指标

(解像力、密度、海波残留量等）要符合国家标准，保证质量，以适应长期安全保管。

⑤图纸一般采用蓝晒图，竣工图应是新蓝图。计算机图必须清晰，不得使用计算机所出图纸的复印件。

4.信息归档、立卷制度

（1）立卷的方法。

1）对于本工程档案编制质量要求与组卷方法，应按照国标《建设工程文件归档整理规范》国家标准及上海市城建档案馆有关规定执行。

2）由业主形成的工程建设综合文件材料采取分阶段立卷的方式，具体的阶段划分可初定为工程前期阶段、设计阶段、施工阶段、调试和营运阶段。

3）施工单位文件材料应以标段合同或单位工程作为基本立卷单元，按单位工程→分部工程→分项工程→文件类别顺序进行组卷。竣工图按单位工程、专业等组卷。

（2）卷内文件的排列。

1）文字材料一般按专业和形成的先后次序进行排列。

2）图纸按专业排列，同专业图纸按图号顺序排列。

3）既有文字材料又有图纸的案卷，文字在前，图纸在后。

（3）注意事项。

1）文字材料立卷厚度以20mm左右组成一卷。

2）不同载体的信息应分别组卷。

5.信息借阅管理制度

项目所有参建单位、业主和项目管理公司所拥有的关于该项目的所有信息资料均可通过提请借阅，征得对方同意，可互相借阅。但部分重要文件（如政府批文、政府相关部门调阅文件等）只可现场查阅，不可以相互流转借阅，如果一定要借阅的话只可以借阅复印件。

6.项目来访人员信息管理工作

（1）来访人员接待。

来访人员接待工作由项目管理公司综合管理组负责，供应商来访人员需提供该公司授权委托书或介绍信，否则不予接待。某些政府人员接待工作由业主项管办直接负责。

（2）来访人员分类。

1）供应商——服务类、施工类、物资采购类。

2）政府部门人员。

（3）来访人员信息收集。

接待工作过程中应收集的信息包括：

1）企业名称。

2）企业三证复印件。

3）企业相关业务材料。

4）联系人姓名、职务、联系方式。

根据以上材料编制来访人员信息登记表详见《来访人员信息登记表》。

（三）某金融中心项目档案管理策划报告

1.工程档案管理的重要性和要求

包括（1）工程概况（用地概况。项目的设计特点）。（2）工程建设档案的重要性。（3）项目工程建设档案管理的依据。（4）工程档案管理的规定和要求（建设单位在建设项目工程竣工档案编制和报送工作中的职责。建设项目（工程）竣工档案验收、报送程序。建设项目（工程）竣工档案验收内容。建设项目（工程）竣工档案归档要求。建设项目（工程）竣工档案报送工作流程）等内容。

2.建设项目（工程）档案管理模式建议

包括（1）××金融中心项目建设管理组织结构。（2）××金融中心项目特点分析（项目投资人特点。项目地块特点。建筑物特点）。（3）建设管理特点。工程建设档案的特点。（4）建设档案管理模式的建议（项目整体的档案管理模式的建议。××项目管理公司档案管理部的组成方式）等内容。

3.项目档案分解结构图

包括（1）项目分解结构图。（2）项目档案分解结构图（建设项目（工程）文件档案。工程文件（项目档案）的定义。项目档案分解结构图）等内容。

4.承发包模式建议

包括（1）常见的工程承发包模式。（2）该项目的承发包模式建议。（3）“平行发包”模式的本质意义。（4）“施工总承包”发包模式的本质意义。

5.合同结构建议

包括（1）项目建设合同结构的建议。（2）合同结构的说明。（3）合同结构确立的意义等内容。

6.项目档案编码规则及编码

包括6.1文件档案编码规则；6.2单位（部门）代码设定原则；6.3文件档案类别代码设定原则；6.4文件档案编码应用示例等内容。

7. 项目工程档案管理组织和岗位职责

包括（1）项目工程档案管理组织结构（工程档案管理组织结构。工程档案管理组织的人员配置建议。工程档案管理组织的软硬件配置建议）。（2）项目文件档案管理岗位职责（投资人档案管理专员。档案管理部主任。档案管理专员 01（及 02、03）。设计图纸管理专员）。

8. 项目档案资料管理相关制度和流程

包括（1）项目工程进度计划表（文件收发制度。设计图纸管理制度。文件借阅制度。文件审批、流转制度。工程档案归档制度。检查督促制度。建设管理工作月报制度）。（2）项目档案资料管理流程（档案管理工作流程图。参建单位档案管理工作流程图）等内容。

9. 执行和监督管理

包括（1）档案资料管理执行部门。（2）档案资料管理监督部门等内容。

10. 附件

附图 建设项目（工程）竣工档案报送工作流程（略）

附图 上海国际金融中心项目分解结构图（略）

附图 档案管理流程图（略）

附表 建设单位管理工作月报（参考格式）（略）

附表 工作用表（略）

收文签收簿（略）

发文登记簿（略）

文件和资料借阅登记表（略）

内部审批流转表（收文处理表）（略）

（四）某项目文档管理

1. 文档分类

项目部的资料立卷和归档工作由项目部资料员负责。项目管理资料可按内容分为十一卷，见表5-77。

项目管理资料分卷 **表 5-77**

卷号	卷名
第一卷	建设单位/项目管理方文件
第二卷	前期策划管理/立项文件
第三卷	报批报建管理

续表

卷号	卷名
第四卷	投资管理/成本控制
第五卷	合同管理
第六卷	建设规划管理
第七卷	设计管理
第八卷	发包与采购管理
第九卷	现场管理
第十卷	信息与档案管理
第十一卷	验收与收尾管理

2. 文件编码

建设单位项目管理服务业务文件，其中往来过程文件资料编码分为六段，具体的文件编码示意及规则如图5-86所示。

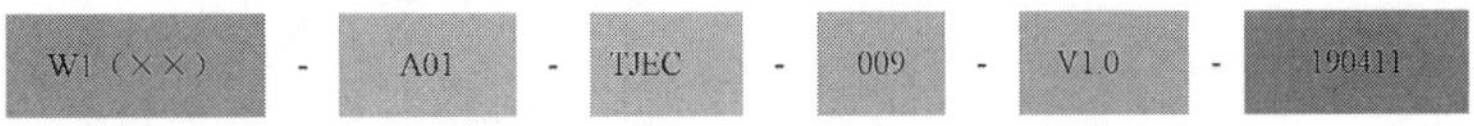

图5-86　建设单位项目管理服务业务文件资料编码示意

资料编码说明见表5-78。

资料编码说明　　表5-78

工程简码	W项目简写W1-××（项目编号）
卷　号	即资料的归档类别，详见《资料中心目录索引》
机构简称	即信息文件的来源主责单位的简称，详见《项目参与机构代码表》
文档序号	即该份资料在本类文件中的序号；一般采用三位流水号（跨年不重新编号），也可根据资料实际情况，采用报告期等方法来编制
版本编号	即该文件当前处于的版本情况，起始为V1.0，若后续版本改动变化较小，则可变动为V1.1、V1.2等，若改动变化较大，则可变动为V2.0，以此类推
文件日期	即该文件编写的时间，格式为：190411

备注：例如2019年4月29日召开某分部某工程第3次现场对接会议，则对应的会议纪要，编码为：W1（19）-PM11-TJEC1-003-V1.0-190429。另外当项目结项归档，所有的文件编号去掉版本号及时间即可。

3. 文件分类、文件分类编码及归档要求

具体内容见表5-79。

文件分类、文件分类编码及归档要求　　表 5-79

第一卷　建设单位/项目管理方文件	文件分类编码	项目部归档	建设单位归档	施工方提供
1.1　项目管理委托合同/委托书/补充协议	PM01	●	○	/
1.2　项目管理大纲	PM02	●	●	/
1.3　项目管理实施规划	PM03	●	●	/
1.4　项目管理工作手册	PM04	●		
1.5　项目管理工作周报	PM05	●	●	
1.6　项目管理工作月报	PM06	●	●	
1.7　项目管理工作季报	PM07	●	●	
1.8　项目管理工作年报	PM08	●	●	
1.9　项目管理工作会议纪要	PM09	●		
1.10　内部专题会议纪要	PM10	●		
1.11　协调会/对接会会议纪要	PM11	●	○	
1.12　专题咨询报告/建议书/策划书	PM12	●	●	
1.13　工作联系函	PM13	●	●	
1.14　工作指令	PM14	●	●	
1.15　公函	PM15	●	●	
1.16　传真	PM16	●	●	
1.17　项目管理工作日志	PM17	●		
1.18　内部审批报告	PM18	●		
1.19　工时记录表	PM19	●	○	
1.20　项目管理工作小结/总结	PM20	●	●	
1.21　备忘录/通信录	PM21	●		
1.22　政策发文、公文报告	PM22	●		
1.23　调研报告	PM23	●	●	
第二卷　项目前期策划管理/立项文件	文件分类编码	项目部归档	建设单位归档	施工方提供
2.1　项目建议书及附件	PL01	○	●	
2.2　项目建议书审批意见/批文	PL02	○	●	
2.3　项目环境评价报告书/报告表/登记表及附件	PL03	○	●	
2.4　项目环评批文	PL04	○	●	
2.5　项目节能评估报告书/报告表/登记表及附件	PL05	○	●	
2.6　项目节能审批意见/批文	PL06	○	●	
2.7　项目可行性研究报告/项目申请报告及附件	PL07	○	●	
2.8　项目可研报告/申请报告审批意见	PL08	○	●	

续表

第二卷　项目前期策划管理/立项文件	文件分类编码	项目部归档	建设单位归档	施工方提供
2.9　与项目立项工作有关的会议纪要、上级指令性文件	PL09	○	●	
2.10　项目建设管理总策划书	PL10	○	●	
第三卷　项目报批报建管理	文件分类编码	项目部归档	建设单位归档	施工方提供
3.1　选址申请及选址规划意见通知书	AP01	○	●	
3.2　用地申请报告及建设用地批准书/土地招拍挂资料	AP02	○	●	
3.3　拆迁安置意见、协议、方案等	AP03	○	●	
3.4　国有土地使用证	AP04	○	●	
3.5 《建设工程规划设计要求通知单》及附件/审批意见	AP05	○	●	
3.6 《建设工程规划设计方案》批文及附件	AP06	○	●	
3.7 《建设用地规划许可证》及其附件	AP07	○	●	
3.8　初步设计审批意见	AP08	○	●	
3.9 《建设工程规划许可证》	AP09	○	●	
3.10　建设工程开工审查表	AP010	○	●	
3.11 《建设工程施工许可证》	AP011	○	●	
3.12　质量、安全报监资料	AP012	○	●	●
第四卷　投资管理/成本控制	文件分类编码	项目部归档	建设单位归档	施工方提供
4.1　投资管理（投资结构分解）策划书	IN01	●	●	
4.2　投资估算审批资料	IN02	●	●	
4.3　设计概算审批/调整资料	IN03	●	●	
4.4　施工图预算审批资料	IN04	●	●	
4.5　各类（勘察设计、监理、材料等）支付审批意见书	IN05	●	●	
4.6　月工程进度款支付审批意见	IN06	●	●	
4.7　工程变更/合同价变更审批意见	IN07	●	●	
4.8　年度投资计划调整报告	IN08	●	●	
4.9　月/季度投资动态分析报告	IN09	●	●	
4.10　工程索赔与反索赔处理资料	IN10	●	●	
4.11　工程结算书/审批意见	IN11	●	●	
4.12　竣工决算报告	IN12	●	●	
4.13　投资管理工作总结报告	IN13	●	●	
第五卷　合同管理	文件分类编码	项目部归档	建设单位归档	EPC方提供
5.1　合同管理（合同结构分解、合同模式）策划书	CO01	●	●	
5.2　合同管理台账	CO02	●	●	

续表

第五卷　合同管理	文件分类编码	项目部归档	建设单位归档	EPC方提供
5.3　各类咨询（可研、环评、造价、监理等）合同文本	CO03	○	●	
5.4　勘察、设计合同（专业设计分包合同）	CO04	○	●	●
5.5　施工合同（专业分包合同）	CO05	○	●	●
5.6　甲供材料、设备合同	CO06	○	●	
5.7　合同变更、补充协议	CO07	○	●	●
5.8　合同执行过程跟踪管理（争议、违约处理）资料	CO08	●	●	●
5.9　合同管理工作总结报告	CO09	●	●	
第六卷　建设计划管理	文件分类编码	项目部归档	建设单位归档	施工方提供
6.1　计划管理策划书	PR01	●	●	
6.2　建设总进度计划（里程碑计划）	PR02	●	●	
6.3　项目报批报建计划及调整	PR03	●	●	
6.4　设计进度计划及调整	PR04	●	●	
6.5　招标投标与采购进度计划及调整	PR05	●	●	
6.6　施工进度计划及调整	PR06	●	●	●
6.7　验收进度计划及调整	PR07	●	●	●
6.8　进度计划执行与过程管理资料	PR08	●	●	●
6.9　进度管理工作总结报告	PR09	●	●	
第七卷　设计管理	文件分类编码	项目部归档	建设单位归档	施工方提供
7.1　设计管理策划书	DE01	●	●	
7.2　项目功能分析资料	DE02	●	●	
7.3　项目设计任务书及补充	DE03	●	●	
7.4　设计过程协调资料	DE04	●	●	
7.5　施工图审图意见书	DE05	●	●	
7.6　方案设计	DE06	●	●	●
7.7　扩初设计	DE07	●	●	●
7.8　施工图设计	DE08	●	●	●
7.9　招标图设计	DE09	●	●	●
7.10　设计交底/图纸会审资料	DE10	●	●	●
7.11　设计变更审批资料	DE11	●	●	●
7.12　工程洽商资料	DE12	●	●	●
7.13　工程（专业工程）竣工图审查/审批资料	DE13	●	●	●
7.14　设计说明	DE14	●	●	●

续表

第八卷　发包与采购管理	文件分类编码	项目部归档	建设单位归档	施工方提供
8.1　发包与采购管理策划书	TE01	●	●	
8.2　发包与采购策划书	TE02	●	●	
8.3　勘察招标投标文件资料及中标通知书	TE03	○	●	
8.4　设计（专业设计）招、投标文件资料及中标通知书	TE04	○	●	
8.5　施工（专业施工）招、投标文件资料及中标通知书	TE05	○	●	
8.6　监理招、投标文件资料及中标通知书	TE06	○	●	
8.7　甲供、甲指材料设备采购清单	TE07	●	●	
8.8　甲供、甲指材料设备采购资料	TE08	○	●	
8.9　发包与采购中标单位汇总管理台账	TE09	●	○	
8.10　发包与采购管理工作总结	TE10	●	●	
第九卷　现场管理	文件分类编码	项目部归档	建设单位归档	施工方提供
9.1　现场管理策划书	SI01	●	●	
9.2　开工报告及监理审批意见	SI02	○	●	●
9.3　施工组织设计/方案及监理审批意见	SI03	○	●	●
9.4　监理规划及审批意见	SI04	●	●	
9.5　监理（质量、安全）工作月报	SI05	○	●	
9.6　施工总包单位专题报告	SI06	○	●	●
9.7　监理单位专题报告	SI07	○	●	
9.8　质量/安全事故处理资料	SI08	●	●	●
9.9　现场管理工作总结报告	SI09	●	●	
9.10　监理通知单	SI10	●	○	
9.11　监理周报	SI11	●	○	
9.12　一分部日报	SI12	●	○	
9.13　二分部日报	SI13	●	○	
9.14　三分部日报	SI14	●	○	
9.15　四分部日报	SI15	●	○	
9.16　监理例会会议纪要	SI16	●	○	
第十卷　信息与档案管理	文件分类编码	项目部归档	建设单位归档	施工方提供
10.1　信息与档案管理策划书	AR01	●	●	
10.2　信息与档案管理台账	AR02	●	○	
10.3　项目联系人名单	AR03	●	●	●

续表

第十卷　信息与档案管理	文件分类编码	项目部归档	建设单位归档	施工方提供
10.4　发文登记表	AR04	○	●	
10.5　收文登记表	AR05	○	●	
10.6　工程照片资料	AR06	●电子	●电子	●
10.7　工程录像资料	AR07	●电子	●电子	●
10.8　建设项目电子（光盘）资料	AR08	●	●	●
10.9　信息与档案管理工作总结	AR09	●	●	
第十一卷　验收与收尾管理	文件分类编码	项目部归档	建设单位归档	施工方提供
11.1　验收与收尾管理策划书	AC01	●	●	
11.2　验收管理工作计划	AC02	●	●	
11.3　竣工资料验收报告	AC03	●	●	●
11.4　专业工程质量验收报告	AC04	●	●	●
11.5　施工总承包单位工程竣工报告	AC05	●	●	●
11.6　监理单位质量评估报告及合格证明书	AC06	●	●	
11.7　竣工验收资料	AC07	●	●	●
11.8　竣工备案证明	AC08	●	●	●
11.9　项目移交培训资料	AC09		●	●
11.10　固定资产产权证明资料	AC10	○	●	
11.11　验收与收尾管理工作总结报告	AC11	●	●	

说明：项目管理委托合同/委托书/补充协议的文件分类编码按照经营部编码规则。“●”表示资料原件，“○”表示资料复印件。

日常管理中，文件资料除以纸质版保存外，同时需要保留原格式电子版，当确有困难时，需对文件进行扫描保存电子版文件，并且电子版与纸版文件资料要一一对应。最后移交时需要上交刻录好的所有文件资料的光盘。

第八节　组织协调

一、组织协调工作

（一）界面分工

1.目的

（1）明确项目各参与方的工作范围以及工作界面之间联结与接口的关系。

（2）持续完善界面管理，避免界面接口处出现“真空地带”。

（3）有助于分清各参建方责任，为综合协调工作提供良好的条件。

2. 任务

（1）结合项目管理规划、各参建方合同等内容，采用工作分解方法，明确工作名称、工作范围、工作目标、实施主体等方面信息。工作分解可自上而下逐层进行，形成过程、工作分解结构表。

（2）对同一工作需不同实施主体参与，以及非同一实施主体工作之间有联结与接口的工作任务，对可能出现的问题进行具体分析，进一步确认该工作之间的工作流程与各自职能。与工作分解结构表一起形成职能（界面）分工表。对于涉及项目空间的界面，可编制房间手册。

（3）参建方开始工作前，检查各参建方的总体方案（计划）中的工作任务是否符合职能分工要求，尤其是监理规划、施工组织设计等。项目管理机构也可根据合同约定将检查任务委托其他方（如工程监理机构）实施。

（4）施工过程中通过持续检查、沟通等手段，促进各参建方实施工作有序、有效按分工要求落实。

（5）当发生项目变更时，一方面参照变更管理要求实施，另一方面及时结合变更涉及的工作界面变化调整职能（界面）分工表与房间手册。

3. 流程

界面管理流程如图5-87所示。

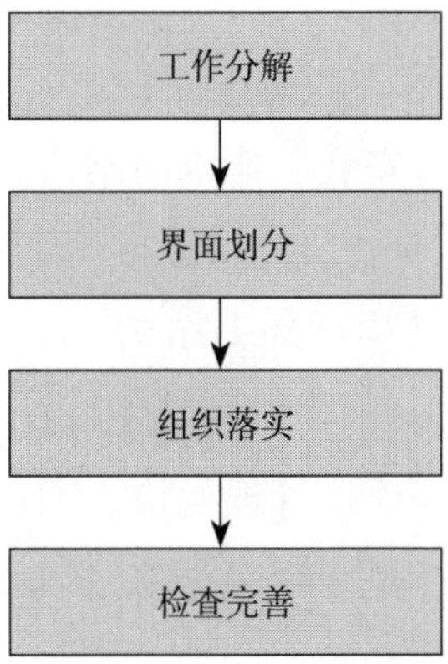

图5-87　界面管理流程图

4. 参考表格

（1）项目主要参与方职能分工见表5-80。

项目主要参与方职能分工表 表5-80

序号	工作任务	工　作　人　员					
		建设单位	项目管理机构	监理	总包	设计单位	其他方

（2）房间手册见表5-81。

房间手册 表5-81

序号	房间编号	房间名称	房间信息

备注：房间信息可链接相关图纸、文件等资料，也可与BIM模型相连。

5.相关知识

（1）工作界面。

工作界面主要包括过程交界面、专业交界面、施工活动交界面、组织交界面等，具体如下：

1）过程交界面，如项目前期投资决策过程、规划与设计过程、施工前准备过程、施工过程、竣工验收与移交过程等。

2）专业交界面，如土建与安装、建筑与结构、给水排水与电气、电气与空调等。

3）施工活动界面，地下结构与地上结构、土建与装饰、土建与设备安装、现场施工与市政配套等。

4）组织交界面，如业主与项目管理机构、项目管理机构与其他各项目参与方、设计方与施工方、施工方与监理方、施工方与设备供应方等。

（2）界面的优化。

对于规模较大或子项目较多的复杂工程，界面过多会导致项目管理工作衔接堵塞、信息滞后、目标难以统一等问题，需要在投资决策阶段对组织模式、工作分解进行优化，如总承包模式。界面的优化目的是可以简化合同关系，责任更加集中。

（二）内部团队建设

1. 目的

（1）协调项目管理机构内部部门、团队成员之间的依赖关系，消除和缓冲引起冲突的因素，保持项目管理机构内部组织团结、目标一致，提高工作效率，打造高效的团队。

（2）及时解决内部组织各部门、团队成员之间的冲突，减轻冲突产生的负面影响。

2. 任务

（1）根据界面分工情况进一步调整项目管理机构部门及团队成员的投入、职责，并完善施工阶段相应的管理制度。

（2）项目管理机构负责人组织团队成员一起学习组织调整后的管理制度，增加制度透明性和团队成员间交流，促进团队成员的工作积极性。

（3）项目管理机构负责人通过领导、组织能力，按绩效、责任分工要求评估、指导团队成员。

（4）当发生团队成员冲突时，项目负责人需根据冲突激烈程度、负面影响大小、冲突解决的紧迫性等，采取合适的方式及时消除矛盾，避免冲突升级或冲突结果产生持续的负面影响。

3. 参考表格

（1）项目管理机构内部工作组职能分工见表5-82。

项目管理机构内部工作组职能分工表 **表5-82**

工作任务 \ 工作组		项目综合部	投资控制部	进度控制部	质量控制部	合同管理部	信息管理部
类别	任务名称						

注：1.表格根据项目管理任务分解情况归类填入。
2.每一项任务应明确由哪个部门负责，由哪个部门配合或参与，可用符号表示。
3.在项目进展中，根据工作需要进行调整。
4.人员分工可参考此表。

（2）项目管理机构责任分配见表5-83。

项目管理机构责任分配表　　表5-83

职能部门名称：

具体责任：

序号	责任描述	责任人

4.相关知识

（1）项目负责人的团队建设基本技能。

根据PMBOK（第六版）团队建设技能包括（但不限于）以下内容：

1）积极倾听。与说话人保持互动，并总结对话内容，以确保有效的信息交换，以此有助于团队成员之间减少误解并促进沟通。

2）引导。引导团队成员有效参与，互相理解，有助于参与者之间建立信任、改进关系、改善沟通，从而有利于相关方达成一致意见，并按沟通流程全力支持达成的决定、解决方案或结论。

3）组织领导。上级领导通过指导、激励和带领，帮助团队成员获得相关知识，完成相应的工作任务。

4）人际交往。通过各种社交方式，建立和加强与其他团队成员的联系和关系，并了解团队成员的参与项目管理程度，及时调整组织协调方法，减少冲突。

5）治理意识。通过职能分工、流程操作等加强团队成员对项目管理组织的管理职能、管理关系等深度了解，在严格按程序办事的同时，加强团队成员之间的沟通。

（2）冲突管理。

项目管理机构的内部冲突即发生在项目团队成员个人之间，与发生在项目管理机构职能部门之间。冲突的原因一般有关系冲突和任务冲突两种，关系冲突是由于团队成员个体的价值观念和观点不同导致的冲突；任务冲突是针对如何完成工作任务的不同观点或资源争夺、任务与利益分配不合理而导致的冲突。冲突解决的方法一般包括回避、缓和、调解、命令和合作等，合作是冲突解决的最佳方法，能够达到双赢的目的，其他方法可能导致“一输一赢”“双输”局面。此外，项目管理负责人在冲突管理中应起到积极的作用，如采用行使权威能力、调整组织人员、明确目标方向、友好协商等手段解决冲突。

（三）沟通协调管理

1. 目的

（1）促使项目相关单位或人员意见达成一致，共同解决问题与现场矛盾。

（2）加强各参建方的共同合作关系，以积极态度完成各自工作。

2. 任务

（1）事先组织建立项目沟通机制，主要包括职责、制度等，并根据项目建设及参建方参与情况持续完善。

（2）沟通协调各参建方的组织关系。

（3）检查和配合项目监理机构开展的项目组织协调管理工作。

（4）协调工程监理机构处理施工进度调整、费用索赔、合同争议等事项。

3. 参考表格

（1）项目利益相关者分析见表5-84。

项目利益相关者分析表 **表5-84**

序号	利益相关者	项目中的角色	对项目需求和期望	利益程度	影响程度	项目管理团队与其沟通的策略及措施

（2）通知单见表5-85。

通知单 **表5-85**

致：______________

项目经理：______________

日　期：______________

主送：

抄送：

4.相关知识

（1）参建主体各方的沟通协调职责。

1）建设单位管理职责。

批准项目会议和报告制度。

检查参建各方落实项目会议精神情况，并参加必要的例会。

审阅参建各方定期、不定期上报的项目实施情况的报告。要求召开临时管理会议，解决突发和重大事项。

2）项目管理机构职责。

建立项目会议和报告制度。

组织除监理例会之外的各类会议（包括第一次工地会议），督促参建各方落实项目会议精神和报告制度，并参加必要的会议。

定期向建设单位报告项目的实施情况。

在必要时，随时组织和协调召开管理会议，随时向建设单位报告影响项目实施的重大事件。

完成建设单位交办的其他相关工作。

3）工程监理机构管理职责。

协助建立项目会议和报告制度。

组织每周的监理例会，协助组织项目会议和临时会议，并参加必要的会议。

定期向建设单位和全过程咨询单位报告项目的工程监理情况。

在必要时，建议和协助组织召开管理会议，随时向建设单位报告影响项目监理实施的重大事件。

完成建设单位交办的其他相关工作。

（2）报表制度执行。

1）报告类型。

项目建设过程中，报告类型包括：项目管理日报表、项目管理周报、项目管理月报、监理周报、监理月报、施工周报、施工月报等。

2）报告主要内容。

①项目管理报表。

项目管理日报反映当天现场施工内容及安全文明、质量隐患及针对措施，指令签发情况，以及布置任务的落实情况，并附反映施工进度、质量和施工现场安全文明的照片。项目管理日报每天上午报告。

项目管理周报反映当周质量、安全、进度、前期手续办理等方面的重大事项，合同、付款等方面的问题，以及一些亟待解决的问题；简述当周进度、质量、安全文明施工、前期手续办理、综合管理等各方面工作情况；附反映当周项目进展、质量、安全文明施工的照片。项目管理周报每周五报告（报告具体时间可根据项目及组织情况确定）。

项目管理月报反映本期进度、质量、安全文明施工、前期手续办理、综合管理等各方面工作情况。以及亟待解决的问题；附反映本期项目进展、质量、安全文明施工的照片。项目管理月报每月五日前报告（报告具体时间可根据项目及组织情况确定）。

②监理报表。

监理周报反映上周进度计划和实际完成情况，有对比分析；当周质量情况、质量整改情况以及与质量有关的记录（如通知单、联系单、旁站记录等）；当周安全文明施工整改情况以及与安全文明施工有关的记录（如通知单、巡检记录等），当前存在需要解决、协调事宜。监理周报每周三报告。

监理月报反映上月工程进度控制情况，包括：工程形象进度、计划进度与实际进度的对比、本期进度控制方面的主要问题分析及处理情况；工程质量控制情况，包括：分部分项工程验收情况；材料、构配件、设备进场检验情况；主要施工试验情况；以及本期工程质量控制方面的主要问题分析及处理情况；安全生产管理的监理工作，包括：本期施工安全评述；施工单位安全生产管理方面的主要问题分析及处理情况；文明施工管理的监理工作，包括：文明施工情况；文明施工管理方面的主要问题分析及处理情况；工程造价控制，包括：本期投资完成情况；已完工程量与已支付工程款的统计及说明；工程量与工程款支付方面的主要问题分析及处理情况；合同及其他事项，包括：本期合同及其他事项的管理工作情况；合同及其他事项管理方面的主要问题分析及处理情况；本月监理工作统计；下月工作重点及建议；工程照片及影像等。监理月报每月五日前报告。

③施工报表。

施工周报反映上周进度计划和实际完成情况，有对比分析；进度滞后时，应提出纠偏措施，并详细列明人、机、料、法等方面的保障性措施；当周质量情况和质量整改完成情况；当周安全文明施工情况、安全文明整改完成情况；以及存在需要解决、协调事宜。施工周报每周三报告。

施工月报反映上月工程进度情况，包括：工程形象进度、计划进度与实际进度的对比等，以及对进度滞后采取的措施或解决办法；工程质量情况，包括：分部分项工程验收情况，材料、构配件、设备进场情况，本期工程质量方面存在的主要问题及解决办法；安全生产文明施工方面，包括：本期施工安全文明情况，安全生产、文明施工方面存在的主要问题及采取的措施或解决办法；本月工程签证、合同等反映工程造价变动方面的信息；其他事项存在的主要问题及处理情况；下月施工安排、工程照片及影像等，施工月报每月二十五日报告。

(3) 项目利益相关者管理。

1) 项目利益相关者组成。

项目利益相关者是指有与项目有一定利益关系的个人或组织群体，大多数情况下，项目利益相关者由以下几类组成：

项目建设单位。

项目出资人；包括银行和其他债权人。

项目建设参与单位：包括项目管理单位、监理、咨询、设计、施工、材料和设备供应商。

政府部门：审批部门、监管部门。

公用事业配套部门：水、电、煤、天然气、市政道路等。

使用人：包括常驻、不定期等使用人。

项目周边居民和公众利益群体。

其他。

2) 项目利益相关者分析。

①绘制利益相关者图。

利益相关者图主要描绘在项目建设周期里，有哪些利益相关者及具体名称，如图5-88所示。

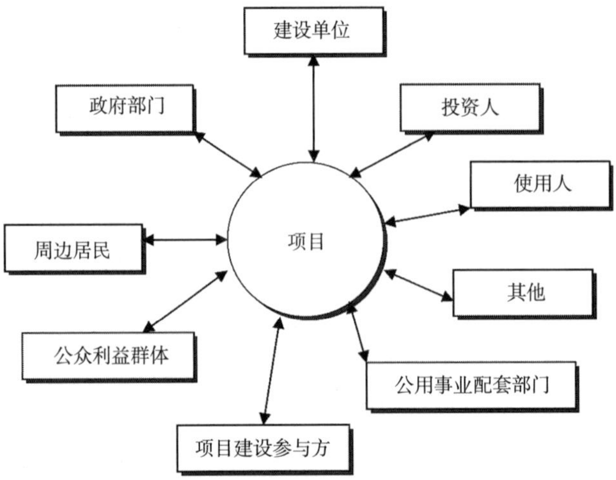

图5-88　建设项目利益相关者组成

②理清相关联利益者的类别和关系。

相关利益者的分类及各类的利益是什么，哪些对项目建设有阻碍。

相关利益者的力量如何。

相关利益者之间的重要关系。

③相关利益者的分析。

利益相关者能够影响组织，他们的意见一定要作为决策时需要考虑的因素。但是，所有利益相关者不可能对所有问题保持一致意见，其中一些群体要比另一些群体的影响力更大，这是如何平衡各方利益成为战略制定考虑的关键问题。

根据利益相关者手中的权力，以及他们对项目关注的程度，对利益相关者进行分析，并指出了项目应该与他们建立何种关系。

（四）会议组织与参与

1.目的

（1）通过会议传达项目要求与信息，并促使各参会方的信息交流，或部署任务、落实措施。

（2）促进各参建方沟通，完善彼此间的关系，及时解决问题或冲突。

2.任务

（1）根据合同约定，由项目管理机构在开工前代理建设单位组织召开第一工地会议。

（2）根据现场协调需要，组织碰头会，对现场问题绩效决策、讨论或磋商。

（3）参与工程监理机构组织的监理例会及专题会议。

3.流程

会议组织流程见图5-89。

4.参考表格

（1）会议签到表见表5-86。

（2）会议记录表见表5-87。

5.相关知识

（1）会议组织单位职责。

各项目会议均被视为正式的沟通渠道，会议负责单位的职责包括：

准备会议通知，确定召开会议的地点、时间、会议所需时间及会议议程等资料。

确保会议通知在会议前已发至有关与会人员。

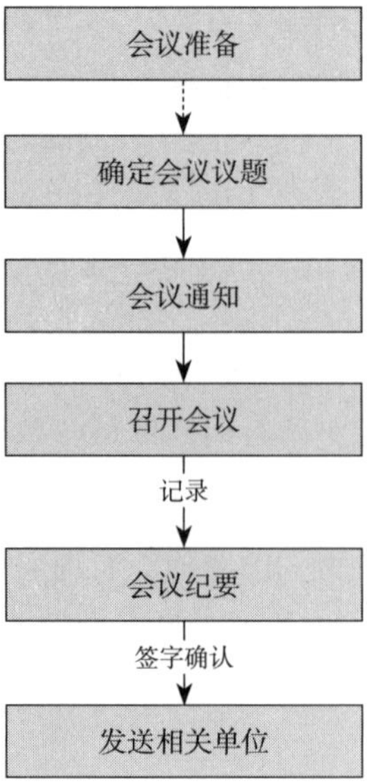

图5-89　会议组织流程图

会议签到表　　　　**表5-86**

会议地点		会议时间	
会议主题：			
签到者	工作单位	职务	备注

会议记录表　　　　**表5-87**

会议地点		会议日期	
会议主题：			
会议纪要/决定： 会议主持人：　　　　会议记录人：			
会议参与人员			
姓　名	部　门	姓　名	部　门

如果会议详情（如地点、时间及议程等）有所更改，须负责尽快在会议前通知有关与会人员。

指定会议纪要的编写人员，会议纪要须在会议主持审阅后才可正式发出。

（2）会议要求。

1）第一次工地会议。

工程开工前，由建设单位（或项目管理机构代理）主持召开的第一次工地会议，项目管理机构负责人、关键项目管理人员、总监理工程师及专业监理工程师、施工项目经理及项目技术负责人等应参加，会议纪要由项目监理机构负责整理，与会各方代表会签，总监理工程师签发。

第一次工地会议需明确各参建单位职责及工作界面，介绍工程开工准备情况。

第一次工地会议要求工程监理机构介绍监理规划。

2）现场协调会。

根据工程实施阶段的需要，由项目管理机构或工程监理机构组织，建设单位项目负责人、项目管理机构项目负责人、总监、设计单位现场负责人、施工单位项目经理等及其他人员按需参会。

项目管理机构或工程监理机构汇报前期工作和下一步工作计划、工作重点，并协调解决当前遇到问题或困难。

建设单位及项目管理机构对需要确定事项做出决定或要求召开专题会议协调解决。

3）监理例会、安全例会。

由建设单位项目负责人、现场负责人、项目管理机构相关主要人员、施工单位项目经理、技术负责人、质量、安全负责人参加，设计代表按需要参会。

施工单位逐一汇报承包范围内的有关质量、安全、进度等主要内容，并对项目管理机构、工程监理机构提出整改要求的响应情况，提出需要协调解决事项。

工程监理机构有关施工质量、安全、进度等主要内容进行总结，对施工单位整改内容的监督、复查情况进行通报，并对施工单位需要协调解决事项做出独立的评价或建议。

项目管理机构总结本周工作并提出要求，协调解决本期（本周）遇到的问题或困难。

建设单位提出要求，对需要协调解决问题提出处理意见或要求召开专题会议。

其他例会可以参照执行。

4）专题会议。

由项目管理机构或工程监理机构组织，并在会议通知中确定参会人员。

由组织人说明会议主题，各参会单位和人员发表意见或建议，经过充分讨论、协调统一意见或提出解决办法，并形成会议纪要。

（五）办理施工阶段相关手续，协调外部关系

1. 目的

（1）及时办理相关手续，创造项目建设各项前期条件。

（2）及时协调整改现场问题，满足政府监督部门要求。

（3）建立与巩固周边单位关系，减少干扰，获得认可与支持。

2. 任务

（1）了解、梳理国家及地方规定的工程项目施工阶段所必须办理的各项手续，及其所需的材料、办理流程和相关要求。

（2）根据工程进度计划，编制办理各项手续的配套计划，提前准备相关材料。

（3）根据工程施工实际进展，办理各项相关手续。

（4）协助政府监督部门现场管理、配合监管工作，对工程监理机构、施工单位、设计单位等未落实情况予以协调。

（5）熟悉各周边单位的具体情况，宣传项目建设工作。

（6）协调监理单位、施工单位处理与周边单位工作的交叉面和影响事件。

3. 相关知识

（1）与项目相关的政府监管部门或单位。

与项目相关的政府监管部门众多，主要包括住建委、发改委、建设工程交易中心、国土规划、环保局、公安交警部门、消防部门、人防部门、质量监督站、安全监督站、电信运营公司、燃气公司、水务局、自来水公司、供电局等。

（2）外部关系。

建设项目的外部关系可以指与项目相关的政府监管部门或单位之间的相互作用和影响，也可指项目与周边单位或环境发生的互动影响。项目对外部（周边环境）的影响主要包括交通运输、噪音扰民、光污染、高空坠物、粉尘泥浆溢出、建筑材料或垃圾堆放等，需要在利益相关者分析中重点对外部敏感单位、区域、人员做重点分析，提前做好协调外部关系的策略、方案及应急预案，并落实到具体施工方案及施工实施过程中。此外，外部的周边环境与单位也会对项目建设产生影响，需提前与周边单位沟通，建立协调机制。

二、组织协调案例

（一）项目背景

某商务区位于某新城，占地面积约150亩[1]，建筑面积约55万m^2，是集大型购物中心、甲级写字楼、五星级酒店、高档公寓及住宅等功能为一体的大型综合性商业项目。

项目是一个大型商业综合体，建筑面积约23万m^2，建成后成为当地最大的购物中心。该大型商业综合体采用完全招租的形式，借鉴主力大店+次主力店+小店的组合方式进行招商和管理，包括40%的零售、20%的餐饮、20%的娱乐包括电影、溜冰场等。

（二）界面分析（部分）

由于项目在该大型商业综合体内建设，从物理形态来看，好似“城中城、店中店”，且与整个综合体项目同步建设施工同步竣工验收交付使用，但投资方、建设管理方、设计方、施工方、监理方等与综合体项目均不相同，还有很多品牌店的进驻施工又带来了更多的设计方和施工方，而且由于ST百货店的建设属于综合体项目整体中的一部分，势必带来了错综复杂的管理界面和施工中的物理界面、技术接口见表5-88，需要花大量的精力来协调、沟通与解决。

项目界面分析　　表5-88

工程内容 \ 责任方		MIXC	ST百货		
			ST总包	ST分包	ST商铺小租户
装修工程	租界线上分隔墙体结构	☆			
	租界线上分隔墙体防火门		☆		
	租界线上分隔墙外装修	☆			
	租界线上分隔墙内公共区域墙体、吊顶、地板装修（包括卫生间）			☆	
	租界线上分隔墙内商铺区域吊顶、地板装修（商铺小租户特殊要求除外）			☆	
	ST自营商铺区域家具			☆ （装修分包）	
	商铺租户区域家具及特色装修				☆

[1] 1亩≈666.67m^2

续表

工程内容 \ 责任方		MIXC	ST百货		
			ST总包	ST分包	ST商铺小租户
装修工程	主入口大门			☆（装修分包）	
	大堂门头（各层）			☆（装修分包）	
强电工程	楼内强电室内变配电系统安装	☆			
	商场内配电箱系统		☆		
	插座及开关、底盒、连接管线		☆		
	灯具开孔及修补			☆	
	灯具安装		☆		
	墙体开槽及修补		☆		
电梯工程	电梯、自动扶梯安装	☆			
电梯工程	电梯内装修			☆（装修分包）	
	自动扶梯外包装修			☆（装修分包）	
弱电工程	插座及开关、底盒、连接管线		☆		
	弱电桥架		☆		
	弱电设备（BA控制系统）			☆（弱电分包）	
	弱电及防雷接地系统		☆		
消防工程	消防主管	☆			
	消防烟感系统			☆（消防分包）	
	消火栓			☆（消防分包）	
	喷淋系统			☆（消防分包）	
	套管与套管之间的防火封堵			☆（消防分包）	
	套管与楼板、墙洞之间的防火封堵			☆（装修分包）	
	消防报警系统				
给水排水工程	租界内总管系统（给水和排水）	☆			
	租界内支管系统（给水和排水）		☆		
	卫生间洁具		☆		
暖通工程	空调机组及风管系统		☆		
	空调机房装修		☆		
	通风风管及设备系统		☆		
室外工程	道路、绿化	☆			

（三）利益相关者分析

项目涉及内部和外部的单位达到数百家（多数是小租户），关系十分复杂，需要及时梳理与协调。这些单位主要包括业主（ST）、项目管理机构、设计单位（外方和中方）、施工单位（总包和分包）、设备或家具供应单位、商铺租户、物业管理单位及MIXC、万象城总包与分包、万象城其他建设参与方（监理、其他租户、市政配套单位）、政府等，见表5-89。

项目利益相关方 **表5-89**

类型	项目利益相关方
业主方	业主（ST）、项目管理机构
承包方	施工单位、设备或家具供应单位、商铺租户
设计方	设计单位
项目外第三方	MIXC、万象城总包与分包、万象城其他建设参与方、政府

（四）组织协调内容（部分）

在实际实施中，项目管理机构主要协调事项超出上百项，本案例仅列举一些与MIXC协调方面的例子，具体如下：

（1）与MIXC物业保持日常沟通，确保项目的施工进度，包括建筑垃圾清理、施工用电用水的保证、施工人员进出现场管理、现场封闭、提供相关大楼内设计资料等事宜。

（2）经现场检测，MIXC给出的空调管接口（进水口、出水口）与该项目设计图纸不符，我方直接与MIXC沟通，并结合现场情况对设计进行调整，最后将修改设计图与设计人员沟通并确认。

（3）协调解决购物中心入口处招牌灯箱的电气预留、客梯门尺寸变化及显示器安装等事宜。

（4）与MIXC及自动扶梯施工单位沟通，解决现场自动扶梯的安置及施工问题。

（5）与MIXC开会讨论如何确保消防验收事宜，并一起讨论确保消防验收的计划及对MIXC的配合要求。

（6）与MIXC 讨论电梯LCD位置及预留线、与电梯单位的配合、交界处的招牌方案及B1自动扶梯边洞口的封堵等问题。

（7）积极与MIXC及万象城总包单位沟通，严格控制出入口的材料、人员的出入，完善当时现场文明施工的不良现象。

（8）我方与总包发现三楼2-9～2-10轴/2-P～2/N处积水较多，经检查为四层空调机房溢水造成，便多次与MIXC协调、两次下联系函，督促MIXC解决溢水问题，并要求MIXC对由于漏水对我方造成的损失负责。

（9）与MIXC开会讨论相关事宜，包括结构设计确认、三楼电梯控制柜位置、三楼漏水、地下一层卫生间穿管等。

（10）与MIXC物业保持日常沟通，及时解决停电、停水、建筑垃圾清理问题。

（11）现场解决卫生间排气通道问题，并画图与MIXC沟通。

（12）现场一层、三层空调水管影响我方标高，与MIXC多次协调。

（13）积极与MIXC物业联系，要求其配合解决现场问题，如货梯垂直运输、建筑垃圾清运、1层门口材料运输、春节前后施工人员进出、租赁线的确认等事宜。

（14）与MIXC物业沟通，及时解决入口道路施工与我方材料进场的矛盾。

（15）制定外墙LOGO、B1层LED地灯、B2层自动扶梯处吊顶设计方案，并与MIXC协商进行相应修改。

（16）协助业主完成MIXC对B1办公室移交工作，提出需MIXC配合我方在该区域内施工的配合工作，并提交MIXC相关拆墙申请。

第六章

施工收尾项目管理服务

工程项目施工收尾阶段主要包括工程收尾和合同收尾两个方面的工作。工程收尾包括联动调试（或试运行）、竣工验收、竣工决算和考核评价等，合同收尾包括竣工结算、保修回访等。工程项目施工收尾管理是指对工程项目的工程收尾和合同收尾进行的计划组织协调控制等管理活动，是工程项目完工投入使用前的最后一个管理阶段，没有这一阶段，项目就不能正常投入使用，因此项目管理/监理单位应做好收尾阶段的管理工作。

第一节 工程联动调试管理

工程联动调试是工程建设中各种动力、消防、通信等系统施工建设的重要部分，直接关系到工程的质量和功能能否满足设计要求，为日后工程系统在最佳状态下运行创造先决条件。

工程各系统施工完成后，应及时组织联动调试，检查系统施工质量和设计功能。联动调试一般由总承包单位组织，也可由建设单位组织。

联动调试应具备以下基本条件：

（1）工程范围内各项工程如土建工程、装饰装修工程、公用工程、机电安装工程等均应按设计文件规定完成，并经监理人员按规范进行验收达到合格要求。

（2）联动调试范围内的所有设备均通过单机调试且试运行合格，电气系统、自动控制系统、仪表检测系统、报警系统等子系统通过测试合格，具备可交付使用的条件。

（3）调试方案、操作手册等已经由专门人员编制完成和有关单位负责人审核签字，明确各方职责、调试人员、调试内容、调试方法、调试流程。

（4）业主或运行企业生产调度指挥系统已建立，岗位职责、工艺操作流程、安全生产规程、设备及电气仪表维修保养规程等已经印发实施。

（5）各岗位人员已完成工艺培训和安全培训，考核合格取得相应岗位证书和操作证书。

（6）调试所需的动力、燃料、物料、备品备件、测量、检测仪表等工具均能确保稳定供应。

(7) 联动调试意外事故的紧急预案已制定且被批准。

联合调试时，监理单位或管理单位应参与调试方案和操作手册的编制，严格审核调试方案的可行性及安全性，审核合格后方能进行调试；参加联合检查，调试前对各项条件进行检查确认；调试过程中，各参与方应严格按照调试方案进行调试，具体应由具有相应技术能力的人员负责系统调试，详细记录调试情况，必要时，监理单位或管理单位协助业主做好各方关系协调；调试后，整理调试结果，形成书面报告，针对调试中发现的问题及时处理，并向业主提交联合调试报告，作为以后验收的准备。

第二节　工程竣工验收管理

一、工程竣工预验收

工程竣工预验收是指在建设单位正式竣工验收前，由项目监理机构组织的对工程项目施工质量验收的活动。工程项目竣工预验收是对施工承包单位产品质量的检验，同时也是对监理工作施工质量控制成果的检验。

项目监理机构对工程项目的功能、专业性能、规模、安全性、外观、环保及消防设施等在竣工验收之前进行预验收，全面检查工程项目的施工质量是否符合我国现行法律、法规要求，是否符合我国现行工程建设标准、设计文件要求和施工合同要求，发现问题要求施工承包单位在竣工验收之前整改到位，并经项目监理机构验收认可。

工程项目竣工预验收会议由项目监理机构组织，总监理工程师主持，工程项目各参建单位参加。

(1) 各专业监理工程师应认真核对汇报材料与实际情况的一致性，检查预验收资料的完整性。

(2) 听取施工承包单位（含分包单位）的施工质量验收汇报。

(3) 现场踏勘、检测、核对等，由于在预验收之前已进行了单位、分部和分项工程的验收，因此这里重点检查成品的保护情况。

(4) 各专业监理工程师发表意见，根据事前核实各单位、分部和分项工程验收记录等信息，分别介绍本专业预验收情况，指出是否存在问题、可否进入正式的竣工验收。

（5）建设单位代表提出意见。

（6）总监理工程师进行施工质量预验收总结，如各项质量达到规定标准（合格）时，表明预验收可以通过，提交工程项目质量评估报告。如存在问题，提出整改要求，施工承包单位整改到位后需经项目监理机构验收认可，并提交工程项目质量评估报告。

（7）形成会议纪要，各方代表签字。

项目监理机构对工程项目质量验收应符合有关规定要求，且验收合格；验收的质量控制资料应完整无缺，包括完整的技术档案和施工管理资料；验收的单位工程所含分部工程有关安全和功能的检测资料应完整无缺；对主要功能项目的抽查结果应符合相关专业质量验收规范的规定；对观感质量的验收应符合规范的要求；提交工程项目质量评估报告之前，工程项目预验收提出存在的问题应全部整改到位，并经相关专业监理工程师验收确认。

竣工预验收合格后，方可以进行正式的竣工验收工作。

二、工程竣工验收

工程竣工验收指建设工程项目竣工后，由投资主管部门会同建设、勘察、设计、施工、监理及工程质量监督等部门，对该项目是否符合规划设计要求以及建筑施工和设备安装质量进行全面检验后，取得竣工合格资料、数据和凭证的过程。

竣工验收，是全面考核建设工作，检查是否符合设计要求和工程质量的重要环节，对促进建设项目（工程）及时投产，发挥投资效果，总结建设经验有重要作用。凡新建、扩建、改建的基本建设项目（工程）和技术改造项目，按批准的设计文件所规定的内容建成，符合验收标准的，必须及时组织验收，办理固定资产移交手续。

（一）竣工验收分类

1.单位工程竣工验收

以单位工程或某专业工程内容为对象，独立签订建设工程施工合同的，达到竣工条件后，承包人可单独进行交工，发包人根据竣工验收的依据和标准，按施工合同约定的工程内容组织竣工验收，比较灵活地适应了工程承包的普遍性。按照现行建设工程项目划分标准，单位工程是单项工程的组成部分，有独立的施工图纸，承包人施工完毕，征得发包人同意，或原施工合同已有约定的，可进行分阶段验收。这种验收方式，在一些较大型的、群体式的、技术较复杂的建设工程中比较普遍地存在。中国加入世贸组织后，建设工程领域利用外资或合作搞建设的会越来越多，采用国际惯例的做法也会日益增多。分段验收或中间验收的做法也符合国际惯例，它可以有效控制分项、分部和单位工程的质量，保证建设工程项目系统目标的实现。

2. 单项工程竣工验收

指在一个总体建设项目中，一个单项工程或一个车间，已按设计图纸规定的工程内容完成，能满足生产要求或具备使用条件，承包人向监理人提交“工程竣工报告”和“工程竣工报验单”经签认后，应向发包人发出“交付竣工验收通知书”，说明工程完工情况，竣工验收准备情况，设备无负荷单机试车情况，具体约定交付竣工验收的有关事宜。

对于投标竞争承包的单项工程施工项目，则根据施工合同的约定，仍由承包人向发包人发出交工通知书请予组织验收。竣工验收前，承包人要按照国家规定，整理好全部竣工资料并完成现场竣工验收的准备工作，明确提出交工要求，发包人应按约定的程序及时组织正式验收。对于工业设备安装工程的竣工验收，则要根据设备技术规范说明书和单机试车方案，逐级进行设备的试运行。验收合格后应签署设备安装工程的竣工验收报告。

3. 全部工程竣工验收

指整个建设项目已按设计要求全部建设完成，并已符合竣工验收标准，应由发包人组织勘察、设计、施工、监理等单位和质量监督、档案部门进行全部工程的竣工验收。全部工程的竣工验收，一般是在单位工程、单项工程竣工验收的基础上进行。对已经交付竣工验收的单位工程（中间交工）或单项工程并已办理了移交手续的，原则上不再重复办理验收手续，但应将单位工程或单项工程竣工验收报告作为全部工程竣工验收的附件加以说明。

对一个建设项目的全部工程竣工验收而言，大量的竣工验收基础工作已在单位工程和单项工程竣工验收中进行。实际上，全部工程竣工验收的组织工作，大多由发包人负责，承包人主要是为竣工验收创造必要的条件。

全部工程竣工验收的主要任务是：负责审查建设工程的各个环节验收情况；听取各有关单位（勘察、设计、施工、监理等）的工作报告；审阅工程竣工档案资料的情况；实地查验工程并对设计、施工、监理等方面工作和工程质量、试车情况等做综合全面评价。承包人作为建设工程的承包（施工）主体，应全过程参加有关的工程竣工验收。

（二）竣工验收依据

（1）上级主管部门对该项目批准的各种文件。

（2）可行性研究报告、初步设计文件及批复文件。

（3）施工图设计文件及设计变更洽商记录。

（4）国家颁布的各种标准和现行的施工质量验收规范。

（5）工程承包合同文件。

（6）技术设备说明书。

（7）关于工程竣工验收的其他规定。

（8）从国外引进的新技术和成套设备的项目，以及中外合资建设项目，要按照签订的合同和进口国提供的设计文件等进行验收。

（9）利用世界银行等国际金融机构贷款的建设项目，应按世界银行规定，按时编制《项目完成报告》。

（三）竣工验收条件

建设单位在收到施工单位提交的工程竣工报告，并具备以下条件后，方可组织勘察、设计、施工、监理等单位有关人员进行竣工验收：

（1）完成了工程设计和合同约定的各项内容。

（2）施工单位对竣工工程质量进行了检查，确认工程质量符合有关法律、法规和工程建设强制性标准，符合设计文件及合同要求，并提出工程竣工报告。该报告应经总监理工程师（针对委托监理的项目）、项目经理和施工单位有关负责人审核签字。

（3）有完整的技术档案和施工管理资料。

（4）建设行政主管部门及委托的工程质量监督机构等有关部门责令整改的问题全部整改完毕。

（5）对于委托监理的工程项目，具有完整的监理资料，监理单位提出工程质量评估报告，该报告应经总监理工程师和监理单位有关负责人审核签字。未委托监理的工程项目，工程质量评估报告由建设单位完成。

（6）勘察、设计单位对勘察、设计文件及施工过程中由设计单位签署的设计变更通知书进行检查，并提出质量检查报告。该报告应经该项目勘察、设计负责人和各自单位有关负责人审核签字。

（7）由规划、消防、环保等部门出具的验收认可文件。

（8）有建设单位与施工单位签署的工程质量保修书。

（四）竣工验收人员

由建设单位负责组织竣工验收小组。验收组组长由建设单位法人代表或其委托的负责人担任。验收组副组长应至少有1名工程技术人员担任。验收组成员由建设单位上级主管部门、建设单位项目负责人、建设单位项目现场管理人员及勘察、设计、施工、监理单位与项目无直接关系的技术负责人或质量负责人组成，建设单位也可邀请有关专家参加验收小组。

验收委员会或验收组，负责审查工程建设的各个环节，听取各有关单位的工作报告，审阅工程档案资料并实地查验建筑工程和设备安装情况，并对工程设计、施工和设备质量等方面作出全面的评价。不合格的工程不予验收；对遗留问题提出具体解决意见，限期落实完成。

（五）竣工验收程序

竣工验收过程主要包括以下程序：

（1）施工单位提交工程竣工报告。

（2）建设单位组织专家验收，制定验收方案。

（3）建设单位组织工程竣工验收。

（4）施工单位按照意见整改。

（5）验收合格后，报有关部门备案。

详细流程如图6-1所示。

第三节　工程竣工结算管理

竣工结算是建设单位与施工单位之间办理工程价款结算的一种方法，是指工程项目竣工以后甲乙双方对该工程发生的应付、应收款项作最后清理结算。

工程竣工结算分为单位工程竣工结算、单项工程竣工结算、建设项目竣工总结算三种。工程完工后，发、承包双方应在合同约定时间内办理工程竣工结算。合同中没有约定或约定不清的，按《建设工程工程量清单计价规范》中相关规定实施。

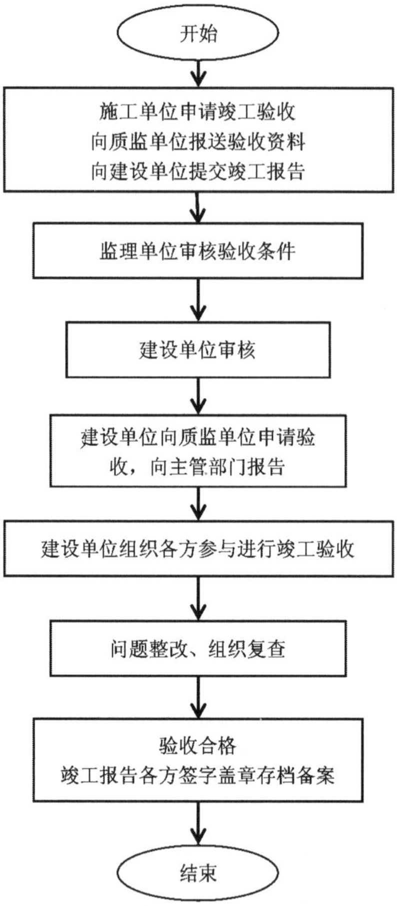

图6-1　竣工验收流程

工程竣工结算由承包人或受其委托具有相应资质的工程造价咨询人编制，由发包人或受其委托具有相应资质的工程造价咨询人核对。

工程竣工结算的依据主要有以下几个方面：

(1)《建设工程工程量清单计价规范》GB 50500—2013。

(2) 施工合同（工程合同）。

(3) 工程竣工图纸及资料。

(4) 双方确认的工程量。

(5) 双方确认追加（减）的工程价款。

(6) 双方确认的索赔、现场签证事项及价款。

(7) 投标文件。

(8) 招标文件。

(9) 其他依据。

对竣工工程，施工企业与建设单位应及时办理竣工验收手续，施工企业应在竣工验收后20天内编制竣工结算和“工程价款结算单”办理竣工结算。

1.递交竣工结算书

承包人应在合同约定时间内编制完成竣工结算书，并在提交竣工验收报告的同时递交给发包人。承包人未在合同约定时间内递交竣工结算书，经发包人催促后仍未提供或没有明确答复的，发包人可以根据已有资料办理结算。对于承包人无正当理由在约定时间内未递交竣工结算书，造成工程结算价款延期支付的，其责任由承包人承担。

承包人在工程进度款结算的基础上，根据所收集的各种设计变更资料和修改图纸，以及现场签证、工程量核定单、索赔等资料进行合同价款的增减调整计算，最后汇总为竣工结算造价。竣工结算是在工程竣工并经验收合格后，在原合同造价的基础上，将有增减变化的内容，按照施工合同约定的方法与规定，对原合同造价进行相应的调整，编制确定工程实际造价并作为最终结算工程价款的经济文件。在调整合同造价中，应把施工中发生的设计变更、费用签证、费用索赔等使工程价款发生增减变化的内容加以调整。

竣工结算价款的计算公式为：

竣工结算工程价款=预算或合同价款+施工过程中预算或合同价款调整数额-预付及已结算工程价款-质量保证（保修）

竣工结算时，各项费用具体要求为以下几个方面：

（1）分部分项工程费的计算。分部分项工程费应依据发、承包双方确认的工程量、合同约定的综合单价计算。如发生调整的，以发、承包双方确认的综合单价计算。

（2）措施项目费的计算。措施项目费应依据合同中约定的项目和金额计算。如合同中规定采用综合单价计价的措施项目，应依据发、承包双方确认的工程量和综合单价计算，规定采用“项”计价的措施项目，应依据合同约定的措施项目和金额或发、承包双方确认调整后的措施项目费金额计算。如发生调整的，以发承包双方确认调整的金额计算。措施项目费中的安全文明施工费应按照国家或省级、行业建设主管部门的规定计算。施工过程中，国家或省级、行业建设主管部门对安全文明施工费进行了调整的，措施项目费中的安全文明施工费应作相应调整。

（3）其他项目费的计算。办理竣工结算时，其他项目费的计算应按以下要求进行。

1）计日工的费用应按发包人实际签证确认的数量和合同约定的相应单价计算。

2）当暂估价中的材料是招标采购的，其单价按中标在综合单价中调整。当暂估价中的材料为非招标采购的，其单价按发、承包双方最终确认的单价在综合单价中调整。

当暂估价中的专业工程是招标采购的，其金额按中标价计算。当暂估价中的专业工程为非招标采购的，其金额按发、承包双方与分包人最终确认的金额计算。

3）总承包服务费应依据合同约定的金额计算，发、承包双方依据合同约定对总承包服务进行了调整，应按调整后的金额计算。

4）索赔事件产生的费用在办理竣工结算时应在其他项目费中反映。索赔费用的金额应依据发、承包双方确认的索赔事项和金额计算。

5）现场签证发生的费用在办理竣工结算时应在其他项目费中反映。现场签证费用金额依据发、承包双方签证资料确认的金额计算。

6）合同价款中的暂列金额在用于各项价款调整、索赔与现场签证后，若有余额，则余额归发包人，若出现差额，则由发包人补足并反映在相应的工程价款中。

（4）规费和税金的计算。办理竣工结算时，规费和税金应按照国家或省级、行业建设主管部门规定的计取标准计算。

2.收到竣工结算书

发包人在收到承包人递交的竣工结算书后，应按合同约定时间核对。竣工结算的核对是工程造价计价中发、承包双方应共同完成的重要工作见表6-1。

工程竣工结算核对时间规定　　表6-1

序号	工程竣工结算金额	核对时间
1	500万元以下	从接到竣工结算书之日起20天
2	500万元～2000万元	从接到竣工结算书之日起30天
3	2000万元～5000万元	从接到竣工结算书之日起45天
4	5000万元以上	从接到竣工结算书之日起60天

发包人或受其委托的工程造价咨询人收到承包人递交的竣工结算书后，应在合同约定时间内完成审核，发包人审核时，应主要注意核对合同条款、落实设计变更签证、按图核实工程数量、严格按合同约定计价、注意各项费用计取、防止各种计算误差等事项。

若发包人不核对竣工结算或未提出核对意见的，视为承包人递交的竣工结算书已经认可，发包人应向承包人支付工程结算价款。承包人在接到发包人提出的核对意见后，在合同约定时间内，不确认也未提出异议的，视为发包人提出的核对意见已经认可，竣工结算办理完毕。发包人按核对意见中的竣工结算金额向承包人支付结算价款。

若承包人如未在规定时间内提供完整的工程竣工结算资料，经发包人催促后14天内仍未提供或没有明确答复，发包人有权根据已有资料进行审查，责任由承包人自负。

3. 完成结算

竣工结算办理完毕，发包人应根据确认的竣工结算书在合同约定时间内向承包人支付工程竣工结算价款。

第四节　项目移交管理

项目移交是指全部合同收尾后，在政府项目监管部门或社会第三方中介组织协助下，项目业主与全部项目参与方之间进行项目所有权移交的过程。

对于不同行业、不同类型的项目，国家或相应的行业主管部门出台了各类项目移交的规程或规范。依投资主体的不同，分为个人投资项目、企（事）业投资项目和国家投资项目的移交。

（1）对于个人投资项目（如外商投资的项目），一旦验收完毕，应由项目团队与项目业主按合同进行移交。移交的范围是合同规定的项目成果、完整的项目文件、项目合格证书、项目产权证书等。

（2）对于企（事）业单位投资项目，如企业利用自有资金进行的技术改造项目，企（事）业为项目业主，应由企（事）业的法人代表出面代表项目业主进行项目移交。移交的依据是项目合同。移交的范围是合同规定的项目成果、完整的项目文件、项目合格证书、项目产权证书，等等。

（3）对于国家投资项目，投资主体是国家，通过国有资产的代表实施投资行为。一般来说，对中、小型项目，是地方政府的某个部门担任业主的角色。对大型项目，通常是委托地方政府的某个部门担任建设单位（项目业主）的角色，但建成后的所有权属于国家（中央）。对国家投资项目，因为项目建成后，项目的使用者（业主）与项目的所有者（国家）不是一体的，因而，竣工验收和移交要分两个层次进行。1）项目团队向项目业主进行项目验收和移交。一般是项目已竣工并通过验收之后，由监理工程师协助项目团队向项目业主进行项目所有权的移交。2）项目业主向国家进行项目的验收与移交。由国家有关部委组成验收工作小组，在项目竣工验收试运行一年左右时间后进驻项目现场，在全面检查项目的质量、档案、环保、财务、安全及项目实际运行的性能指标、参数等情况之后，进行项目移交手续。移交在项目法人与国家有关部委或国有资产授权代表之间进行。

项目移交包括实体移交和文件移交，项目移交方和项目接收方将在项目移交报告上签字，形成项目移交报告。项目移交报告即表明项目移交的结束。

1.项目的实体移交

项目的实体移交包括可交付的一切项目实体或项目服务。在提供项目移交报告之前应当进行项目移交的检查工作，仔细填写移交检查表。项目的移交检查表是罗列项目所有交付成果的表格，并对其中的具体细节进行描述，以便今后的核对。其形式比较简单，见表6-2。

项目移交检查表 **表6-2**

项目可交付成果	备注
可交付成果1	
可交付成果2	
……	
可交付成果*n*	

2.项目的文件移交

一般情况下，项目文件的移交是一个贯穿项目整个生命周期的过程，只是在最后的收尾阶段，项目的文档移交具有很深刻的意义和作用。项目的各个阶段移交的文档资料是不同的，见表6-3。

项目各个阶段移交文档资料表 **表6-3**

序号	阶段	移交文件
1	初始阶段	项目初步可行性研究报告及其相关附件、项目详细可行性报告及其附件、项目方案报告、项目评估与决策报告等
2	计划阶段	项目描述文档、项目计划文档等
3	实施阶段	项目中可能的外购和外包合同、标书、项目变更文件、所有项目会议记录、项目进展报告等
4	收尾阶段	项目测试报告、项目质量验收报告、项目后评价资料、项目移交文档一览表、各款项结算清单、项目移交报告等

各种工程技术档案文件的移交，移交时要编制《工程档案资料移交清单》。项目团队和业主按清单查阅清楚并认可后，双方在移交清单上签字盖章。移交清单一式两份，双方各自保存一份，以备查对。

详细移交过程可如图6-2所示。

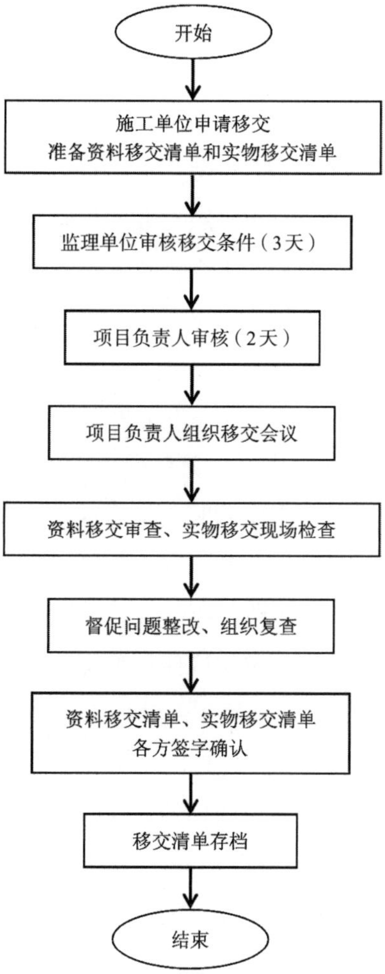

图6-2　移交流程图

第五节　工程决算管理

工程决算是国家基本建设中的一个重要程序，是对所完成的各类大小工程在竣工验收后的最后经济审核，包括各类工料、机械设备及管理费用等。其内容应包括从项目策划到竣工投产全过程的全部实际费用。

工程决算文件是指由建设单位编制的反映建设项目实际造价和投资效果的文件。其内容应包括从项目策划到竣工投产全过程的全部实际费用。

1. 竣工决算的编制要求

为了严格执行建设项目竣工验收制度，正确核定新增固定资产价值，考核分析投资效果，建立健全经济责任制，所有新建、扩建和改建等建设项目竣工后，都应及时、完整、正确地编制好竣工决算。

建设单位要做好以下工作：

（1）按照规定组织竣工验收，保证竣工决算的及时性。对建设工程的全面考核，所有的建设项目（或单项工程）按照批准的设计文件所规定的内容建成后，具备了投产和使用条件的，都要及时组织验收。对于竣工验收中发现的问题，应及时查明原因，采取措施加以解决，以保证建设项目按时交付使用和及时编制竣工决算。

（2）积累、整理竣工项目资料，保证竣工决算的完整性。积累、整理竣工项目资料是编制竣工决算的基础工作，它关系到竣工决算的完整性和质量的好坏。因此，在建设过程中，建设单位必须随时收集项目建设的各种资料，并在竣工验收前，对各种资料进行系统整理，分类立卷，为编制竣工决算提供完整的数据资料，为投产后加强固定资产管理提供依据。在工程竣工时，建设单位应将各种基础资料与竣工决算一起移交给生产单位或使用单位。

（3）清理、核对各项账目，保证竣工决算的正确性。工程竣工后，建设单位要认真核实各项交付使用资产的建设成本；做好各项账务、物资以及债权的清理结余工作，应偿还的及时偿还，该收回的应及时收回，对各种结余的材料、设备、施工机械工具等，要逐项清点核实，妥善保管，按照国家有关规定进行处理不得任意侵占；对竣工后的结余资金，要按规定上缴财政部门或上级主管部门。在完成上述工作，核实了各项数字的基础上，正确编制从年初起到竣工月份止的竣工年度财务决算，以便根据历年的财务决算和竣工年度财务决算进行整理汇总，编制建设项目决算。

按照规定竣工决算应在竣工项目办理验收交付手续后一个月内编好，并上报主管部门，有关财务成本部分，还应送经办行审查签证。主管部门和财政部门对报送的竣工决算审批后，建设单位即可办理决算调整和结束有关工作。

2.决算文件的编制依据

（1）经批准的可行性研究报告及其投资估算。

（2）经批准的初步设计或扩大初步设计及其概算或修正概算。

（3）经批准的施工图设计及其施工图预算。

（4）设计交底或图纸会审纪要。

（5）招标投标的标底、承包合同、工程结算资料。

（6）施工记录或施工签证单，以及其他施工中发生的费用记录，如：索赔报告与记录、停（交）工报告等。

（7）竣工图及各种竣工验收资料。

（8）历年基建资料、历年财务决算及批复文件。

（9）设备、材料调价文件和调价记录。

（10）有关财务核算制度、办法和其他有关资料、文件等。

3.竣工决算的编制步骤

（1）收集、整理和分析有关依据资料。在编制竣工决算文件之前，应系统地整理所有的技术资料、工料结算的经济文件、施工图纸和各种变更与签证资料，并分析它们的准确性。完整、齐全的资料，是准确而迅速编制竣工决算的必要条件。

（2）清理各项财务、债务和结余物资。在收集、整理和分析有关资料中，要特别注意建设工程从筹建到竣工投产或使用的全部费用的各项账务，债权和债务的清理，做到工程完毕账目清晰，既要核对账目，又要查点库存实物的数量，做到账与物相等，账与账相符，对结余的各种材料、工器具和设备，要逐项清点核实，妥善管理，并按规定及时处理，收回资金。对各种往来款项要及时进行全面清理，为编制竣工决算提供准确的数据和结果。

（3）核实工程变动情况。重新核实各单位工程、单项工程造价，将竣工资料与原设计图纸进行查对、核实，必要时可实地测量，确认实际变更情况；根据经审定的承包人竣工结算等原始资料，按照有关规定对原概算、预算进行增减调整，重新核定工程造价。

（4）编制建设工程竣工决算说明。按照建设工程竣工决算说明的内容要求，根据编制依据材料填写在报表中的结果，编写文字说明。

（5）填写竣工决算报表。按照建设工程决算表格中的内容，根据编制依据中的有关资料进行统计或计算各个项目和数量，并将其结果填到相应表格的栏目内，完成所有报表的填写。

（6）做好工程造价对比分析。

（7）清理、装订好竣工图。

（8）上报主管部门审查存档。

将上述编写的文字说明和填写的表格经核对无误，装订成册，即为建设工程竣工决算文件。将其上报主管部门审查，并把其中财务成本部分送交开户银行签证。竣工决算在上报主管部门的同时，抄送有关设计单位。大中型建设项目的竣工决算还应抄送财政部、建设银行总行和省、自治区、市的财政局和建设银行分行各一份。建设工程竣工决算的文件，由建设单位负责组织人员编写，在竣工建设项目办理验收使用一个月之内完成。

4.决算与结算的区别

工程竣工决算与竣工结算是两个既有联系又有区别的重要概念，其区别主要体现在三个方面。

（1）二者包含的范围不同。

竣工结算是指按工程进度、施工合同、施工监理情况办理的工程价款结算，以及根据工程实施过程中发生的超出施工合同范围的工程变更情况，调整施工图预算价格，确定工程项目最终结算价格。它分为单位工程竣工结算、单项工程竣工结算和建设项目竣工总结算。竣工结算工程价款等于合同价款加上施工过程中合同价款调整数额减去预付及已结算的工程价款再减去保修金。

竣工决算包括从筹集到竣工投产全过程的全部实际费用，即包括建筑工程费、安装工程费、设备工器具购置费用及预备费和投资方向调解税等费用。按照财政部、国家发改委和住房城乡建设部的有关文件规定，竣工决算是由竣工财务决算说明书、竣工财务决算报表、工程竣工图和工程竣工造价对比分析四部分组成。前两部分又称建设项目竣工财务决算，是竣工决算的核心内容。

（2）编制人和审查人不同。

竣工结算由承包人编制，发包人审查。实行总承包的工程，由具体承包人编制，在总承包人审查的基础上，发包人审查。单项工程竣工结算或建设项目竣工总结算由总（承）包人编制，发包人可直接审查，也可以委托具有相应资质的工程造价咨询机构进行审查。

竣工决算由建设单位负责组织人员编写，上报主管部门审查，同时抄送有关设计单位。大中型建设项目的竣工决算还应抄送财政部、建设银行总行和省、自治区、市的财政局和建设银行分行各一份。

（3）目标不同。

竣工结算是在施工完成已经竣工后编制的，反映的是基本建设工程的实际造价。

竣工决算是竣工验收报告的重要组成部分，是正确核算新增固定资产价值，考核分析投资效果，建立健全经济责任的依据，是反应建设项目实际造价和投资效果的文件。竣工决算要正确核定新增固定资产价值，考核投资效果。

第六节　工程保修期管理

一、工程保修期限

工程保修期是指在正常使用条件下，建设工程的最低保修期限。建设工程的保修期，自竣工验收合格之日起计算。

我国《建设工程质量管理条例》规定，在正常使用条件下，工程项目的最低保修期限见表6-4：

建筑工程最低保修期限　　表6-4

序号	项目	最低保修期限
1	基础设施工程、房屋建筑的地基基础工程和主体结构工程	设计文件规定的该工程的合理使用年限
2	屋面防水工程、有防水要求的卫生间、房间和外墙面的防渗漏	5年
3	供热与供冷系统	2个供暖期、供冷期
4	电气管线、给水排水管道、设备安装和装修工程	2年

建设工程在保修范围和保修期限内发生质量问题的，施工单位应当履行保修义务，并对造成的损失承担赔偿责任。

二、工程质量保证金

2017年6月，为贯彻落实国务院关于进一步清理规范涉企收费、切实减轻建筑业企业负担的精神，规范建设工程质量保证金管理，住房和城乡建设部、财政部对《建设工程质量保证金管理办法》进行了修订，将建设工程质量保证金预留比例由5%降至3%，下调了两个百分点。根据新版《建设工程质量保证金管理办法》，发包人应当在招标文件中明确保证金预留、返还等内容，并与承包人在合同条款中对涉及保证金的相关事项进行约定，如保证金预留、返还方式及保证金预留比例、期限等。新办法自2017年7月1日起施行，原《建设工程质量保证金管理办法》同时废止。

在工程项目竣工前，已经缴纳履约保证金的，发包人不得同时预留工程质量保证金。采用工程质量保证担保、工程质量保险等其他保证方式的，发包人不得再预留保证金。

缺陷责任期内，承包人认真履行合同约定的责任；到期后，承包人向发包人申请返还保证金。

发包人在接到承包人返还保证金申请后，应于14天内会同承包人按照合同约定的内容进行核实。如无异议，发包人应当按照约定将保证金返还给承包人。对返还期限没有约定或者约定不明确的，发包人应当在核实后14天内将保证金返还承包人，逾期未返还的，依法承担违约责任。发包人在接到承包人返还保证金申请后14天内不予答复，经催告后14天内仍不予答复，视同认可承包人的返还保证金申请。

新办法对保证金的预留管理也有严格的规定。缺陷责任期内，实行国库集中支付的政府投资项目，保证金的管理应按国库集中支付的有关规定执行。其他政府投资项目，保证金可以预留在财政部门或发包方。缺陷责任期内，如发包方被撤销，保证金随交付使用资产一并移交使用单位管理，由使用单位代行发包人职责。

社会投资项目采用预留保证金方式的，发、承包双方可以约定将保证金交由第三方金融机构托管；推行银行保函制度，承包人可以银行保函替代预留保证金。

对于预留保证金的比例，新办法规定，发包人应按照合同约定方式预留保证金，保证金总预留比例不得高于工程价款结算总额的3%。合同约定由承包人以银行保函替代预留保证金的，保函金额不得高于工程价款结算总额的3%。

三、工程项目回访

（一）回访的目的和意义

项目验收、移交后，按采购合同的条款要求和国家有关规定，在预约的期限内由项目经理部组织原项目人员主动对交付使用的竣工项目进行回访，听取项目业主对项目质量、功能的意见和建议。一方面，对项目运行中出现的质量问题，在项目质量回访报告中进行登记，及时采取措施加以解决；另一方面，对于项目实施过程中采用的新思想、新工艺、新材料。新技术、新设备等，经运行证明其性能和效果达到预期目标的，要予以总结、确认，为进一步完善、推广积累数据创造条件。

项目回访的意义在于：

（1）有利于项目团队重视管理，增强责任心，保证工程质量，不留隐患，树立向用户提供优质工程的良好作风。

(2)有利于及时听取用户意见，发现问题，找到工程质量的薄弱环节，不断改进工艺，总结经验，提高项目管理水平。

(3)有利于加强项目团队同用户的联系和沟通，增强项目用户对项目团队的信任感，提高项目团队的信誉。

(二)项目回访的方式

项目移交后，项目团队应定期向用户进行回访，特别在保修期内，至少应回访一次。如保修期为一年时，可在半年左右进行第一次回访，一年到期时进行第二次回访，并填写回访卡。对不同的项目，回访的方式不同。以常见的工程项目为例，回访的方式一般有三种：一是季节性回访。大多数是雨季回访屋面、墙面的防水情况，冬季回访锅炉房及供暖系统的情况；发现问题采取有效措施，及时加以解决。二是技术性的回访。主要了解在工程施工过程中所采用的新材料、新技术、新工艺、新设备等的技术性能和使用后的效果，发现问题及时加以补救和解决；同时也便于总结经验，获取科学依据，不断改进与完善，并为进一步推广创造条件。这种回访既可定期进行，也可以不定期进行。三是保修期满前的回访。这种回访一般是在保修即将届满之前，进行回访，既可以解决出现的问题，又标志着保修期即将结束，使建设单位注意建筑的维护和使用，见表6-5。

工程项目质量回访单(供参考) **表6-5**

工程名称				
使用单位				
	联系人		电话	
物业公司				
	联系人		电话	
保修责任单位				
	项目负责人		电话	
监理单位				
	总监		电话	
市建筑工务署直属单位	项目负责人 负责人		电话	
质量回访时间				

续表

存在问题及施工单位解决措施	
监理单位意见（公章）	
使用单位对保修工作的意见（签字）	

第七节　项目管理服务工作总结

项目管理服务结束后，项目管理机构应按照下列内容编制工作总结报告，及时总结项目经验，以进一步提升管理服水平。

（1）工程项目概况。

（2）组织机构、管理体系、管理程序。

（3）各项目标完成情况及考核评价。

（4）主要经验及问题处理。

（5）其他需要总结事项。

项目管理工作总结报告应归档保存。

第八节　案例分析

一、项目背景资料

某市新建一座市民公园，总面积5.6km^2，总投资约7000万，包含水面扩宽航道疏浚、园区景观路桥修建、办公管理用房建设、景观绿植栽植等一系列项目，建设工期2年，2018年6月开工，2020年4月完成施工，并进行竣工验收，2020年7月投入使用向市民开放。

二、项目收尾竣工验收

（一）施工单位自检评定

各项工程全部完工后，施工单位组织有关工程部、质检部和安全部人员对工程进行全面质量检查，并通知质量监督部门对工程实体进行质量监督检查，确认符合设计文件及合同要求后，填写《工程验收报告》，并经项目经理和施工单位负责人签字。施工单位向监理单位和建设单位提交工程报告，申请工程竣工验收。

（二）监理单位组织初验

监理单位收到施工单位申请后，全面审查施工单位的验收资料，符合验收要求的总监理工程师签署意见，审核确定具备条件后组织初验，建设单位和施工单位参加，对工程质量进行初步检查验收。初验过程中，各方对存在问题提出整改意见，施工单位整改完成后填写整改报告，监理单位及监督小组核实整改情况。同时整理监理资料，对工程进行质量评估，提交《工程质量评估报告》，该报告经由总监及监理单位负责人审核、签字。初验合格后，由施工单位向建设单位提交《工程竣工报告》。

建设、监理/管理、施工各单位核实已经具备以下验收条件：

（1）已完成设计和合同规定的各项内容。

（2）单位工程所含分部（子分部）工程均验收合格，符合法律、法规、工程建设强制标准、设计文件规定及合同要求。

（3）工程资料符合要求。

（4）单位工程所含分部工程有关安全和功能的检测资料完整；主要功能项目的抽查结果符合相关专业质量验收规范的规定。

（5）单位工程观感质量符合要求。

（6）各专项验收及有关专业系统验收全部通过。

（三）勘察、设计单位提出《质量检查报告》

勘察、设计单位对勘察、设计文件及施工过程中由设计单位签署的设计变更通知书进行检查，并提出书面《质量检查报告》，该报告经项目负责人及单位负责人审核、签字。

（四）建设单位组成验收组、确定验收方案

建设单位收到《工程竣工报告》后，组织设计、施工、监理等单位有关人员成立验收组，验收组成员具有相应资格，工程规模较大或是较复杂的专门编制了验收方案。

（五）施工单位提交工程技术资料

施工单位提前7天将完整的工程技术资料交质监部门检查。

（六）通知各方进行验收

建设单位在工程竣工验收7个工作日前将验收的时间、地点及验收组名单通知负责监督该工程的工程监督机构。

（七）竣工验收

建设单位组织验收各方现场对工程质量进行检查，并主持进行竣工验收会议。监督部门监督人员到工地现场对工程竣工验收的组织形式、验收程序、执行验收标准等情况进行现场监督。

验收过程具体如下：

（1）建设、勘察、设计、施工、监理单位分别汇报工程合同履行情况和在工程建设各个环节执行法律、法规和工程建设强制性标准的情况。

（2）审阅建设、勘察、设计、施工、监理单位提供的工程档案资料。

（3）查验工程实体质量情况。

（4）对工程施工、设备安装质量和各管理环节等方面作出总体评价，形成工程竣工验收意见，验收人员签字。

参与工程竣工验收的建设、勘察、设计、施工、监理等各方原则上一致同意通过竣工验收，也对部分工程提出整改意见，要求施工等单位及时进行整改。

（八）施工单位按验收意见进行整改

施工单位按照验收各方提出的整改意见及《责令整改通知书》进行整改，整改完毕后，写出《整改报告》，经建设、监理、设计、施工单位签字盖章确认后送质监站，对重要的整改内容，监督人员参加复查。

（九）工程验收合格

对不合格工程，按《建筑工程施工质量验收统一标准》和其他验收规范的要求整改完后，重新验收合格。

（十）验收备案

验收合格后5日内，监督机构将监督报告送住建部门。建设单位自工程竣工验收且经工程质量监督机构监督检查符合规定后15个工作日内到备案机关办理工程竣工验收备案，建设单位办理竣工工程备案手续时主要提供下列文件：

（1）竣工验收备案表。

（2）工程竣工验收报告。

（3）施工许可证。

（4）施工图设计文件审查意见。

（5）施工单位提交的工程竣工报告。

（6）监理单位提交的工程质量评估报告。

（7）勘察、设计单位提交的质量检查报告。

（8）由规划、公安消防、环保等部门出具的认可文件或准许使用文件。

（9）验收组人员签署的工程竣工验收意见。

（10）施工单位签署的工程质量保修书。

（11）单位工程质量验收汇总表。

（12）法律、法规、规章规定必须提供的其他文件。

（十一）项目移交，投入运营

完成项目竣工备案后，建设单位按有关规定将项目实体移交给后期运营管理单位，将资料移交给档案馆，各项条件具备后，运管单位开园运营。

主要资料移交清单如下：

（1）计委文件。

（2）征地位置图、规划图。

（3）土地征用材料、使用证。

（4）建设工程规划许可证。

（5）建设用地规划许可证。

（6）岩土工程勘察报告。

（7）建设工程施工合同。
（8）建设工程设计合同。
（9）建设工程勘察合同。
（10）建设工程施工许可证。
（11）施工图审查合格书。
（12）企业法人营业执照。
（13）竣工验收备案表。
（14）设计文件检查报告。
（15）质量监督申请受理书。
（16）建设工程委托监理合同。
（17）中标通知书。
（18）建设工程消防验收意见。
（19）建筑工程规划验收证书。
（20）工程质量评估报。
（21）工程竣工验收报告。
（22）房屋建筑工程质量保修书。
（23）竣工图纸。
（24）竣工地形图。
（25）房屋测算面积书。
（26）技术资料。
（27）管理资料（环保、市政、园林）。

参考文献

[1] 全国一级建造师执业资格考试用书编写委员会.建设工程项目管理[M].北京：中国建筑工业出版社，2019.
[2] 上海市建设工程咨询行业协会，同济大学复杂工程管理研究院.建设工程项目管理服务大纲和指南（2018版）[M].上海：同济大学出版社，2018.
[3] 傅永康.《项目管理知识体系指南》（第7版）前瞻[J].项目管理评论，2021（34）：11-15.
[4] 美国项目管理协会.项目管理知识体系指南（PMBOK指南）（第六版）[M].北京：电子工业出版社，2018.
[5] 杨俊杰，蔡贵宁.业主方工程项目现场管理模板手册[M].北京：中国建筑工业出版社，2011.
[6] 乐云.项目管理概论[M].北京：中国建筑工业出版社，2008.
[7] 杨卫东，翁晓红，敖永杰.工程咨询方法与实践[M].北京：中国建筑工业出版社，2014.
[8] 马一菲，李宏剑.大数据背景下的工程项目风险管理[J].科学导报·学术，2017（4）.
[9] 胡劲芳.模拟清单招标的利弊与风险控制[J].招标与投标，2018（8）.
[10] 杨卫东，敖永杰，翁晓红，等.全过程工程咨询实践指南[M].北京：中国建筑工业出版社，2018.
[11] 丁士昭.工程项目管理（第一版）[M].北京：高等教育出版社，2017.
[12] 成虎.工程项目管理（第二版）[M].北京：中国建筑工业出版社，2001.
[13] 陈金海，陈曼文，杨远哲，等.建设项目全过程工程咨询指南[M].北京：中国建筑工业出版社，2018.
[14] 中华人民共和国住房和城乡建设部.建设工程监理规范[M].北京：中国建筑工业出版社，2013.
[15] 沈翔.我国监理工程师的项目合同规划研究[D].上海：同济大学管理科学与工程，1999.
[16] 李明安，邓铁军，杨卫东.工程项目管理理论与实务[M].长沙：湖南大学出版社，2012.